高等职业教育精品规划教材

# 建筑工程定额与预算

主编 刘金燕

应急管理出版社

·北 京·

图书在版编目（CIP）数据

建筑工程定额与预算／刘金燕主编． －－北京：应急管理出版社，2023

高等职业教育精品规划教材

ISBN 978－7－5020－9585－7

Ⅰ.①建… Ⅱ.①刘… Ⅲ.①建筑经济定额—高等职业教育—教材 ②建筑预算定额—高等职业教育—教材 Ⅳ.①TU723.34

中国版本图书馆 CIP 数据核字（2022）第 206615 号

### 建筑工程定额与预算（高等职业教育精品规划教材）

| | |
|---|---|
| 主　　编 | 刘金燕 |
| 责任编辑 | 闫　非　郭玉娟 |
| 责任校对 | 赵　盼 |
| 封面设计 | 王　滨 |
| 出版发行 | 应急管理出版社（北京市朝阳区芍药居 35 号　100029） |
| 电　　话 | 010－84657898（总编室）　010－84657880（读者服务部） |
| 网　　址 | www.cciph.com.cn |
| 印　　刷 | 北京地大彩印有限公司 |
| 经　　销 | 全国新华书店 |
| 开　　本 | 787mm×1092mm$^1/_{16}$　印张 $16\frac{1}{4}$　插页 3　字数 344 千字 |
| 版　　次 | 2023 年 2 月第 1 版　2023 年 2 月第 1 次印刷 |
| 社内编号 | 20221276　　　　　　　　　定价　63.00 元 |

**版权所有　违者必究**

本书如有缺页、倒页、脱页等质量问题，本社负责调换，电话:010－84657880

# 编委会

**主　　任**　蒲金龙　刘　忠
**副主任**　王　晖　李　燕　魏孔明
**委　　员**（按姓氏笔画为序）
　　　　　丁兆栋　马瑞山　王文革　王多荣　牛鹏程
　　　　　兰聘文　卢建兵　刘志平　刘国强　刘　荣
　　　　　朱启进　孙庆唐　吴森福　李志明　李　学
　　　　　张宏升　何沛锋　杨　桢　陈　彦　胡贵祥
　　　　　侯　侠　南永新　南有禄　赵澍民　黄少华
　　　　　焦　健　梁珠擎　程来胜

## 本书编写人员

**主　　编**　刘金燕
**参编人员**　丁兆栋　杨东英　文嘉全　王文彬

# 序

改革开放以来，我国职业教育迅速发展。2019年国务院印发《国家职业教育改革实施方案》，进一步肯定了职业教育的作用及现实意义，要求要牢固树立新发展理念，服务建设现代化经济体系和实现更高质量更充分就业需要，对接科技发展趋势和市场需求，完善职业教育和培训体系，优化学校、专业布局，深化办学体制改革和育人机制改革，以促进就业和适应产业发展需求为导向，鼓励和支持社会各界特别是企业积极支持职业教育，着力培养高素质劳动者和技术技能人才。2020年《教育部 甘肃省人民政府关于整省推进职业教育发展打造"技能甘肃"的意见》出台，明确提出了部省合作推进甘肃职业教育发展，聚焦打造"技能甘肃"，树立西部职业教育发展示范，全面推进本科职业教育改革试点工作。甘肃高等职业教育发展迎来了新机遇、踏上了新征程。为了实施科教兴国战略，发展职业教育，提高劳动者素质，促进社会主义现代化建设，2022年国家颁布了《中华人民共和国职业教育法》，鼓励并组织职业教育的科学研究。

在此关键时期，恰逢世行贷款甘肃职业教育发展项目助推甘肃省职业教育发展。世行贷款甘肃职业教育发展项目，是经国务院批准，由甘肃省人民政府担保，借用世界银行贷款以提高甘肃省职业院校开展职业教育与培训整体能力的改革创新项目；是全面贯彻全国职教工作会议精神，落实《甘肃省人民政府关于贯彻落实国务院加快发展现代职业教育决定的实施意见》，针对甘肃省经济产业发展战略中技能型人才不足的实际，通过利用外资，同时引进国际先进的职业教育发展理念和经验，进一步促进甘肃省现代职业教育体系建设的重要支撑项目。

甘肃能源化工职业学院子项目是该项目的重要组成部分。项目的实施，为学校引智引资，改善办学条件，改革教育教学方法，推进课程体系建设，提升人才培养质量，促进学校高质量发展奠定了基础。学校以此为契机，积极推进职业教育教材编写工作，遴选资深教师和企业专家组成编委会，编写了这套

▶ 建筑工程定额与预算

"高等职业教育精品规划教材"。在此过程中,我们始终得到了世行专家团队、教育主管部门和相关院校的大力支持和积极参与,对此深表感谢。

我们要抢抓"一带一路"建设和新一轮西部大开发的历史机遇,探索经济欠发达地区职业教育与区域产业互动发展、融合发展、高质量发展的路径,推动高等职业教育发展,打造"技能甘肃"职业教育高地,为新时代甘肃融入"一带一路"建设培养技术技能型人才。

**高等职业教育精品规划教材编委会**
2022 年 9 月

# 前　言

　　《建筑工程定额与预算》依据高校建筑工程类、工程造价管理类专业"建筑工程定额与预算"课程的教学要求，根据《甘肃省房屋建筑装饰工程预算定额》（DBJD25-44-2013）上册、《建筑工程建筑面积计算规范》（GB/T 50353—2013）、《甘肃省建筑与装饰工程预算定额地区基价》（DBJD25-67-2019）、《建设工程工程量清单计价规范》（GB 50500—2013）、《房屋建筑与装饰工程工程量计算规范》（GB 50854—2013），结合工程造价领域颁布的法规和相关政策以及工程造价专业人才培养方案进行编写。

　　为了便于教学和学习，每个任务开始设有任务目标，注重培养和提高学生的应用能力。《建筑工程定额与预算》共5个模块，包括建筑工程造价概述，建筑工程计价原理、方法及计价依据，工程量计算，施工图预算的编制，工程造价软件的应用等内容。本书的特点是实用性强，注重实际应用能力的培养，体现"新"和"精"，所选工程案例皆具代表性，书中附有工程案例的解析过程，步骤翔实、内容全面、通俗易懂，适合在教学过程中边讲边练、对照检查计算的准确性。每个模块后设置了"模块习题"，供学生课后练习使用，帮助学生巩固所学内容。《建筑工程定额与预算》可作为高职高专、成人高校及民办高校的建筑工程技术、工程管理、工程造价、工程监理等土建施工类专业和房地产经营与管理、物业管理等相关专业的教材，同时也可作为结构设计人员、施工技术人员、工程监理人员等相关专业技术人员、企业管理人员学习专业知识的培训用书。

　　本书由刘金燕（国家注册一级造价师）担任主编，丁兆栋（教授、国家注册一级建造师）、杨东英、文嘉全、王文彬参编。具体编写分工如下：模块一由兰州石化职业技术大学丁兆栋编写；模块二由兰州石化职业技术大学杨东英编写；模块三、模块四由兰州石化职业技术大学刘金燕编写；模块五由兰州石化职业技术大学文嘉全编写；附录由兰州石化职业技术大学王文彬编写。全书由刘金燕与丁兆栋统稿、定稿。

教材的顺利完成和出版，得到了世界银行贷款甘肃职教项目的大力支持，在此表示衷心感谢！

由于编者水平有限，经验不足，书中难免有不当或错误之处，恳请使用本书的师生和读者批评指正。

编　者

2022 年 10 月

# 目　　录

## 模块一　建筑工程造价概述 ································································ 1

### 项目一　工程造价管理及其基本制度 ································································ 1
　　任务一　工程造价的含义 ································································ 1
　　任务二　我国建设项目总投资及工程造价的构成 ································································ 2
　　任务三　造价工程师管理制度 ································································ 3
### 项目二　建筑安装工程费用的构成和计算 ································································ 5
　　任务一　建筑安装工程费用的构成 ································································ 5
　　任务二　按费用构成要素划分建筑安装工程费用项目构成和计算 ································································ 6
　　任务三　按造价形成划分建筑安装工程费用项目构成和计算 ································································ 17

## 模块二　建设工程计价原理、方法及计价依据 ································································ 29

### 项目一　工程计价原理 ································································ 29
　　任务一　工程计价的含义 ································································ 29
　　任务二　工程计价的基本原理 ································································ 29
　　任务三　工程计价依据 ································································ 30
　　任务四　工程计价基本程序 ································································ 31
　　任务五　工程定额体系 ································································ 32
### 项目二　建筑安装工程人工、材料和施工机具台班消耗量的确定 ································································ 36
　　任务一　施工过程分解及工时研究 ································································ 36
　　任务二　确定人工定额消耗量的基本方法 ································································ 39
　　任务三　确定材料定额消耗量的基本方法 ································································ 40
　　任务四　确定施工机具台班定额消耗量的基本方法 ································································ 42
### 项目三　建筑安装工程人工、材料和施工机具台班单价的确定 ································································ 44
　　任务一　人工日工资单价的组成和确定方法 ································································ 44
　　任务二　材料单价的组成和确定方法 ································································ 44
　　任务三　施工机械台班单价的组成和确定方法 ································································ 45
　　任务四　施工仪器仪表台班单价的组成和确定方法 ································································ 45
### 项目四　工程计价定额的编制 ································································ 46

## ▶ 建筑工程定额与预算

  任务一 预算定额及其基价编制 ······ 46
  任务二 概算定额及其基价编制 ······ 49
  任务三 概算指标及其编制 ······ 51
  任务四 投资估算指标及其编制 ······ 52

## 模块三 工程量计算 ······ 55

### 项目一 工程计量计价原理 ······ 55
  任务一 概述 ······ 55
  任务二 正确工程量计算 ······ 59
  任务三 工程量计算原则 ······ 60
  任务四 工程量计算的步骤 ······ 66

### 项目二 建筑面积的计算 ······ 70
  任务一 建筑面积概述 ······ 70
  任务二 需要计算的建筑面积 ······ 74
  任务三 不需要计算的建筑面积 ······ 83

### 项目三 土石方工程 ······ 84
  任务一 土石方工程定额计算规则 ······ 84
  任务二 土石方工程清单计算规则与定额计算规则对比 ······ 89

### 项目四 地基处理与边坡支护、桩基础工程 ······ 92
  任务一 地基处理与边坡支护、桩基础工程定额计算规则 ······ 92
  任务二 地基处理与边坡支护、桩基础工程清单计算规则与定额计算规则
      对比 ······ 94

### 项目五 砌筑工程 ······ 96
  任务一 砌筑工程定额计算规则 ······ 96
  任务二 砌筑工程清单计算规则与定额计算规则对比 ······ 102

### 项目六 混凝土及钢筋混凝土工程 ······ 106
  任务一 混凝土及钢筋混凝土工程定额计算规则 ······ 106
  任务二 混凝土及钢筋混凝土工程清单计算规则与定额计算规则对比 ······ 111

### 项目七 金属工程 ······ 115
  任务一 金属工程定额计算规则 ······ 115
  任务二 金属工程清单计算规则与定额计算规则对比 ······ 116

### 项目八 木结构工程 ······ 117
  任务一 木结构工程定额计算规则 ······ 117
  任务二 木结构工程清单计算规则与定额计算规则对比 ······ 118

### 项目九 门窗工程 ······ 119

任务一　门窗工程定额计算规则……………………………………………………119
　　任务二　门窗工程清单计算规则与定额计算规则对比…………………………120
项目十　屋面与防水工程…………………………………………………………………122
　　任务一　屋面与防水工程定额计算规则…………………………………………122
　　任务二　屋面与防水工程清单计算规则与定额计算规则对比…………………125
项目十一　保温、隔热、防腐、防火工程………………………………………………127
　　任务一　保温、隔热、防腐、防火工程定额计算规则…………………………127
　　任务二　保温、隔热、防腐、防火工程清单计算规则与定额计算规则对比…129
项目十二　楼地面工程……………………………………………………………………130
　　任务一　楼地面工程定额计算规则………………………………………………130
　　任务二　楼地面工程清单计算规则与定额计算规则对比………………………132
项目十三　墙柱面装饰工程………………………………………………………………133
　　任务一　墙柱面装饰工程定额计算规则…………………………………………133
　　任务二　墙柱面装饰工程清单计算规则与定额计算规则对比…………………136
项目十四　天棚工程………………………………………………………………………137
　　任务一　天棚工程定额计算规则…………………………………………………137
　　任务二　天棚工程清单计算规则与定额计算规则对比…………………………138
项目十五　油漆、涂料、裱糊工程………………………………………………………139
　　任务一　油漆、涂料、裱糊工程定额计算规则…………………………………139
　　任务二　油漆、涂料、裱糊工程清单计算规则与定额计算规则对比…………143
项目十六　其他装饰工程…………………………………………………………………144
　　任务一　其他装饰工程定额计算规则……………………………………………144
　　任务二　其他装饰工程清单计算规则与定额计算规则对比……………………146
项目十七　措施项目………………………………………………………………………147
　　任务一　模板工程…………………………………………………………………147
　　任务二　脚手架工程………………………………………………………………151
　　任务三　垂直运输工程……………………………………………………………153
　　任务四　超高施工增加工程………………………………………………………156
　　任务五　施工排水、降水工程……………………………………………………158
　　任务六　大型机械设备进出场安拆工程…………………………………………158

**模块四　施工图预算的编制**………………………………………………………………171

项目一　施工图预算编制概述……………………………………………………………171
　　任务一　施工图预算的概念………………………………………………………171
　　任务二　施工图预算的编制依据…………………………………………………171

|     |     |     |
| --- | --- | --- |
| 任务三 | 施工图预算文件的组成 | 172 |
| 项目二 | 施工图预算的编制过程 | 172 |
| 任务一 | 准备工作 | 172 |
| 任务二 | 施工图预算的编制方法及步骤 | 172 |
| 任务三 | 甘肃省工程造价计价程序 | 176 |
| 任务四 | 甘肃省建筑工程费用标准 | 177 |
| 任务五 | 甘肃省建筑工程类别划分及说明 | 183 |
| 项目三 | 施工图预算编制实例 | 185 |
| 任务一 | 工程实例图纸 | 185 |
| 任务二 | 工程量计算及定额套用 | 185 |
| 任务三 | 人材机调差 | 202 |
| 任务四 | 取费计算工程总造价 | 206 |
| 任务五 | 编制说明、封皮，装订形成完整预算书 | 206 |
| 项目四 | 施工图预算的审查 | 208 |
| 任务一 | 施工图预算审查的内容与重点 | 208 |
| 任务二 | 施工图预算审查的方法 | 209 |

## 模块五　工程造价软件的应用　211

| | | |
| --- | --- | --- |
| 项目一 | 定额计价软件 | 211 |
| 任务一 | 操作流程 | 211 |
| 任务二 | 软件启动 | 213 |
| 任务三 | 新建预算文件 | 214 |
| 任务四 | 工程概况 | 215 |
| 任务五 | 预算书 | 216 |
| 任务六 | 措施项目 | 217 |
| 任务七 | 人材机汇总 | 218 |
| 任务八 | 费用汇总 | 219 |
| 任务九 | 报表 | 219 |
| 项目二 | 图形计算工程量软件 | 220 |
| 任务一 | 图形计算工程量软件概述 | 220 |
| 任务二 | 新建工程 | 221 |
| 任务三 | 设置楼层信息 | 223 |
| 任务四 | 轴网管理 | 223 |
| 任务五 | 构件管理 | 226 |
| 任务六 | 绘图基本操作 | 227 |

## 目录

  任务七 汇总报表输出 ················································· 231
项目三 图形计算工程量软件 ·················································· 235
  任务一 钢筋工程量计算软件概述 ······································ 235
  任务二 工程设置 ················································· 237
  任务三 建轴网 ··················································· 240
  任务四 构件定义与绘图要求 ·········································· 241
  任务五 报表 ····················································· 243

**附录** ····························································· 244
**参考文献** ························································· 245

# 模块一 建筑工程造价概述

## 项目一 工程造价管理及其基本制度

### 任务一 工程造价的含义

1.1.1 工程造价的含义

【任务目标】

准确说出工程造价的两种含义。

【任务知识】

工程造价,从广义上讲,是指建设一项工程的预期开支或实际开支的全部固定资产投资费用,即完成一个项目建设所需的费用总和,包括建筑安装工程费、设备工器具费用和工程建设其他费等;从狭义上讲,是指工程价格,即建筑产品价格,是建筑工程发包与承包双方在合同中约定的工程造价。因此,工程造价有两种含义。

含义一:工程造价是指建设一项工程预期开支或实际开支的全部固定资产投资费用。显然,这是从投资者或业主的角度而言的,投资者为了获得投资项目的预期效益,就需要进行项目策划、决策及实施,直至竣工验收等一系列投资管理活动。在上述活动中所花费的全部费用就构成了工程造价。从这个意义上讲,工程造价是完成一个工程建设项目所需费用的总和,建设工程造价就是建设工程项目固定资产投资费用。

含义二:从承包商、供应商、设计市场供给主体来定义,工程造价是指工程价格,指为建成一项工程,预计或实际在土地市场、设备市场、技术劳务市场以及工程承发包市场等交易活动中所形成的建筑安装工程价格和建设工程总价格。显然,工程造价的这种含义是以商品经济和市场经济为前提的,是指以建设工程这种特定的商品形式作为交易对象,通过招投标或其他交易方式,在进行多次预估的基础上,最终由市场形成的价格。其交易对象既可以是涵盖范围很大的一个建设工程项目,也可以是其中的一个单项工程,甚至可以是整个建设工程中的某个阶段(如土地开发工程、建筑安装工程、装饰工程)或者其中的某个组成部分。

工程造价的两种含义是从不同角度把握同一事物的本质。对建设工程投资者来说,面对市场经济条件下的工程造价就是项目投资,是"购买"项目要付出的价格,同时也是投资者在作为市场供给主体"出售"项目时定价的基础。对于承包商、供应商和规划、设计等机构来说,工程造价是他们作为市场供给主体出售商品和劳务价格的总和,或者是特指范围的工程造价,如建筑安装工程造价。

区别工程造价两种含义的理论意义在于为投资者和以承包商为代表的供应商的市场行为提供理论依据。当政府提出降低工程造价时,政府是站在投资者的角度充当了市场需求主体的角色;当承包商提出要提高工程造价、提高利润率,并获得更多的实际利润时,是要实现一个市场供给主体的管理目标。这是市场运行机制的必然,不同的利益主体绝不能混为一谈。区别工程造价两种含义的现实意义在于,为实现不同的管理目标,不断充实工程造价的管理内容,完善管理方法,为更好地实现各自的目标服务,从而有利于推动经济全面增长。

## 任务二 我国建设项目总投资及工程造价的构成

1.1.2 我国建设项目总投资及工程造价的构成

**【任务目标】**

画出我国建设项目总投资及工程造价的构成图。

**【任务知识】**

建设项目总投资是为完成工程项目建设并达到使用要求或生产条件,在建设期内预计或实际投入的全部费用总和。生产性建设项目总投资包括建设投资、建设期利息和流动资金三部分;非生产性建设项目总投资包括建设投资和建设期利息两部分。其中建设投资和建设期利息之和对应于固定资产投资,固定资产投资与建设项目的工程造价在量上相等。工程造价基本构成包括用于购买工程项目所含各种设备的费用,用于建筑施工和安装施工所需支出的费用,用于委托工程勘察设计应支付的费用,用于购买土地所需的费用,也包括用于建设单位自身进行项目筹建和项目管理所花费的费用等。总之,工程造价是按照确定的建设内容、建设规模、建设标准、功能要求和使用要求等将工程项目全部建成,在建设期预计或实际支出的建设费用。

工程造价中的主要构成部分是建设投资,建设投资是为完成工程项目建设,在建设期

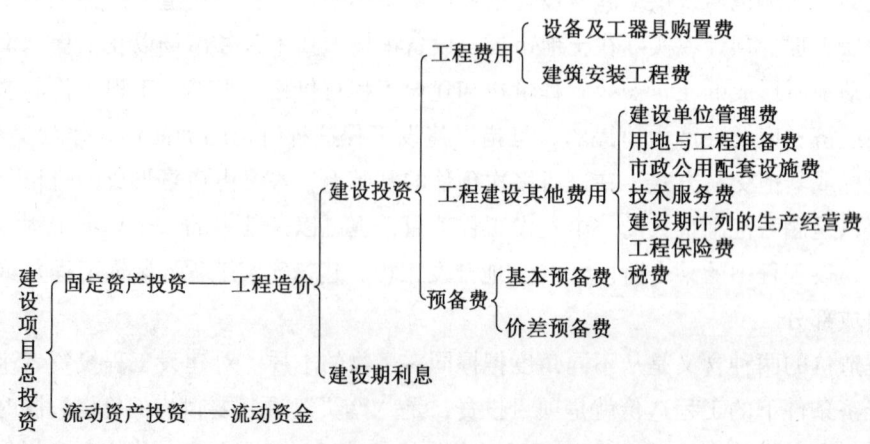

图1-1 我国建设项目总投资构成

内投入且形成现金流出的全部费用。建设投资包括工程费用、工程建设其他费用和预备费三部分。工程费用是指建设期内直接用于工程建造、设备购置及其安装的建设投资，可以分为建筑安装工程费和设备及工器具购置费；工程建设其他费用是指建设期发生的与土地使用权取得、整个工程项目建设以及未来生产经营有关的构成建设投资但不包括在工程费用中的费用。预备费是在建设期内为各种不可预见因素的变化而预留的可能增加的费用，包括基本预备费和价差预备费。建设项目总投资的具体构成内容如图1-1所示。

## 任务三 造价工程师管理制度

【任务目标】

说出造价工程师的注册条件。

【任务知识】

注册造价工程师，是指通过全国造价工程师执业资格统一考试或者资格认定、资格互认，取得中华人民共和国造价工程师执业资格（以下简称执业资格），并按照《注册造价工程师管理办法》注册，取得中华人民共和国造价工程师注册执业证书（以下简称注册证书）和执业印章，从事工程造价活动的专业人员。未取得注册证书和执业印章的人员，不得以注册造价工程师的名义从事工程造价活动。

注册造价工程师实行注册执业管理制度。取得执业资格的人员，经过注册方能以注册造价工程师的名义执业。

### 一、注册造价工程师的注册条件

(1) 取得执业资格。

(2) 受聘于一个工程造价咨询企业或者工程建设领域的建设、勘察设计、施工、招标代理、工程监理、工程造价管理等单位。

取得执业资格的人员申请注册的，应当向聘用单位工商注册所在地的省、自治区、直辖市人民政府建设主管部门（以下简称省级注册初审机关）或者国务院有关部门（以下简称部门注册初审机关）提出注册申请。对申请初始注册的，注册初审机关应当自受理申请之日起20日内审查完毕，并将申请材料和初审意见报国务院建设主管部门（以下简称注册机关）。注册机关应当自受理之日起20日内作出决定。对申请变更注册、延续注册的，注册初审机关应当自受理申请之日起5日内审查完毕，并将申请材料和初审意见报注册机关。注册机关应当自受理之日起10日内作出决定。注册造价工程师的初始、变更、延续注册，逐步实行网上申报、受理和审批。

取得资格证书的人员，可自资格证书签发之日起1年内申请初始注册。逾期未申请者，须符合继续教育的要求后方可申请初始注册。初始注册的有效期为4年。

## 二、申请初始注册应当提交的材料

(1) 初始注册申请表。
(2) 执业资格证件和身份证件复印件。
(3) 与聘用单位签订的劳动合同复印件。
(4) 工程造价岗位工作证明。
(5) 取得资格证书的人员,自资格证书签发之日起 1 年后申请初始注册的,应当提供继续教育合格证明。
(6) 受聘于具有工程造价咨询资质中介机构的,应当提供聘用单位为其缴纳的社会基本养老保险凭证、人事代理合同复印件,或者劳动、人事部门颁发的离退休证复印件。
(7) 外国人、台港澳人员应当提供外国人就业许可证书、台港澳人员就业证书复印件。

注册造价工程师注册有效期满需继续执业的,应当在注册有效期满 30 日前,按照《注册造价工程师管理办法》第八条规定的程序申请延续注册。延续注册的有效期为 4 年。

## 三、申请延续注册应当提交的材料

(1) 延续注册申请表。
(2) 注册证书。
(3) 与聘用单位签订的劳动合同复印件。
(4) 前一个注册期内的工作业绩证明。
(5) 继续教育合格证明。

在注册有效期内,注册造价工程师变更执业单位的,应当与原聘用单位解除劳动合同,并按照《注册造价工程师管理办法》第八条规定的程序办理变更注册手续。变更注册后延续原注册有效期。

## 四、申请变更注册应当提交的材料

(1) 变更注册申请表。
(2) 注册证书。
(3) 与新聘用单位签订的劳动合同复印件。
(4) 与原聘用单位解除劳动合同的证明文件。
(5) 受聘于具有工程造价咨询资质中介机构的,应当提供聘用单位为其缴纳的社会基本养老保险凭证、人事代理合同复印件,或者劳动、人事部门颁发的离退休证复印件。
(6) 外国人、台港澳人员应当提供外国人就业许可证书、台港澳人员就业证书复印件。

## 五、有下列情形之一的,不予注册

(1) 不具有完全民事行为能力的。

(2) 申请在两个或者两个以上单位注册的。

(3) 未达到造价工程师继续教育合格标准的。

(4) 前一个注册期内工作业绩达不到规定标准或未办理暂停执业手续而脱离工程造价业务岗位的。

(5) 受刑事处罚，刑事处罚尚未执行完毕的。

(6) 因工程造价业务活动受刑事处罚，自刑事处罚执行完毕之日起至申请注册之日止不满5年的。

(7) 因前项规定以外原因受刑事处罚，自处罚决定之日起至申请注册之日止不满3年的。

(8) 被吊销注册证书，自被处罚决定之日起至申请注册之日止不满3年的。

(9) 以欺骗、贿赂等不正当手段获准注册被撤销，自被撤销注册之日起至申请注册之日止不满3年的。

(10) 法律、法规规定不予注册的其他情形。

准予注册的，由注册机关核发注册证书和执业印章。

注册证书和执业印章是注册造价工程师的执业凭证，应当由注册造价工程师本人保管、使用。造价工程师注册证书由注册机关统一印制。

# 项目二 建筑安装工程费用的构成和计算

## 任务一 建筑安装工程费用的构成

【任务目标】

归纳建筑工程与安装工程类别。

【任务知识】

建筑安装工程费用即建筑安装工程造价，是指在建筑安装工程施工中直接发生的费用和施工企业在组织管理施工中间接地为工程支出的费用，以及按国家规定施工企业应获得的利润和应缴纳的税金之和。

## 一、建筑工程费用内容

(1) 各类房屋建筑工程和列入房屋建筑工程预算的供水、供暖、卫生、通风、煤气等设备费用及其装设、油饰工程的费用，列入建筑工程预算的各种管道、电力、电信和电缆导线敷设工程的费用。

(2) 设备基础、支柱、工作台、烟囱、水塔、水池、灰塔等建筑工程以及各种炉窑的砌筑工程和金属结构工程的费用。

(3) 为施工而进行的场地平整,工程和水文地质勘察,原有建筑物和障碍物的拆除以及

▶ 建筑工程定额与预算

施工临时用水、电、暖气、路、通信和完工后的场地清理、环境绿化、美化等工作的费用。

（4）矿井开凿、井巷延深、露天矿剥离，石油、天然气钻井，修建铁路、公路、桥梁、水库、堤坝、灌渠及防洪等工程的费用。

## 二、安装工程费用内容

（1）生产、动力、起重、运输、传动和医疗、实验等各种需要安装的机械设备的装配费用，与设备相连的工作台、梯子、栏杆等设施的工程费用，附属于安装设备的管线敷设工程费用，以及被安装设备的绝缘、防腐、保温、油漆等工程的材料费和安装费。

（2）为测定安装工程质量，对单台设备进行单机试运转、对系统设备进行系统联动无负荷试运转工作的调试费。

## 三、建筑安装工程费用项目组成

我国现行建筑安装工程费用项目按两种不同的方式划分为按费用构成要素划分和按造价形成划分，其具体构成如图1-2所示。

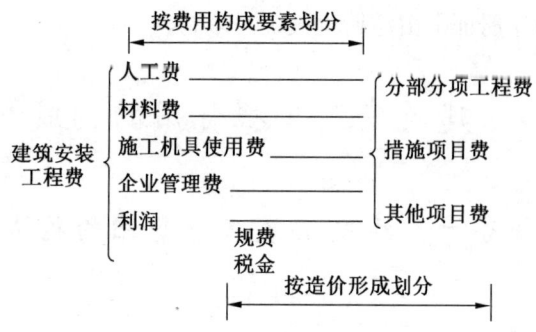

图1-2 建筑安装工程费用项目构成

## 任务二 按费用构成要素划分建筑安装工程费用项目构成和计算

1.2.2 按费用构成要素划分建筑安装工程费用项目构成

【任务目标】

（1）写出按费用构成要素划分建筑安装工程费用项目构成。

（2）进行定额计价案例计算。

【任务知识】

我国现行建筑安装工程费用按构成要素划分由四大部分组成：直接费、间接费、利润和税金，如图1-3所示。

模块一 建筑工程造价概述

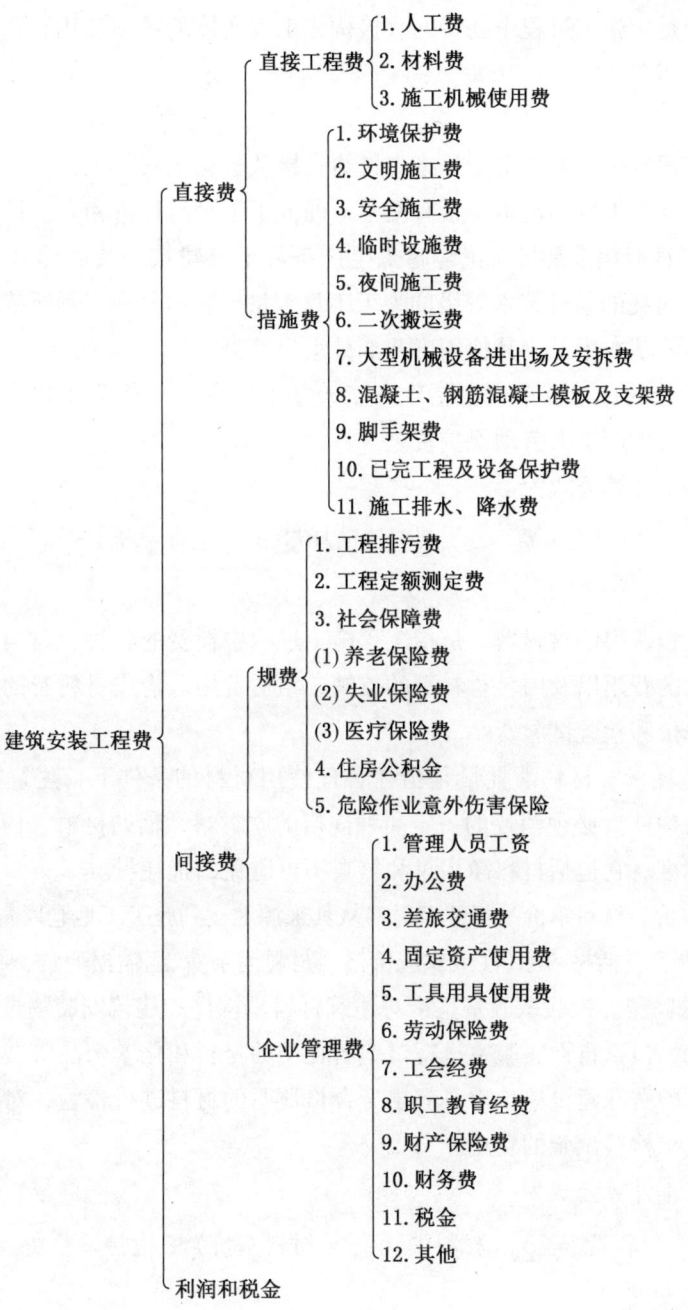

图1-3 定额计价模式下建筑安装工程费用的组成

# 一、直接费

建筑安装工程直接费由直接工程费和措施费组成。

## （一）直接工程费

▶ **建筑工程定额与预算**

直接工程费是指施工过程中耗费的直接构成工程实体的各项费用，包括人工费、材料费、施工机械使用费。

1. 人工费

建筑安装工程费中的人工费，是指支付给直接从事建筑安装工程施工作业的生产工人的各项费用。构成人工费的基本要素有两个，即人工工日消耗量和人工日工资单价。

（1）人工工日消耗量是指在正常施工生产条件下，建筑安装产品（分部分项工程或结构构件）必须消耗的某种技术等级的人工工日数量。它由分项工程所综合的各个工序施工劳动定额包括的基本用工、其他用工两部分组成。

（2）相应等级的日工资单价包括生产工人基本工资、工资性补贴、生产工人辅助工资、职工福利费及生产工人劳动保护费。

人工费的基本计算公式为

$$人工费 = \sum（工日消耗量 \times 日工资单价） \qquad (1-1)$$

2. 材料费

建筑安装工程费中的材料费，是指工程施工过程中耗费的各种原材料、半成品、构配件、工程设备等的费用以及周转材料等的摊销、租赁费用。构成材料费的基本要素是材料消耗量、材料单价和检验试验费。

（1）材料消耗量。材料消耗量是指在合理使用材料的条件下，建筑安装产品（分部分项工程或结构构件）必须消耗的一定品种规格的原材料、辅助材料、构配件、零件、半成品等的数量标准。它包括材料净用量和材料不可避免的损耗量。

（2）材料单价。材料单价是指建筑材料从其来源地运到施工工地仓库直至出库形成的综合平均单价，其内容包括材料原价（或供应价格）、材料运杂费、运输损耗费、采购及保管费等。

（3）检验试验费。检验试验费是指对建筑材料、构件和建筑安装物进行一般鉴定、检查所发生的费用，包括自设实验室进行试验所耗用的材料和化学药品等费用。不包括新结构、新材料的试验费和建设单位对具有出厂合格证明的材料进行检验，对构件做破坏性试验及其他特殊要求检验试验的费用。

材料费的基本计算公式为

$$材料费 = \sum（材料消耗量 \times 材料基价）+ 检验试验费 \qquad (1-2)$$

3. 施工机械使用费

建筑安装工程费中的施工机械使用费，是指施工机械作业发生的使用费或租赁费。构成施工机械使用费的基本要素是施工机械台班消耗量和机械台班单价。

（1）施工机械台班消耗量是指在正常施工条件下，建筑安装产品（分部分项工程或结构构件）必须消耗的某类某种型号施工机械的台班数量。

（2）机械台班单价的内容包括台班折旧费、台班大修理费、台班经常修理费、台班安拆费及场外运输费、台班人工费、台班燃料动力费、台班养路费及车船使用税。

施工机械使用费的基本计算公式为

$$施工机械使用费 = \sum（施工机械台班消耗量 \times 机械台班单价） \quad (1-3)$$

**（二）措施费**

措施费是指实际施工中必须发生的施工准备和施工过程中技术、生活、安全、环境保护方面的非工程实体项目的费用。所谓非实体性项目，是指其费用的发生和金额的大小与使用时间、施工方法或者两个以上工序相关，并且不形成最终的实体工程，如大型机械设备进出场及安拆、文明施工和安全防护、临时设施等。措施费项目的构成需考虑多种因素，除工程本身的因素外，还涉及水文、气象、环境、安全等因素。

**1. 安全文明施工费**

安全文明施工费是指工程施工期间按照国家现行的环境保护、建筑施工安全、施工现场环境与卫生标准和有关规定，购置和更新施工安全防护用具及设施、改善安全生产条件和作业环境所需要的费用。其具体内容见表 1-1。

表 1-1 安全文明施工费的主要内容

| 项目名称 | 工作内容及包含范围 |
|---|---|
| 环境保护 | 现场施工机械设备降低噪声、防扰民措施费用 |
| | 水泥和其他易飞扬细颗粒建筑材料密闭存放或采取覆盖措施等费用 |
| | 工程防扬尘洒水工程 |
| | 土石方、建渣外运车辆冲洗、防撒漏等费用 |
| | 现场污染源的控制、生活垃圾清理外运、场地排水排污措施的费用 |
| | 其他环境保护措施费用 |
| 文明施工 | "五牌一图"的费用 |
| | 现场围挡的墙面美化（包括内外粉刷、刷白、标语等）、压顶装饰费用 |
| | 现场厕所便槽刷白、贴面砖，水泥砂浆地面或地砖费用，建筑物内临时便溺设施费用 |
| | 其他施工现场临时设施的装饰装修、美化措施费用 |
| | 现场生活卫生设施费用 |
| | 符合卫生要求的饮水设备、沐浴、消毒等设施费用 |
| | 生活用洁净燃料费用 |
| | 防煤气中毒、防蚊虫叮咬等措施费用 |
| | 施工现场操作场地的硬化费用 |
| | 现场绿化费用、治安综合治理费用 |
| | 现场配备医药保健器材、物品费用和急救人员培训费用 |
| | 用于现场工人的防暑降温费、电风扇、空调等设备及用电费用 |
| | 其他文明施工措施费用 |

▶ 建筑工程定额与预算

表 1-1（续）

| 项目名称 | 工作内容及包含范围 |
|---|---|
| 安全施工 | 安全资料、特殊作业专项方案的编制，安全施工标志的购置及安全宣传的费用 |
| | 安全防护工具（安全帽、安全带、安全网）、"四口"（楼梯口、电梯井口、通道口、预留洞口）、"五临边"（阳台围边、楼板围边、屋面围边、槽坑围边、卸料平台两侧）、防护架、垂直防护架、外架封闭等防护的费用 |
| | 施工安全用电的费用，包括配电箱三级配电、两级保护装置要求、外电保护措施 |
| 安全施工 | 起重机、塔吊等起重设备（含井架、门架）及外用电梯的安全防护措施（含警示标志）费用及卸料平台的临边防护、层间安全门、防护棚等设施费用 |
| | 建筑工地中机械的检验检测费用 |
| | 施工机具防护棚及其围栏的安全保护设施费用 |
| | 施工安全防护通道的费用 |
| | 工人的安全防护用品、用具购置费用 |
| | 消防设施与消防器材的配置费用 |
| | 电气保护、安全照明设施费 |
| | 其他安全防护措施费用 |
| 临时设施 | 施工现场采用彩色、定型钢板，砖、混凝土砌块等围挡的安砌、维修、拆除费或摊销费 |
| | 施工现场临时建筑物、构筑物的搭设、维修、拆除或摊销的费用，如临时宿舍、办公室、食堂、厨房、厕所、诊疗所、临时文化福利用房、临时仓库、加工场、搅拌台、临时简易水塔、水池等 |
| | 施工现场临时设施的搭设、维修、拆除或摊销的费用，如临时供水管道、临时供电管线、小型临时设施等 |
| | 施工现场规定范围内临时简易道路铺设，临时排水沟、排水设施安砌、维修、拆除 |
| | 其他临时设施费搭设、维修、拆除或摊销的费用 |

建筑工程安全防护、文明施工措施费用是由《建筑安装工程费用项目组成》中措施费所含的环境保护费、文明施工费、安全施工费、临时设施费组成，必须按国家或省级、行业建设主管部门的规定计算，不得作为竞争性费用。

（1）环境保护费。环境保护费的计算方法：

$$环境保护费 = 直接工程费 \times 环境保护费费率(\%) \quad (1-4)$$

$$环境保护费费率(\%) = \frac{本项费用年度平均支出}{全年建安产值 \times 直接工程费占总造价比例(\%)} \quad (1-5)$$

（2）文明施工费。文明施工费的计算方法：

$$文明施工费 = 直接工程费 \times 文明施工费费率(\%) \quad (1-6)$$

$$文明施工费费率(\%) = \frac{本项费用年度平均支出}{全年建安产值 \times 直接工程费占总造价比例(\%)} \quad (1-7)$$

(3) 安全施工费。安全施工费的计算方法：

$$安全施工费 = 直接工程费 \times 安全施工费费率(\%) \quad (1-8)$$

$$安全施工费费率(\%) = \frac{本项费用年度平均支出}{全年建安产值 \times 直接工程费占总造价比例(\%)} \quad (1-9)$$

(4) 临时设施费。临时设施费的构成包括周转使用临建费、一次性使用临建费和其他临时设施费。其计算公式为

$$临时设施费 = (周转使用临建费 + 一次性使用临建费) \times [1 + 其他临时设施所占比例(\%)] \quad (1-10)$$

周转使用临建费的计算方法：

$$周转使用临建费 = \sum\left[\frac{临建面积 \times 每平方米造价}{使用年限 \times 365 \times 利用率(\%)} \times 工期(天)\right] + 一次性拆除费 \quad (1-11)$$

一次性使用临建费的计算方法：

$$一次性使用临建费 = \sum\{临建面积 \times 每平方米造价 \times [1 - 残值率(\%)]\} + 一次性拆除费 \quad (1-12)$$

其他临时设施在临时设施费中所占比例，可由各地区造价管理部门依据典型施工企业的成本资料经分析后综合测定。

2. 夜间施工增加费

(1) 夜间施工增加费的内容。夜间施工增加费的内容由以下各项组成：①夜间固定照明灯具和临时可移动照明灯具的设置、拆除的费用；②夜间施工时施工现场交通标志、安全标牌、警示灯的设置、移动、拆除的费用；③夜间照明设备摊销及照明用电、施工人员夜班补助、夜间施工劳动效率降低等费用。

(2) 夜间施工增加费的计算方法：

$$夜间施工增加费 = \left(1 - \frac{合同工期}{定额工期}\right) \times \frac{直接工程费中的人工费合计}{平均日工资单价} \times 每工日夜间施工费开支 \quad (1-13)$$

3. 非夜间施工照明费

非夜间施工照明费是指为保证工程施工正常进行，在如地下室等特殊施工部位施工时所采用的照明设备的安拆、维护、摊销及照明用电等费用。

4. 二次搬运费

(1) 二次搬运费的内容。二次搬运费是指由于施工场地条件限制而发生的材料、成品、半成品等一次运输不能到达堆放地点，必须进行二次或多次搬运的费用。

(2) 二次搬运费的计算方法：

$$二次搬运费 = 直接工程费 \times 二次搬运费费率(\%) \quad (1-14)$$

$$二次搬运费费率(\%) = \frac{年平均二次搬运费开支额}{全年建安产值 \times 直接工程费占总造价的比例(\%)} \quad (1-15)$$

### 5. 冬雨季施工增加费

（1）冬雨季施工增加费的内容。冬雨季施工增加费的内容由以下各项组成：①冬雨（风）季施工时增加的临时设施（防寒保温、防雨、防风设施）的搭设、拆除费用；②冬雨（风）季施工时，对砌体、混凝土等采用的特殊加温、保温和养护施工费用；③冬雨（风）季施工时，施工现场的防滑处理、对影响施工的雨雪的清除费用；④冬雨（风）季施工时增加的临时设施的摊销、施工人员的劳动保护用品、冬雨（风）季施工劳动效率降低等费用。

（2）冬雨季施工增加费的计算方法：

$$冬雨季施工增加费 = 直接工程费 \times 冬雨季施工增加费费率(\%) \quad (1-16)$$

$$冬雨季施工增加费费率(\%) = \frac{年平均冬雨季施工增加费开支额}{全年建安产值 \times 直接工程费占总造价的比例(\%)}$$

$$(1-17)$$

### 6. 大型机械设备进出场及安拆费

（1）大型机械设备进出场及安拆费的内容。该项费用由安拆费和进出场费组成：①安拆费包括施工机械、设备在现场进行安装与拆卸所需的人工、材料、机械和试运转费用以及机械辅助设施的折旧、搭设、拆除等费用；②进出场费包括施工机械、设备整体或分体自停放地点运至施工现场或由一施工地点运至另一施工地点所发生的运输、装卸、辅助材料等费用。

（2）大型机械设备进出场及安拆费的计算方法。大型机械设备进出场及安拆费通常按照机械设备的使用数量以台次为单位计算。

### 7. 施工排水、降水费

1) 施工排水、降水费的内容

该项费用由成井和排水、降水两个独立的费用项目组成。

（1）成井。成井的费用主要包括：①准备钻孔机械、埋设护筒、钻机就位，泥浆制作、固壁，成孔、出渣、清孔等费用；②对接上、下井管（滤管），焊接，安防，下滤料，洗井，连接试抽等费用。

（2）排水、降水。排水、降水的费用主要包括：①管道安装、拆除，场内搬运等费用；②抽水、值班、降水设备维修等。

2) 施工排水、降水费的计算方法

（1）成井费用通常按照设计图示尺寸以钻孔深度按米计算。

（2）排水、降水费用通常按照排、降水日历天数按昼夜计算。

### 8. 地上、地下设施和建筑物的临时保护设施费

地上、地下设施和建筑物的临时保护设施费是指在工程施工过程中，对已建成的地上、地下设施和建筑物进行的遮盖、封闭、隔离等必要保护措施所发生的费用。

该项费用一般都以直接工程费为取费依据，根据工程所在地工程造价管理机构测定的

相应费率计算支出。

9. 已完工程及设备保护费

已完工程及设备保护费是指竣工验收前对已完工程及设备采取的覆盖、包裹、封闭、隔离等必要保护措施所发生的费用。已完工程及设备保护费可按下式计算：

$$已完工程及设备保护费 = 成品保护所需机械费 + 材料费 + 人工费$$

10. 混凝土、钢筋混凝土模板及支架费

混凝土、钢筋混凝土模板及支架费是指混凝土施工过程中需要的各种模板制作、模板安装、拆除、整理堆放及场内外运输、清理模板黏结物及模内杂物、刷隔离剂等费用。混凝土、钢筋混凝土模板及支架分自有和租赁两种，采取不同的计算方法。

（1）自有模板及支架费的计算。

$$模板及支架费 = 模板摊销量 \times 模板价格 + 支、拆、运输费$$

$$摊销量 = 一次使用量 \times (1 + 施工损耗) \times \left[\frac{1 + (周转次数 - 1) \times 补损率}{周转次数} - \frac{(1 - 补损率) \times 50\%}{周转次数}\right] \quad (1-18)$$

（2）租赁模板及支架费的计算。

$$租赁费 = 模板使用量 \times 使用日期 \times 租赁价格 + 支、拆、运输费 \quad (1-19)$$

11. 脚手架费

脚手架费是指施工需要的各种脚手架施工时可能发生的场内、场外材料搬运；搭、拆脚手架、斜道、上料平台；安全网的铺设；拆除脚手架后材料的堆放等费用。脚手架同样分自有和租赁两种，采取不同的计算方法。

（1）自有脚手架费的计算。

$$脚手架搭拆费 = 脚手架摊销量 \times 脚手架价格 + 搭、拆、运输费 \quad (1-20)$$

$$脚手架摊销量 = \frac{单位一次使用量 \times (1 - 残值率)}{耐用期 \div 一次使用期} \quad (1-21)$$

（2）租赁脚手架费的计算。

$$租赁脚手架费 = 脚手架每日租金 \times 搭设周期 + 搭、拆、运输费 \quad (1-22)$$

12. 垂直运输费

（1）垂直运输费的内容。垂直运输费的内容由以下各项组成：①垂直运输机械的固定装置、基础制作、安装费；②行走式垂直运输机械轨道的铺设、拆除、摊销费。

（2）垂直运输费的计算。垂直运输费可根据需要用两种方法进行计算：①按照建筑面积以"m"为单位计算；②按照施工工期日历天数以"天"为单位计算。

13. 超高施工增加费

（1）超高施工增加费的内容。当单层建筑物檐口高度超过20 m，多层建筑物超过6层时，可计算超高施工增加费，超高施工增加费的内容由以下各项组成：①建筑物超高引起的人工工效降低以及由于人工工效降低引起的机械降效费；②高层施工用水加压水泵的安

▶ 建筑工程定额与预算

装、拆除及工作台班费；③通信联络设备的使用及摊销费。

（2）超高施工增加费的计算。超高施工增加费通常按照建筑物超高部分的建筑面积以"$m^2$"为单位计算。

## 二、间接费

建筑安装工程间接费是指虽不直接由施工的工艺过程所引起，但却与工程的总体条件有关的，建筑安装企业为组织施工和进行经营管理，以及间接为建筑安装生产服务的各项费用。

### （一）间接费的组成

按现行规定，建筑安装工程间接费由规费和企业管理费组成。

1. 规费

规费是指政府和有关权力部门规定必须缴纳的费用（简称规费）。包括：

（1）工程排污费。指施工现场按规定缴纳的工程排污费。

（2）社会保障费，包括：

① 养老保险费：企业按规定标准为职工缴纳的基本养老保险费。

② 失业保险费：企业按照国家规定标准为职工缴纳的失业保险费。

③ 医疗保险费：企业按照规定标准为职工缴纳的基本医疗保险费。

④ 工伤保险费：企业按照国务院制定的行业费率为职工缴纳的工伤保险费。

⑤ 生育保险费：企业按照国家规定为职工缴纳的生育保险费。

（3）住房公积金：企业按规定标准为职工缴纳的住房公积金。

2. 企业管理费

企业管理费是指施工单位为组织施工生产和经营管理所发生的费用，包括：

（1）管理人员工资：管理人员的基本工资、工资性补贴、职工福利费、劳动保护费等。

（2）办公费：企业管理办公用的文具、纸张、账表、印刷、邮电、书报、会议、水电、烧水和集体取暖（包括现场临时宿舍取暖）用煤等费用。

（3）差旅交通费：职工因公出差、调动工作的差旅费、住勤补助费，市内交通费和误餐补助费，职工探亲路费，劳动力招募费，职工离退休、退职一次性路费，工伤人员就医路费，工地转移费以及管理部门使用的交通工具的油料、燃料、养路费及牌照费。

（4）固定资产使用费：管理和试验部门及附属生产单位使用的属于固定资产的房屋、设备仪器等的折旧、大修、维修或租费。

（5）工具用具使用费：管理使用的不属于固定资产的生产工具、器具、家具、交通工具和检验、试验、测绘、消防用具等的购置、维修和摊销费。

（6）劳动保险费：由企业支付离退休职工的易地安家补助费、职工退职金、6个月以上的病假人员工资、职工死亡丧葬补助费、抚恤费、按规定支付给离休干部的各项经费。

（7）工会经费：企业按职工工资总额计提的工会经费。

（8）职工教育经费：企业为职工学习先进技术和提高文化水平，按职工工资总额计提的费用。

（9）财产保险费：施工管理用财产、车辆保险费用。

（10）财务费：企业为筹集资金而发生的各种费用。

（11）税金：企业按规定缴纳的房产税、车船使用税、土地使用税、印花税等。

（12）其他：包括技术转让费、技术开发费、业务招待费、绿化费、广告费、公证费、法律顾问费、审计费、咨询费等。

（二）间接费的计算方法

间接费按下式计算：

$$间接费 = 取费基数 \times 间接费费率$$

$$间接费费率(\%) = 规费费率(\%) + 企业管理费费率(\%)$$

间接费的取费基数有三种，分别是以直接费为计算基础、以人工费和机械费合计为计算基础及以人工费为计算基础。

在不同的取费基数下，规费费率和企业管理费费率计算方法均不相同。

1. 以直接费为计算基础

（1）规费费率。

$$规费费率(\%) = \frac{\sum 规费缴纳标准 \times 每万元发承包价计算基数}{每万元发承包价中的人工费含量} \times 人工费占直接费的比例(\%) \qquad (1-23)$$

（2）企业管理费费率。

$$企业管理费费率(\%) = \frac{生产工人年平均管理费}{年有效施工天数 \times 人工单价} \times 人工费占直接费比例(\%)$$

2. 以人工费和机械费合计为计算基础

（1）规费费率。

$$规费费率(\%) = \frac{\sum 规费缴纳标准 \times 每万元发承包价计算基数}{每万元发承包价中的人工费和机械费含量} \qquad (1-24)$$

（2）企业管理费费率。

$$企业管理费费率(\%) = \frac{生产工人年平均管理费}{年有效施工天数 \times (人工单价 + 每一工日机械使用费)} \times 100\%$$

$$(1-25)$$

3. 以人工费为计算基础

（1）规费费率。

$$规费费率(\%) = \frac{\sum 规费缴纳标准 \times 每万元发承包价计算基数}{每万元发承包价中的人工费含量} \times 100\% \qquad (1-26)$$

▶ 建筑工程定额与预算

(2) 企业管理费费率。

$$企业管理费费率(\%) = \frac{生产工人年平均管理费}{年有效施工天数 \times 人工单价} \times 100\% \qquad (1-27)$$

## 三、利润及税金

建筑安装工程费用中的利润及税金是建筑安装企业职工为社会劳动所创造的那部分价值在建筑安装工程造价中的体现。

### (一) 利润

利润是指施工企业完成所承包工程获得的盈利。利润的计算同样因计算基础的不同而不同。

(1) 以直接费为计算基础时利润的计算方法：

$$利润 = (直接费 + 间接费) \times 相应利润率(\%) \qquad (1-28)$$

(2) 以人工费和机械费为计算基础时利润的计算方法：

$$利润 = 直接费中的人工费和机械费合计 \times 相应利润率(\%) \qquad (1-29)$$

(3) 以人工费为计算基础时利润的计算方法：

$$利润 = 直接费中的人工费合计 \times 相应利润率(\%) \qquad (1-30)$$

在建筑产品的市场定价过程中，应根据市场的竞争状况适当确定利润水平。取定的利润水平过高可能会导致丧失一定的市场机会，取定的利润水平过低又会面临很大的市场风险，相对于相对固定的成本水平来说，利润率的选定体现了企业的定价政策，利润率的确定是否合理也反映出企业的市场成熟度。

### (二) 税金

税金是指国家税法规定的应计入建筑安装工程造价内的营业税、城市维护建设税、教育费附加以及地方教育附加。

**1. 采用一般计税方法时增值税的计算**

当采用一般计税方法时，建筑业增值税税率为9%。计算公式为

$$增值税 = 税前造价 \times 9\% \qquad (1-31)$$

税前造价为人工费、材料费、施工机具使用费、企业管理费、利润和规费之和，各费用项目均以不包含增值税可抵扣进项税额的价格计算。

**2. 采用简易计税方法时增值税的计算**

1) 简易计税的适用范围

根据《营业税改征增值税试点实施办法》《营业税改征增值税试点有关事项的规定》以及《关于建筑服务等营改增试点政策的通知》的规定，简易计税方法主要适用于以下几种情况：

(1) 小规模纳税人发生应税行为适用简易计税方法计税。小规模纳税人通常是指纳税人提供建筑服务的年应征增值税销售额未超过500万元，并且会计核算不健全，不能按规

定报送有关税务资料的增值税纳税人。年应税销售额超过 500 万元但不经常发生应税行为的单位也可选择按照小规模纳税人计税。

（2）一般纳税人以清包工方式提供的建筑服务，可以选择适用简易计税方法计税。以清包工方式提供建筑服务，是指施工方不采购建筑工程所需的材料或只采购辅助材料，并收取人工费、管理费或者其他费用的建筑服务。

（3）一般纳税人为甲供工程提供的建筑服务，可以选择适用简易计税方法计税。甲供工程是指全部或部分设备、材料、动力由工程发包方自行采购的建筑工程。其中建筑工程总承包单位为房屋建筑的地基与基础、主体结构提供工程服务，建设单位自行采购全部或部分钢材、混凝土、砌体材料、预制构件的，适用简易计税方法计税。

（4）一般纳税人为建筑工程老项目提供的建筑服务，可以选择适用简易计税方法计税。建筑工程老项目：①建筑工程施工许可证注明的合同开工日期在 2016 年 4 月 30 日前的建筑工程项目；②未取得建筑工程施工许可证的，建筑工程承包合同注明的开工日期在 2016 年 4 月 30 日前的建筑工程项目。

2）简易计税的计算方法

当采用简易计税方法时，建筑业增值税税率为 3%，计算公式为

$$增值税 = 税前造价 \times 3\% \tag{1-32}$$

税前造价为人工费、材料费、施工机具使用费、企业管理费、利润和规费之和，各费用项目均以包含增值税进项税额的含税价格计算。

## 任务三　按造价形成划分建筑安装工程费用项目构成和计算

【任务目标】

（1）写出按造价形成划分建筑安装工程费用项目构成。

（2）进行工程量清单组价案例计算。

【任务知识】

根据《建设工程工程量清单计价规范》（GB 50500—2013）的规定，建设工程发承包及其实施阶段的工程造价（其中主要内容是建筑安装工程费）由分部分项工程费、措施项目费、其他项目费、规费和税金组成，如图 1-4 所示。

### 一、分部分项工程费

分部分项工程费是指各专业工程的分部分项工程应予列支的各项费用。各类专业工程的分部分项工程划分遵循国家或行业工程量计算规范的规定。分部分项工程费通常用分部分项工程量乘以综合单价进行计算。

$$分部分项工程费 = \sum (分部分项工程量 \times 综合单价) \tag{1-33}$$

▶ 建筑工程定额与预算

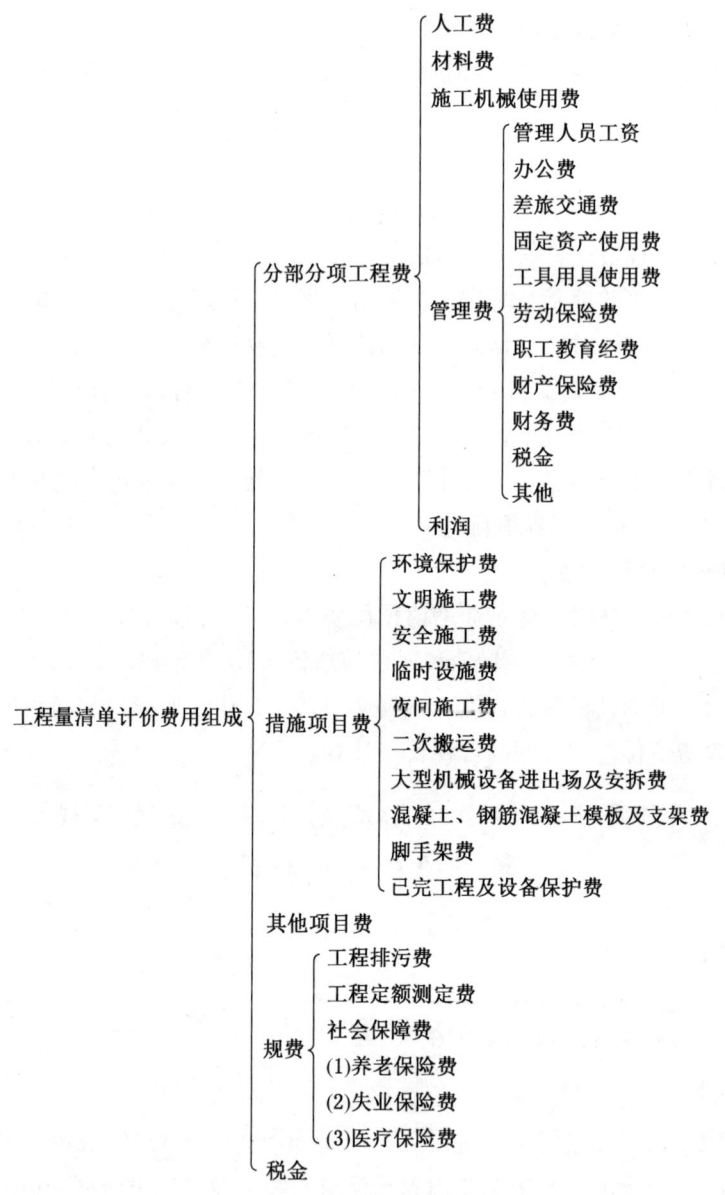

图1-4 清单计价模式下工程量清单计价费用项目组成

综合单价包括人工费、材料费、施工机械使用费、企业管理费和利润，以及一定范围的风险费用。

1. 专业工程

专业工程是指按现行国家计量规范划分的房屋建筑与装饰工程、仿古建筑工程、通用安装工程、市政工程、园林绿化工程、矿山工程、构筑物工程、城市轨道交通工程、爆破

— 18 —

工程等各类工程。

2. 分部分项工程

分部分项工程指按现行国家计量规范对各专业工程划分的项目。如房屋建筑与装饰工程划分的土石方工程、地基处理与桩基工程、砌筑工程、钢筋及钢筋混凝土工程等。

各类专业工程的分部分项工程划分见现行国家或行业计量规范。

分部分项工程是"分部工程"和"分项工程"的总称。"分部工程"是单位工程的组成部分,系按结构部位、路段长度及施工特点或施工任务将单位工程划分为若干分部的工程。例如,房屋建筑与装饰工程分为土石方工程、桩基工程、砌筑工程、混凝土及钢筋混凝土工程、楼地面装饰工程、天棚工程等分部工程。"分项工程"是分部工程的组成部分,系按不同施工方法、材料、工序及路段长度等分部工程划分为若干个分项或项目的工程。例如,现浇混凝土基础分为带形基础、独立基础、满堂基础、桩承台基础、设备基础等分项工程。

分部分项工程项目清单必须载明项目编码、项目名称、项目特征、计量单位和工程量。分部分项工程项目清单必须根据各专业工程计量规范规定的项目编码、项目名称、项目特征、计量单位和工程量计算规则进行编制。其格式见表1-2,在分部分项工程量清单的编制过程中,由招标人负责前六项内容填列,金额部分在编制招标控制价或投标报价时填列。

表1-2 分部分项工程量清单与计价表

工程名称: 标段: 第 页 共 页

| 序号 | 项目编码 | 项目名称 | 项目特征描述 | 计量单位 | 工程量 | 金额 | | |
|---|---|---|---|---|---|---|---|---|
| | | | | | | 综合单价 | 合价 | 其中:暂估价 |
| | | | | | | | | |
| | | | | | | | | |

## 二、措施项目费

措施项目费是指为完成建设工程施工,发生于该工程施工前和施工过程中的技术、生活、安全、环境保护等方面的费用。

(一) 措施项目费的组成

措施项目及其包含的内容应遵循各类专业工程的现行国家或行业工程量计算规范。以《房屋建筑与装饰工程工程量计算规范》(GB 50854—2013) 中的规定为例,措施项目费可以归纳为以下几项。

1. 安全文明施工费

▶ 建筑工程定额与预算

(1) 环境保护费:是指施工现场为达到环保部门要求所需要的各项费用。

(2) 文明施工费:是指施工现场文明施工所需要的各项费用。

(3) 安全施工费:是指施工现场安全施工所需要的各项费用。

(4) 临时设施费:是指施工企业为进行建设工程施工所必须搭设的生活和生产用的临时建筑物、构筑物和其他临时设施费用。包括临时设施的搭设、维修、拆除、清理费或摊销费等。

各项安全文明施工费的具体内容见表1-1。根据住房和城乡建设部、人力资源和社会保障部联合发布的《建筑工人实名制管理办法(试行)》(建市〔2019〕18号)规定,实施建筑工人实名制管理所需费用可列入安全文明施工费和管理费。

2. 安全施工增加费

夜间施工增加费是指因夜间施工所发生的夜班补助费、夜间施工降效、夜间施工照明设备摊销及照明用电等费用。内容由以下各项组成:

(1) 夜间固定照明灯具和临时可移动照明灯具的设置、拆除费用。

(2) 夜间施工时,施工现场交通标志、安全标牌、警示灯的设置、移动、拆除费用。

(3) 夜间照明设备摊销及照明用电、施工人员夜班补助、夜间施工劳动效率降低等费用。

3. 非夜间施工照明费

非夜间施工照明费是指为保证工程施工正常进行,在地下室等特殊施工部位施工时所采用的照明设备的安拆、维护及照明用电等费用。

4. 二次搬运费

二次搬运费是指因施工场地条件限制而发生的材料、构配件、半成品等一次运输不能到达堆放地点,必须进行二次或多次搬运所发生的费用。

5. 冬雨季施工增加费

冬雨季施工增加费是指在冬季或雨季施工需增加的临时设施、防滑、排除雨雪,人工及施工机械效率降低等费用。内容由以下各项组成:

(1) 冬雨(风)季施工时增加临时设施(防寒保温、防雨、防风设施)的搭设、拆除费用。

(2) 冬雨(风)季施工时,对砌体、混凝土等采用的特殊加温、保温和养护措施费用。

(3) 冬雨(风)季施工时,施工现场的防滑处理、对影响施工的雨雪的清除费用。

(4) 冬雨(风)季施工时增加的临时设施、施工人员的劳动保护用品、冬雨(风)季施工劳动效率降低等费用。

6. 地上、地下设施和建筑物的临时保护设施费

在工程施工过程中,对已建成的地上、地下设施和建筑物进行遮盖、封闭、隔离等必要保护措施所发生的费用。

7. 已完工程及设备保护费

已完工程及设备保护费是指竣工验收前,对已完工程及设备采取的必要保护措施所发生的费用。

8. 工程定位复测费

工程定位复测费是指工程施工过程中进行全部施工测量放线和复测工作的费用。

9. 特殊地区施工增加费

特殊地区施工增加费是指工程在沙漠或其边缘地区、高海拔、高寒、原始森林等特殊地区施工增加的费用。

10. 大型机械设备进出场及安拆费

机械整体或分体自停放场地运至施工现场或由一个施工地点运至另一个施工地点,所发生的机械进出场运输和转移费用及机械在施工现场进行安装、拆卸所需的人工费、材料费、机具费、试运转费和安装所需的辅助设施的费用。内容由安拆费和进出场费组成。

(1) 安拆费包括施工机械、设备在现场进行安装、拆卸所需人工、材料、机具和试运转费用以及机械辅助设施的折旧、搭设、拆除等费用。

(2) 进出场费包括施工机械、设备整体或分体自停放地点运至施工现场或由一施工地点运至另一施工地点所发生的运输、装卸、辅助材料等费用。

11. 脚手架费

脚手架费是指施工需要的各种脚手架搭、拆、运输费用以及脚手架购置费的摊销(或租赁)费用。通常包括以下内容:

(1) 施工时可能发生的场内、场外材料搬运费用。

(2) 搭、拆脚手架、斜道、上料平台费用。

(3) 安全网的铺设费用。

(4) 拆除脚手架后材料的堆放费用。

12. 混凝土模板及支架(撑)费

混凝土施工过程中需要的各种钢模板、木模板、架等的支拆、运输费用及模板、支架的摊销(或租赁)费用。内容由以下各项组成:

(1) 混凝土施工过程中需要的各种模板制作费用。

(2) 模板安装、拆除、整理堆放及场内外运输费用。

(3) 清理模板黏结物及模内杂物、刷隔离剂等费用。

13. 垂直运输费

垂直运输费是指现场所用材料、机具从地面运至相应高度以及职工人员上下工作面等所发生的运输费用。内容由以下各项组成:

(1) 垂直运输机械的固定装置、基础制作、安装费。

(2) 行走式垂直运输机械轨道的铺设、拆除、摊销费。

14. 超高施工增加费

▶ 建筑工程定额与预算

当单层建筑物檐口高度超过 20 m，多层建筑物超过 6 层时，可计算超高施工增加费。内容由以下各项组成：

（1）建筑物超高引起的人工工效降低以及由于人工工效降低引起的机械降效费。

（2）高层施工用水加压水泵的安装、拆除及工作台班费。

（3）通信联络设备的使用及摊销费。

15. 施工排水、降水费

施工排水、降水费是指将施工期间有碍施工作业和影响工程质量的水排到施工场地以外，以及防止在地下水位较高的地区开挖深基坑出现基坑浸水，地基承载力下降，在动水压力作用下还可能引起流砂、管涌和边坡失稳等现象而必须采取有效的降水和排水措施费用。该项费用由成井和排水、降水两个独立的费用项目组成。

（1）成井。成井的费用主要包括：①准备钻孔机械、埋设护筒、钻机就位，泥浆制作、固壁，成孔、出渣、清孔等费用；②对接上、下井管（滤管），焊接，安防，下滤料，洗井，连接试抽等费用。

（2）排水、降水。排水、降水的费用主要包括：①管道安装、拆除，场内搬运等费用；②抽水、值班、降水设备维修等费用。

16. 其他

根据项目的专业特点或所在地区不同，可能会出现其他的措施项目。

（二）措施项目费的计算方法

措施项目费的计算，按照有关专业工程量计算规范规定，措施项目分为应予计量的措施项目和不宜计量的措施项目两类。

1. 应予计量的措施项目

基本与分部分项工程费的计算方法相同，公式为

$$措施项目费 = \sum (措施项目工程量 \times 综合单价) \quad (1-34)$$

不同的措施项目工程量的计算单位是不同的，分列如下：

（1）脚手架费通常按照建筑面积或垂直投影面积以"$m^2$"计算。

（2）混凝土模板及支架（撑）费通常是按照模板与现浇混凝土构件的接触面积以"$m^2$"计算。

（3）垂直运输费可根据不同情况用两种方法进行计算：①按照建筑面积以"$m^2$"为单位计算；②按照施工工期日历天数以"天"为单位计算。

（4）超高施工增加费通常按照建筑物超高部分的建筑面积以"$m^2$"为单位计算。

（5）大型机械设备进出场及安拆费通常按照机械设备的使用数量以"台次"为单位计算。

（6）施工排水、降水费分两个不同的独立部分计算：①成井费用通常按照设计图示尺寸钻孔深度以"m"为单位计算；②排水、降水费用通常按照排水、降水日历天数以"昼夜"为单位计算。

## 2. 不宜计量的措施项目

对于不宜计量的措施项目,通常用计算基数乘以费率的方法予以计算。

(1) 安全文明施工费。计算公式为

$$安全文明施工费 = 计算基数 \times 安全文明施工费费率(\%) \qquad (1-35)$$

计算基数应为定额基价(定额分部分项工程费+定额中可以计量的措施项目费)、定额人工费或定额人工费与施工机具使用费之和,其费率由工程造价管理机构根据各专业工程的特点综合确定。

(2) 其余不宜计量的措施项目。包括夜间施工增加费,非夜间施工照明费,二次搬运费,冬雨季施工增加费,地上、地下设施和建筑物的临时保护设施费,已完工程及设备保护费等。计算公式为

$$措施项目费 = 计算基数 \times 措施项目费费率(\%) \qquad (1-36)$$

公式中的计算基数应为定额人工费或定额人工费与定额施工机具使用费之和,其费率由工程造价管理机构根据各专业工程特点和调查资料综合分析后确定。

### 三、其他项目费

#### 1. 暂列金额

暂列金额是指建设单位在工程量清单中暂定并包括在工程合同价款中的一笔款项。用于施工合同签订时尚未确定或者不可预见的所需材料、工程设备、服务的采购,施工中可能发生的工程变更、合同约定调整因素出现时的工程价款调整以及发生的索赔、现场签证确认等的费用。

暂列金额由建设单位根据工程特点,按有关计价规定估算,施工过程中由建设单位掌握使用,扣除合同价款调整后如有余额,归建设单位。

#### 2. 暂估价

暂估价是指招标人在工程量清单中提供的用于支付必然发生但暂时不能确定价格的材料、工程设备的单价以及专业工程的金额。

暂估价中的材料、工程设备暂估单价根据工程造价信息或参照市场价格估算,计入综合单价;专业工程暂估价分不同专业,按有关计价规定估算。暂估价在施工中按照合同约定再加以调整。

#### 3. 计日工

计日工是指在施工过程中,施工单位完成建设单位提出的工程合同范围以外的零星项目或工作,按照合同中约定的单价计价形成的费用。

计日工由建设单位和施工单位按施工过程中形成的有效签证来计价。

#### 4. 总承包服务费

总承包服务费是指总承包人为配合、协调建设单位进行的专业工程发包,对建设单位自行采购的材料、工程设备等进行保管以及施工现场管理、竣工资料汇总整理等服务所需

▶ 建筑工程定额与预算

的费用。

总承包服务费由建设单位在最高投标限价中根据总包范围和有关计价规定编制，施工单位投标时自主报价，施工过程中按签约合同价执行。

## 四、规费和税金

规费和税金的构成和计算与按费用构成要素划分建筑安装工程费用项目组成部分是相同的。

【模块习题】

1. 建筑产品的单件性特点决定了每项工程造价都必须（　　）。
   A. 分步组合　　　　　　　　　　B. 多层组合
   C. 多次计算　　　　　　　　　　D. 单独计算

2. 建设工程造价有两种含义，从业主和承包商的角度可分别理解为（　　）。
   A. 建设工程固定资产投资和建设工程承发包价格
   B. 建设工程总投资和建设工程承发包价格
   C. 建设工程总投资和建设工程固定资产投资
   D. 建设工程动态投资和建设工程静态投资

3. 下列关于工程建设静态投资或动态投资的表述中正确的是（　　）。
   A. 静态投资包括价差预备费
   B. 静态投资中包括固定资产投资方向调节税
   C. 动态投资中包括建设期贷款利息
   D. 动态投资是静态投资的计算基础

4. 建设工程项目总造价是指总投资中的（　　）。
   A. 建筑安装工程费用　　　　　　B. 固定资产投资与流动资产投资
   C. 静态投资总额　　　　　　　　D. 固定资产投资总额

5. 从投资者角度分析，工程造价是指建设一项工程预期或实际开支的（　　）。
   A. 全部建筑安装工程费用　　　　B. 建设工程总费用
   C. 全部固定资产投资费用　　　　D. 建设工程动态投资费用

6. 生产性建设项目的总投资包括（　　）两部分。
   A. 建筑工程投资和安装工程投资　　B. 建安工程投资和工程建设其他投资
   C. 固定资产投资和流动资产投资　　D. 固定资产静态投资和动态投资

7. 建设工程最典型的价格形式是（　　）。
   A. 业主方估算的全部固定资产投资　　B. 承发包双方共同认可的承发包价格
   C. 经政府投资主管部门审批的设计概算　D. 建设单位编制的工程竣工决算价格

8. 下列费用中属于建设工程静态投资的（　　）。
   A. 涨价预备费　　B. 建设期贷款利息　　C. 基本预备费　　D. 资金占用成本

9. 下列工程造价中由承包单位编制、发包单位或其委托的造价咨询机构审查的（　　）。
   A. 工程概算价
   B. 工程预算价
   C. 有加价的工程价格
   D. 施工合同确定的工程造价

10. 某项目中建筑安装工程费用为560万元，设备工器具购置费用为330万元，工程建设其他费用为133万元，基本预备费为102万元，价差预备费为55万元，建设期贷款利息为59万元，没有固定资产投资方向调节税，则静态投资为（　　）万元。
    A. 1023
    B. 1125
    C. 1180
    D. 1239

11. 我国建设工程造价管理组织三大系统包括（　　）。
    A. 国家行政管理系统、部门行政管理系统、地方行政管理系统
    B. 国家行政管理系统、行业协会管理系统、地方行政管理系统
    C. 行业协会管理系统、地方行政管理系统、企事业机构管理系统
    D. 政府行政管理系统、企事业机构管理系统、行业协会管理系统

12. 下列工作中属于造价工程师执业范围的是（　　）。
    A. 工程经济纠纷的调解与仲裁
    B. 工程造价计价的审核
    C. 工程投资估算的审核与批准
    D. 工程概算的审核与批准

13. 根据《注册造价工程师管理办法》，注册造价工程师的执业范围包括（　　）。
    A. 项目设计方案的优化
    B. 项目投资估算的编制、审核
    C. 项目施工组织设计的编制
    D. 项目环境影响评价报告的编制

14. 根据《注册造价工程师管理办法》，属于注册造价工程师业务范围的是（　　）。
    A. 建设项目投资估算的批准
    B. 工程索赔费用的计算
    C. 工程款的支付
    D. 工程合同纠纷的裁决

15. 根据造价工程师执业资格制度规定，属于二级造价工程师执业工作内容的是（　　）。
    A. 编制项目投资估算
    B. 编制最高投标限价
    C. 审核工程量清单
    D. 审核工程结算价款

16. 造价师工程师应在其执业活动中形成的工程造价成果文件（　　）。
    A. 加盖人名章和执业印章
    B. 签字并加盖单位印章
    C. 加盖执业印章和单位公章
    D. 签字并加盖执业印章

17. 下列费用中，不属于工程造价构成的是（　　）。
    A. 用于支付项目所需土地而发生的费用
    B. 用于建设单位自身进行项目管理所支出的费用
    C. 用于购买安装施工机械所支付的费用
    D. 用于委托工程勘察设计所支付的费用

18. 根据我国现行建设项目投资构成，建设投资中没有包括的费用是（　　）。

▶ 建筑工程定额与预算

  A. 工程费用         B. 工程建设其他费用
  C. 预备费          D. 建设期利息

19. 为保证工程项目顺利实施，避免在难以预料的情况下造成投资不足而预先安排的费用是（   ）。

  A. 流动资金   B. 建设期利息   C. 预备费   D. 其他资产费用

20. 关于我国现行建设项目投资构成的说法中，正确的是（   ）。

  A. 生产性建设项目总投资为建设投资和建设期利息之和

  B. 工程造价为工程费用、工程建设其他费用和预备费之和

  C. 固定资产投资为建设投资和建设期利息之和

  D. 工程费用为直接费、间接费利润和税金之和

21. 建设投资由（   ）三项费用构成。

  A. 工程费用、建设期利息、预备费

  B. 建设费用、建设期利息、流动资金

  C. 工程费用、工程建设其他费用、预备费

  D. 建筑安装工程费、设备及工器具购置费、工程建设其他费用

22. 根据我国现行工程造价构成，属于固定资产投资中积极部分的是（   ）。

  A. 建筑安装工程费       B. 设备及工、器具购置费
  C. 设备用地费         D. 可行性研究费

23. 下列情况中应采用一般计税的方法是（   ）。

  A. 一般纳税人为建筑合同注明的开工日期在 2016 年 4 月 30 日之后的建筑项目提供的建筑服务

  B. 一般纳税人为清包工提供的建筑服务

  C. 一般纳税人为甲供工程提供的建筑服务

  D. 小规模纳税人提供的建筑服务

24. 以分部分项工程费为取费基数时，下列企业管理费费率计算公式中，正确的是（   ）。

  A. 企业管理费费率(%) = 年管理费总额/(全年建安产值×直接费占总造价比例)×100%

  B. 企业管理费费率(%) = 生产工人年平均管理费/(年有效施工天数×人工单价)×100%

  C. 企业管理费费率(%) = 生产工人年平均管理费/[年有效施工天数×(人工单价 + 每一工日机械使用费)]×100%

  D. 企业管理费费率(%) = [生产工人年平均管理费/(年有效施工天数×人工单价)]× 人工费占直接费比例(%)

25. 与一般计税方法相比，简易计税方法下计税基数的差异是（   ）。

  A. 税前造价

  B. 人工费、材料费、施工机具使用费、企业管理费、利润和规费之和

C. 执行营业税改征增值税试点实施办法

D. 各费用项目均以包含增值税进项税额的含税价格计算

26. 根据我国现行建筑安装工程费用构成的相关规定,下列费用中,属于安装工程费用的是（　　）。

A. 设备基础、工作台的砌筑工程费或金属结构工程费用

B. 房屋建筑工程供水、供暖等设备费用

C. 对系统设备进行系统联运无负荷试运转工作的调试费

D. 对整个生产线负荷联合试运转所发生的费用

27. 施工过程中用于现场工人的防暑降温费,属于安全文明施工措施费中的（　　）。

A. 环境保护　　　B. 文明施工　　　C. 安全施工　　　D. 临时设施

28. 关于建筑安装工程费中材料费的说法,错误的是（　　）。

A. 材料费包括原材料、辅助材料、构配件、零件、半成品或成品、工程设备的费用

B. 材料消耗量是指形成工程实体的净用量

C. 检验试验费不包含在材料费中

D. 材料费等于材料消耗量与材料单价的乘积

29. 下列关于工程设备的说法中,错误的是（　　）。

A. 工业、交通等项目中的建筑设备购置费有关费用列入建筑工程费

B. 单一的房屋建筑工程项目的建筑设备购置有关费用列入建筑工程费

C. 工程设备费用包含各种需安装的生产机械设备的装配费用

D. 工程设备是指构成或计划构成永久工程一部分的相关设备和装置

30. 下列只以定额人工费作为计算基数的是（　　）。

A. 安全文明施工费　　　　　　　B. 企业管理费

C. 失业保险费　　　　　　　　　D. 垂直运输费

31. 下列关于定额基价的构成中,说法正确的是（　　）。

A. 定额分部分项工程费 + 定额措施项目费

B. 定额分部分项工程费 + 定额中可以计量的措施项目费

C. 定额分部分项工程费 + 定额中不宜计量的措施项目费

D. 定额分部分项工程费

32. 下列关于建筑安装工程费构成中利润的说法,正确的是（　　）。

A. 利润可以单位工程测算

B. 利润只列在分部分项工程费中

C. 利润在税后建筑安装工程费的比重可按不低于5%且不高于7%的费率计算

D. 计价定额中的利润可以分部分项工程费为计算基数

33. 根据我国现行规定,关于预备费的说法中,正确的是（　　）。

A. 基本预备费以工程费用为计算基数

▶ 建筑工程定额与预算

   B. 实行工程保险的工程项目,基本预备费应适当降低
   C. 涨价预备费以工程费用和工程建设其他费用之和为计算基数
   D. 涨价预备费不包括利率、汇率调整增加的费用

# 模块二 建设工程计价原理、方法及计价依据

## 项目一 工程计价原理

### 任务一 工程计价的含义

【任务目标】

准确说出工程计价的含义。

【任务知识】

工程计价是按照法律法规及标准规定的程序、方法和依据,对工程项目实施建设的各个阶段的工程造价及其构成内容进行预测和确定的行为。

工程计价的含义应该从以下三方面进行解释:

(1) 工程计价是工程价值的货币形式。工程计价是自下而上的分部组合计价,建设项目兼具单件性与多样性的特点。

(2) 工程计价是投资控制的依据。后一次估算不能超过前一次估算的幅度。

(3) 工程计价是合同价款管理的基础。

### 任务二 工程计价的基本原理

【任务目标】

阐述工程计价的基本原理。

【任务知识】

(1) 当一个建设项目还没有具体的图样和工程量清单时,需要利用产出函数对建设项目投资进行匡算。

(2) 单位工程可以按照结构部位、路段长度及施工特点或施工任务分解为分部工程。

(3) 分解成分部工程后,从工程计价的角度,还需要把分部工程按照不同的施工方法、材料、工序及路段长度等,划分为分项工程。

(4) 工程计价的基本原理就在于项目的分解和价格的组合。

(5) 分部分项工程费(或单价措施项目费) = $\sum$ [基本构造单元工程量(定额项目或清单项目) × 相应单价]。

(6) 工程计价可分为工程计量和工程组价两个环节。

(7) 工程计量工作包括工程项目的划分和工程量的计算。

(8) 单位工程基本构造单元的确定,即划分工程项目。编制概算预算时,主要是按工程定额进行划分;编制工程量清单时主要是按照工程量清单计量规范规定的清单项目进行划分。

(9) 工程组价包括工程单价的确定和总价的计算。单价有工料单价和综合单价之分。

(10) 工程总价是指按规定的程序或办法逐级汇总形成的相应工程造价。根据计算程序不同,分为单价法和实物量法。

(11) 全费用综合单价中包括人工、材料、机具使用费、企业管理费、利润、规费和税金,也叫完全综合单价。

## 任务三 工程计价依据

**【任务目标】**

说出工程计价依据。

**【任务知识】**

工程计价依据如下:

(1) 定额:为完成规定计量单位的分项工程所必需的人工、材料、施工机械台班实物消耗量的标准,一般由政府主管部门制定、发布和管理。

(2) 价格:包括人工、材料、施工机械台班价格,由工程造价管理部门依据本地区市场价格行情,定期发布市场指导价格及各相关的指数和信息。

(3) 材料:包括主要材料和次要材料。对于前者,每月由定额总站规定中准价加百分比的浮动幅度,例如钢材、木材暂定为±5%,其余均为±8%。对于次要材料,每半年或一年由定额总站发布一次调整系数。

(4) 费用:由住房和城乡建设部制定统一建设项目总造价及建安工程费用项目组成(包括利润和税金),由地区行业主管部门测算费率,分别为指令性和指导性费率,供承发包双方执行。

(5) 计价模式:

① 定额计价模式。定额计价是我们使用了几十年的一种计价模式,其基本特征就是价格=定额+费用+文件规定,并作为法定性的依据强制执行,不论是工程招标编制标底还是投标报价均以此为唯一的依据,承发包双方共享一本定额和费用标准确定标底价和投标报价,一旦定额价与市场价脱节就会影响计价的准确性。定额计价是建立在以政府定价为主导的计划经济管理基础上的价格管理模式,它所体现的是政府对工程价格的直接管理

和调控。随着市场经济的发展，我们曾提出过"控制量，指导价，竞争费""量价分离""以市场竞争形成价格"等多种改革方案。但由于没有对定额管理方式及计价模式进行根本的改变，以至于未能真正体现量价分离，以市场竞争形成价格。也曾提出过推行工程量清单报价，但实际上由于当前还未形成成熟的市场环境，一步实现完全开放的市场还有困难，有时明显的是以量补价、量价扭曲，所以仍然是以定额计价的形式出现，摆脱不了定额计价模式，不能真正体现企业根据市场行情和自身条件自主报价。

② 工程量清单计价模式。工程量清单计价是属于全面成本管理的范畴，其思路是"统一计算规则，有效控制水量，彻底放开价格，正确引导企业自主报价、市场有序竞争形成价格"。跳出传统的定额计价模式，建立一种全新的计价模式，依靠市场和企业的实力通过竞争形成价格，使业主通过企业报价可直观地了解项目造价。

③ 两种计价模式区别。工程量清单计价与定额计价不仅仅是在表现形式、计价方法上发生了变化，而是从工程量清单计价定额管理方式和计价模式上发生了变化。首先，从思想观念上对定额管理工作有了新的认识和定位。多年来我们力图通过对定额的强制贯彻执行来达到对工程造价的合理确定和有效控制，这种做法在计划经济时期和市场经济初期的确是有效的管理手段。但随着经济体制改革的深入和市场机制的不断完善，这种以政府行政行为作为对工程造价的刚性管理手段所暴露出的弊端越来越突出。要寻求一种有效的管理办法和管理手段，从定额管理转变到为建设领域各方面提供计价依据指导和服务。其次，工程量清单计价实现了定额管理方面的转变。工作量清单计价模式采用的是综合单价形式，并由企业自行编制。

由于工程量清单计价提供的是计价规则、计价办法以及定额消耗量，摆脱了定额标准价格的概念，真正实现了量价分离、企业自主报价、市场有序竞争形成价格。工程量清单报价按相同的工程量和统一的计量规则，由企业根据自身情况报出综合单价，价格高低完全由企业确定，充分体现了企业的实力，同时也真正体现了公开、公平、公正。

## 任务四　工程计价基本程序

【任务目标】

写出工程计价的基本程序。

【任务知识】

### 一、工程概预算编制的基本程序

1. 定额单价编制程序

（1）单位工程概预算造价（建安工程费）=算量，套价，调差，取费，汇总。

（2）单项工程概预算造价（工程费用）= $\sum$ 单位工程概预算造价 + 设备及工器具购置费。

▶ 建筑工程定额与预算

（3）建设项目概预算造价 = $\sum$ 单项工程概预算造价 + 工程建设其他费 + 预备费 + 建设期利息 + 流动资金。

2. 全费用综合单价编制程序

（1）单位工程概预算造价（建安工程费）= $\sum$ 定额子目工程量 × 全费用综合单价。

（2）单项工程概预算造价（工程费用）= $\sum$ 单位工程概预算造价 + 设备及工器具购置费。

（3）建设项目概预算造价 = $\sum$ 单项工程概预算造价 + 工程建设其他费 + 预备费 + 建设期利息 + 流动资金。

## 二、工程量清单计价的基本程序

工程量清单计价的过程分为两个阶段，工程量清单的编制和工程量清单的应用两个阶段。

（1）分部分项工程费 = $\sum$（分部分项工程量 × 相应分部分项工程综合单价）。

（2）措施项目费 = $\sum$ 各措施项目费。

（3）其他项目费 = 暂列金额 + 暂估价 + 计日工 + 总承包服务费。

（4）单位工程造价 = 分部分项工程费 + 措施项目费 + 其他项目费 + 规费 + 税金。

（5）单项工程造价 = $\sum$ 单位工程造价。

（6）建设项目总造价 = $\sum$ 单项工程造价。

综合单价是指完成一个规定清单项目所需的人工费、材料和工程设备费、施工机具使用费和企业管理费、利润以及一定范围内的风险费用。风险费用是隐含于已标价工程量清单综合单价中，用于化解发承包双方在工程合同中约定的风险内容和范围的费用。

工程量清单计价活动涵盖施工招标、合同管理，以及竣工交付全过程。

## 任务五　工程定额体系

【任务目标】

对工程建设定额进行分类。

【任务知识】

工程建设定额是根据国家一定时期的管理体制和管理制度，根据不同定额的用途和适用范围，由指定的机构按照一定的程序制定，并按照规定的程序审批和颁发执行。

工程建设定额是工程建设中各类定额的总称。它包括许多种类定额。为了对工程建设定额有一个全面了解，可以按照不同的原则和方法对它进行科学的分类。

## 一、按照定额反映的物质消耗内容分类

可以把工程建设定额分为劳动消耗定额、机械消耗定额和材料消耗定额 3 种。

1. 劳动消耗定额

劳动消耗定额简称劳动定额。劳动消耗定额是完成一定的合格产品（工程实体或劳务）规定或劳动消耗的数量标准。为了便于综合和核算，劳动定额大多采用工作时间消耗量来计算劳动消耗的数量。所以劳动定额的主要表现形式是时间定额，但同时也表现为产量定额。

2. 机械消耗定额

我国机械消耗定额是以一台机械一个工作班为计量单位，所以又称为机械台班定额。机械消耗定额是指为完成一定合格产品（工程实体或劳务）所规定的施工机械消耗的数量标准。机械消耗定额的主要表现形式是机械时间定额，但同时也以产量定额表现。

3. 材料消耗定额

材料消耗定额简称材料定额，是指完成一定合格产品所需消耗材料的数量标准。

材料是工程建设中使用的原材料、成品、半成品、构配件、燃料以及水、电等动力资源的统称。材料作为劳动对象构成工程的实体，需用数量很大，种类繁多。所以材料消耗量多少，消耗是否合理，不仅关系到资源的有效利用，影响市场供求状况，而且对建设工程的项目投资、建筑产品的成本控制都起着决定性影响。材料消耗定额，在很大程度上可以影响材料的合理调配和使用。在产品生产数量和材料质量一定的情况下，材料的供应计划和需求都会受材料定额的影响。重视和加强材料定额管理，制定合理的材料消耗定额，是组织材料的正常供应，保证生产顺利进行，合理利用资源，减少积压和浪费的必要前提。

## 二、按照定额的编制程序和用途分类

可以把工程建设定额分为施工定额、预算定额、概算定额、概算指标、投资估算指标 5 种。

1. 施工定额

施工定额是施工企业（建筑安装企业）为组织生产和加强管理在企业内部使用的一种定额，属于企业生产定额。它由劳动定额、机械定额和材料定额 3 个相对独立的部分组成。为适应组织生产和加强管理的需要，施工定额的项目划分很细，是工程建设定额中分项最细、定额子目最多的一种定额，也是工程建设定额中的基础性定额。在预算定额的编制过程中，施工定额的劳动、机械、材料消耗的数量标准，是计算预算定额中劳动、机械、材料消耗数量标准的重要依据。

2. 预算定额

预算定额是在编制施工图预算时，计算工程造价和计算工程中劳动、机械台班、材料

▶ 建筑工程定额与预算

需要量使用的一种定额。预算定额是一种计价性定额，在工程建设定额中占很重要的地位。从编制程序看，预算定额是概算定额的编制基础。

3. 概算定额

概算定额是编制扩大初步设计概算时，计算和确定工程概算造价，计算劳动、机械台班、材料需要量所使用的定额。它的项目划分粗细，与扩大初步设计的深度相适应。它一般是预算定额的综合扩大。

4. 概算指标

概算指标是在3阶段设计的初步设计阶段，编制工程概算，计算和确定工程的初步设计概算造价，计算劳动、机械台班、材料需要量时所采用的一种定额。这种定额的设定和初步设计的深度相适应。一般是在概算定额和预算定额的基础上编制，比概算定额更加综合扩大。概算指标是控制项目投资的有效工具，它所提供的数据也是计划工作的依据和参考。

5. 投资估算指标

投资估算指标是在项目建议书和可行性研究阶段编制投资估算、计算投资需要量时使用的一种定额。它非常概略，往往以独立的单项工程或完整的工程项目为计算对象。它的概略程度与可行性研究阶段相适应。投资估算指标往往根据历史的预、决算资料和价格变动等资料编制，但其编制基础仍然离不开预算定额、概算定额。

## 三、按照投资的费用性质分类

可以把工程建设定额分为建筑工程定额、设备安装工程定额、建筑安装工程费用定额、工器具定额以及工程建设其他费用定额等。

1. 建筑工程定额

建筑工程定额是建筑工程施工定额、预算定额、概算定额和概算指标的统称。

建筑工程，一般理解为房屋和构筑物工程。具体包括一般土建工程、电气工程（动力、照明、弱电）、卫生技术（水、暖、通风）工程、工业管道工程、特殊构筑物工程等。广义上它也被理解为除房屋和构筑物外还包含其他各类工程，如道路、铁路、桥梁、隧道、运河、堤坝、港口、电站、机场等工程。在我国统计年鉴中对于固定资产投资构成的划分，就是根据这种理解设计的。广义的建筑工程概念几乎等同于土木工程的概念。从这一概念出发，建筑工程在整个工程建设中占非常重要的地位。根据统计资料，在我国的固定资产投资中，建筑工程和安装工程的投资占60%左右。因此，建筑工程定额在整个工程建设定额中是一种非常重要的定额，在定额管理中占突出地位。

2. 设备安装工程定额

设备安装工程定额是安装工程施工定额、预算定额、概算定额和概算指标的统称。设备安装工程是对需要安装的设备进行定位、组合、校正、调试等工作的工程。在工业项目中，机械设备安装和电气设备安装工程占重要地位。因为生产设备大多要安装后才能运转,不需要安装的设备很少。在非生产性的建设项目中,由于社会生活和城市设施的日益现代化,设备安装工程量也在不断增加。所以设备安装工程定额也是工程建设定额中的重要部分。

设备安装工程定额和建筑工程定额是两种不同类型的定额。一般都要分别编制,各自独立。但是设备安装工程和建筑工程是单项工程的两个有机组成部分,在施工中有时间连续性也有作业的搭接和交叉,需要统一安排,互相协调,在这个意义上通常把建筑和安装工程作为一个施工过程来看待,即建筑安装工程。所以在通用定额中有时把建筑工程定额和安装工程定额合二为一,称为建筑安装工程定额。

3. 建筑安装工程费用定额

建筑安装工程费用定额一般包括以下3部分内容:

(1) 其他直接费用定额,是指预算定额分项内容以外,与建筑安装施工生产直接有关的各项费用开支标准。其他直接费用定额由于其费用发生的特点不同,只能独立于预算定额之外。它也是编制施工图预算和概算的依据。

(2) 现场经费定额,是指与现场施工直接有关,是施工准备、组织施工生产和管理所需的费用定额。

(3) 间接费定额,是指与建筑安装施工生产的个别产品无关,而为企业生产全部产品所必需,为维持企业的经营管理活动所必须发生的各项费用开支的标准。由于间接费中许多费用的发生和施工任务的大小没有直接关系,因此,通过间接费定额的管理,有效控制间接费的发生是十分必要的。

4. 工器具定额

工器具定额是为新建或扩建项目投产运转首次配置的工器具数量标准。工具和器具是指按照有关规定不够固定资产标准而起劳动手段作用的工具、器具和生产用家具,如翻砂用模型、工具箱、计量器、容器、仪器等。

5. 工程建设其他费用定额

工程建设其他费用定额是独立于建筑安装工程、设备和工器具购置之外的其他费用开支的标准。工程建设的其他费用的发生和整个项目的建设密切相关。它一般要占项目总投资的10%左右。其他费用定额是按各项独立费用分别制定的,以便合理控制这些费用的开支。

## 四、按照专业性质分类

工程建设定额分为全国通用定额、行业通用定额和专业专用定额3种。

全国通用定额是指在部门间和地区间都可以使用的定额;行业通用定额系指具有专业特点的行业部门内可以通用的定额;专业专用定额是指特殊专业的定额,只能在指定范围内使用。

## 五、按主编单位和管理权限分类

工程建设定额可分为全国统一定额、行业统一定额、地区统一定额、企业定额和补充定额5种。

（1）全国统一定额是由国家建设行政主管部门，综合全国工程建设中技术和施工组织管理的情况编制，并在全国范围内执行的定额，如全国统一安装工程定额。

（2）行业统一定额是考虑各行业部门专业工程技术特点，以及施工生产和管理水平编制的。一般是只在本行业和相同专业性质的范围内使用的专业定额，如矿井建设工程定额、铁路建设工程定额。

（3）地区统一定额包括省、自治区、直辖市定额。地区统一定额主要是考虑地区性特点和全国统一定额水平做适当调整补充编制的。

（4）企业定额是指由施工企业考虑本企业具体情况，参照国家、部门或地区定额的水平制定的定额。企业定额只在企业内部使用，是企业素质的一个标志。企业定额水平一般应高于国家现行定额，才能满足生产技术发展、企业管理和市场竞争的需要。

（5）补充定额是指随着设计、施工技术的发展，现行定额不能满足需要的情况下，为了补充缺项所编制的定额。补充定额只能在指定范围内使用，可以作为以后修订定额的基础。

# 项目二　建筑安装工程人工、材料和施工机具台班消耗量的确定

## 任务一　施工过程分解及工时研究

2.2.1计时观察法

【任务目标】
（1）准确说出施工过程及其分类、工作时间分类。
（2）测定时间消耗量。

【任务知识】

### 一、施工过程分解及工时研究内容

1. 施工过程及其分类

根据施工过程中组织上的复杂程度，可分为工序、工作过程、综合过程。

（1）工序是在组织上不可分割的在操作过程中技术上属于同类的施工过程。工序的特征是：工作者不变，劳动对象、劳动工具和工作地点不变。例如，钢筋制作是由平直钢筋、钢筋除锈、切断钢筋和弯曲钢筋等工序组成。工序是工艺方面最简单的施工过程。在编制施工定额时，工序是基本的施工过程，是主要研究对象。

（2）工作过程是由同一工人或同一小组所完成的在技术操作上相互有机联系的工序的综合体。特点是人员编制不变，工作地点不变，而材料和工具可以变换，例如砌墙和勾缝、抹灰和粉刷。

（3）综合过程是同时进行的，在组织上有机联系在一起，并且最终能获得一种产品的施工过程的总和。例如，砌砖墙是由调制砂浆、运砂浆、运砖、砌墙等工作过程构成的。

施工过程的影响因素有技术因素、组织因素和自然因素。

2. 工作时间分类

研究施工中的工作时间最主要的目的是确定施工的时间定额和产量定额，其前提是对工作时间按其消耗性质进行分类，以便研究工时消耗的数量及其特点。

工作时间，指工作班延续时间。对工作时间消耗的研究，可以分为两个系统进行。工人工作时间的消耗和工人所使用的机器工作时间消耗。

1）工人工作时间消耗的分类

工人在工作班内消耗的工作时间，按其消耗性质基本可以分为两大类：必需消耗的时间（定额时间）和损失时间（非定额时间）。

有效工作时间是从生产效果来看与产品生产直接有关的时间消耗。其中包括基本工作时间、辅助工作时间、准备与结束工作时间的消耗。

（1）基本工作时间是工人完成能生产一定产品的施工工艺过程所消耗的时间。

（2）辅助工作时间是为保证基本工作能顺利完成所消耗的时间。

（3）准备与结束工作时间是执行任务前或任务完成后所消耗的工作时间。

不可避免的中断所消耗的时间是由于施工工艺特点引起的工作中断所必需的时间。

休息时间是工人在工作过程中为恢复体力所必需的短暂休息和生理需要的时间消耗。

多余工作，就是工人进行了任务以外的工作而又不能增加产品数量的工作。从偶然工作的性质看，在定额中不应考虑它所占用的时间，但是由于偶然工作能获得一定产品，拟定定额时要适当考虑它的影响。

停工时间是工作班内停止工作造成的工时损失。非施工本身造成的停工时间，是由于水源、电源中断引起的停工时间。前一种情况在拟定定额时不应该计算，后一种情况定额中则应给予合理考虑。

2）机器工作时间消耗的分类

机器工作时间也分为必需消耗的时间和损失时间两大类。

在必需消耗的工作时间里，包括有效工作、不可避免的无负荷工作和不可避免的中断工作时间三项时间消耗。而在有效工作的时间消耗中又包括正常负荷下、有根据地降低负荷下工作的工时消耗。

正常负荷下的工作时间，是机器在与机器说明书规定的计算负荷相符的情况下进行工作的时间。

有根据地降低负荷下的工作时间，是在个别情况下由于技术上的原因，机器在低于其计算负荷下工作的时间。

低负荷下的工作时间，是由于工人或技术人员的过错所造成的施工机械在降低负荷的情况下工作的时间。此项工作时间不能作为计算时间定额的基础。

不可避免的无负荷工作时间，是由施工过程的特点和机械结构的特点造成的机械无负荷工作时间。

不可避免的中断工作时间，是与工艺过程的特点、机器的使用和保养、工人休息有关，所以它又可以分为三种：①与工艺过程的特点有关的不可避免中断工作时间，有循环的和定期的两种。循环的不可避免中断，是在机器工作的每一个循环中重复一次。定期的不可避免中断，是经过一定时期重复一次。②与机器有关的不可避免中断工作时间，是由于工人进行准备与结束工作或辅助工作时，机器停止工作而引起的中断工作时间。工人休息时间要注意的是，应尽量利用与工艺过程有关的和与机器有关的不可避免中断时间进行休息，以充分利用工作时间。③损失的工作时间中，包括多余工作、停工和违反劳动纪律所消耗的工作时间。机器的多余工作时间，是机器进行任务内和工艺过程内未包括的工作而延续的时间。机器的停工时间，按其性质也可分为施工本身造成和非施工本身造成的停工。违反劳动纪律引起的机器的时间损失，是指由于工人迟到早退或擅离岗位等原因引起的机器停工时间。

## 二、测定时间消耗

工时消耗量的确定一般采用计时观察法。

1. 计时观察法的用途

计时观察法，是确定工作时间消耗的一种技术测定方法。它以研究工时消耗为对象，以观察测时为手段。通过密集抽样和粗放抽样等技术进行直接的工时研究。在机械化水平不太高的建筑施工中应用较为广泛，施工中运用计时观察法可以：查明工作时间消耗的性质和数量，查明和确定各种因素对工作时间消耗数量的影响，找出工时损失的原因和研究缩短工时、减少损失的可能性。

2. 计时观察方法

对施工过程进行观察、测时，计算实物和劳务产量，记录施工过程所处的施工条件和确定影响工时消耗的因素，是计时观察法的主要工作内容和要求。计时观察法种类很多，其中最主要的有测时法、写实记录法、工作日写实法和工作抽查法4种。

（1）测时法。测时法是一种精度较高的测定方法，主要用于研究以循环形式不断重复进行的作业。它用于观测研究施工过程循环组成部分的工作时间消耗，不研究工人休息、准备与结束及其他非循环的工作时间。采用测时法，可以为制定定额的消耗量提供单位产品所必需的基本工作时间数据，分析、研究工人的操作或动作，总结经验，帮助工人班组提高劳动效率。

（2）写实记录法。写实记录法用于研究所有种类的工作时间消耗，包括基本工作时间、辅助工作时间、不可避免的中断时间、准备与结束时间以及各种损失时间。通过写实记录可以获得分析工作时间消耗和制定定额时所必需的全部资料。这种测定方法比较简便、易于掌握，并能保证所需的精确度。因此，写实记录法在实际中得到了广泛采用。

写实记录法分为个人写实和集体写实两种。由一个人单独操作或产品数量可单独计算时，采用个人写实记录。如果由小组集体操作，而产品数量又无法单独计算时，可采用集体写实记录。

（3）工作日写实法。工作日写实法是对工人在整个工作日中的工时利用情况，按照时间消耗的顺序进行实地观察、记录和分析研究。它侧重于研究工作日的工时利用情况，总结推广先进的工时利用经验，为制定劳动定额提供必需的准备和结束时间、休息时间和不可避免的中断时间的资料。采用工作日写实法，可以在详细调查工时利用情况的基础上，分析哪些时间消耗对生产是有效的，哪些时间消耗是无效的，找出工时损失的原因，拟定改进的技术和组织措施，提高劳动生产效率。

根据写实对象的不同，工作日写实法可分为个人工作日写实法、小组工作日写实法和机械工作日写实法三种。个人工作日写实法是测定一个工人在工作日的工时消耗，这种方法最为常用。小组工作日写实法是测定一个小组的工人在工作日内的工时消耗，它可以是相同工种的工人，也可以是不同工种的工人。前者是为了取得同工种工人的工时消耗资料，后者则主要是为了取得确定小组成员和改善劳动组织的资料。机械工作日写实法是测定某一机械在一个台班内机械效能发挥的程度，以及配合工作的劳动组织是否合理，其目的在于最大限度地发挥机械的效能。

（4）工作抽查法。工作抽查法亦称抽样调查法，是应用统计学中抽样方法的原理来研究人或机械的活动情况和消耗时间。这种被抽查的活动，可以是一个操作工人（或一个操作班组、一台机械）在生产某一产品的全部活动过程中每一活动的消耗时间，也可以是其中一项活动的消耗时间。抽样可以由调查目的和要求来确定。它的优点一是抽查工作单一，观察人员思想集中，有利于提高调查原始数据的质量；二是所需的总时间较短，费用可以降低。

## 任务二　确定人工定额消耗量的基本方法

【任务目标】

计算人工定额消耗量。

【任务知识】

### 一、分析基础资料，拟定编制方案

（1）影响工时消耗因素的确定。根据施工过程影响因素的产生和特点，施工过程的影响因素可以分为技术因素和组织因素两类。根据施工过程影响因素对工时消耗数值的影响程度和性质，可分为系统性因素和偶然性因素两类。

▶ 建筑工程定额与预算

(2) 计时观察资料的整理。整理观察资料多采用平均修正法。
(3) 日常积累资料的整理和分析。
(4) 拟定定额的编制方案。

## 二、确定正常的施工条件

拟定施工的正常条件包括：
(1) 拟定工作地点的组织。
(2) 拟定工作组织。
(3) 拟定施工人员编制。

## 三、确定人工定额消耗量的方法

时间定额和产量定额是人工定额的两种表现形式。拟定出时间定额，也就可以计算出产量定额。时间定额是在拟定基本工作时间、辅助工作时间和准备与结束工作时间、不可避免的中断时间以及休息时间的基础上制定的。

基本工作时间消耗一般应根据计时观察资料来确定。辅助工作时间和准备与结束工作时间的确定方法与基本工作时间相同。利用工时规范计算时间定额可用下列公式：

$$工序作业时间 = 基本工作时间 + 辅助工作时间$$

$$规范时间 = 准备与结束工作时间 + 不可避免的中断时间 + 休息时间$$

$$工序作业时间 = 基本工作时间 + 辅助工作时间 = \frac{基本工作时间}{1 - 辅助工作时间(\%)}$$

## 任务三　确定材料定额消耗量的基本方法

【任务目标】

计算材料定额消耗量。

【任务知识】

根据材料使用次数的不同，建筑安装材料分为非周转性材料和周转性材料。

非周转性材料也称为直接性材料。它是指施工中一次性消耗并直接构成工程实体的材料，如砖、瓦、灰、砂、石、钢筋、水泥、工程用木材等。

周转性材料是指在施工过程中能多次使用，反复周转但并不构成工程实体的工具性材料，如模板、活动支架、脚手架、支撑、挡土板等。

### 一、直接性材料消耗定额的制定

常用的制定方法有观测法、试验法、统计法和计算法。

1. 观测法——最适宜制定材料的损耗定额

观测法是对施工过程中实际完成产品的数量进行现场观察、测定，再通过分析整理和计算确定建筑材料消耗定额的一种方法。

这种方法最适宜制定材料的损耗定额。因为只有通过现场观察、测定，才能正确区别哪些属于不可避免的损耗，哪些属于可以避免的损耗。

用观测法制定材料的消耗定额时，所选用的观测对象应符合下列要求：

(1) 建筑物应具有代表性。
(2) 施工方法符合操作规范的要求。
(3) 建筑材料的品种、规格、质量符合技术、设计的要求。
(4) 被观测对象在节约材料和保证产品质量等方面有较好的成绩。

2. 试验法——主要制定材料的净用量定额

试验法是通过专门的仪器和设备在实验室内确定材料消耗定额的一种方法。这种方法适用于能在实验室条件下进行测定的塑性材料和液体材料（如碎石、砂浆、沥青玛碲脂、油漆涂料及防腐剂等）。

例如，可测定出混凝土的配合比，然后计算出 1 $m^3$ 混凝土中的水泥、砂、石、水的消耗量。由于在实验室内比施工现场具有更好的工作条件，所以能更深入详细地研究各种因素对材料消耗的影响，从中得到比较准确的数据。但是，在实验室中无法充分估计施工现场某些外界因素对材料消耗的影响。因此，要求实验室条件尽量与施工过程中的正常施工条件一致，同时在测定后用观察法进行审核和修正。

3. 统计法——仅作参考数据

统计法是指在施工过程中，对分部分项工程所拨发的各种材料数量、完成的产品数量和竣工后的材料剩余数量，进行统计、分析、计算，来确定材料消耗定额的方法。

这种方法简便易行，不需组织专人观测和试验。但应注意统计资料的真实性和系统性，要有准确的领退料统计数字和完成工程量的统计资料。统计对象也应加以认真选择，并注意和其他方法结合使用，以提高所拟定额的准确程度。

4. 计算法——主要适用于块状、板状和卷筒状产品的材料消耗定额

计算法是根据施工图纸和其他技术资料，用理论公式计算出产品的材料净用量，从而制定出材料的消耗定额。这种方法主要适用于块状、板状和卷筒状产品（如砖、钢材、玻璃、油毡等）的材料消耗定额。

## 二、周转性材料消耗定额的制定

周转性材料的消耗定额应该按照多次使用，分次摊销的方法确定。摊销量是指周转性材料使用一次在单位产品上的消耗量，即应分摊到每一单位分项工程或结构构件上的周转性材料消耗量。

周转性材料消耗定额一般与下面 4 个因素有关：

(1) 一次使用量：第一次投入使用时的材料数量。根据构件施工图与施工验收规范计算。一次使用量供建设单位和施工单位申请备料和编制施工作业计划使用。

(2)损耗率:在第二次和以后各次周转中,每周转一次因损坏不能复用,必须另作补充的数量占一次使用量的百分比,又称平均每次周转补损率。用统计法和观测法来确定。

(3)周转次数:按施工情况和过去经验确定。

(4)回收量:平均每周转一次平均可以回收材料的数量,这部分数量应从摊销量中扣除。

以木模板为例,现浇构件木模板摊销量计算公式如下:

(1)一次使用量计算:根据选定的典型构件,按径与模板的接触面积计算模板工程量,再计算一次使用量(每米砼构件的模板接触面积×每米接触面积需模量)。

周转使用量:平均每周转一次的模板材用量。

施工是分阶段进行,模板也是多次周转使用,要按照模板的周转次数和每次周转所发生的损耗量等因素,计算生产一定计量单位混凝土工程的模板周转使用量。

$$周转使用量 = \frac{一次使用量 \times [1 + (周转次数 - 1) \times 补损率]}{周转次数}$$

(2)模板回收量和回收折价率:周转材料在最后一次使用完了,还可以回收一部分,这部分称为回收量。但是,这种残余材料由于是经过多次使用的旧材料,其价值低于原来的价值。因此,还需规定一个折价率。同时周转材料在使用过程中施工单位均要投入人力、物力、组织和管理补修工作,须额外支付管理费。为了补偿此项费用和简化计算,一般采用减少回收量增加摊销量的做法。

$$回收量 = \frac{一次使用量 \times (1 - 补损率)}{周转次数}$$

(3)摊销量计算:

$$摊销量 = 周转使用量 - 回收量 \times 回收系数$$

## 任务四 确定施工机具台班定额消耗量的基本方法

【任务目标】

计算施工机具台班定额消耗量。

【任务知识】

2.2.4机械工作时间消耗

### 一、确定正常的施工条件

拟定机械工作正常条件,是拟定工作地点的合理组织和合理的工人编制。

工作地点的合理组织,是对施工地点机械和材料的放置位置、工人从事操作的场所,作出科学合理的平面布置和空间安排。它要求施工机械和操纵机械的工人在最小范围内移动,但又不阻碍机械运转和工人操作,应使机械的开关和操纵装置尽可能集中地装置在操作工人的近旁,以节省工作时间和减轻劳动强度,最大限度发挥机械效能,减少工人的手工操作。

拟定合理的工人编制,是根据施工机械的性能和设计能力,工人的专业分工和劳动工效,合理确定操纵机械的工人和直接参加机械化施工过程的工人编制。拟定合理的工人编制,应要求保持机械的正常生产率和工人正常的劳动工效。

## 二、确定机械1小时纯工作的正常生产率

确定机械正常生产率时,必须首先确定出机械1小时纯工作的正常生产效率。

机械纯工作时间,就是指机械的必需消耗时间。机械1小时纯工作正常生产率,就是在正常施工组织条件下,具有必需的知识和技能的技术工人操纵机械1小时的生产率。

根据机械工作特点的不同,机械1小时纯工作正常生产率的确定方法也有所不同。对于循环动作机械,确定机械1小时纯工作正常生产率的计算公式如下:

(1) 机械一次循环的正常延续时间 = 循环各组成部分正常延续时间 – 交叠时间
(2) 机械1小时纯工作循环次数 = 60×60(s) ÷ 一次循环的正常延续时间
(3) 机械1小时纯工作正常生产率 = 机械1小时纯工作循环次数 × 一次循环生产的产品数量

对于连续动作机械,确定机械1小时纯工作正常生产率要根据机械的类型和结构特征,以及工作过程的特点来进行。计算公式如下:

连续动作机械1小时纯工作正常生产率 = 工作时间内生产的产品数量 × 工作时间(h)

工作时间内的产品数量和工作时间的消耗,要通过多次现场观察,进行多次工作日写实并考虑机械说明书等有关资料,认真分析后取定。

同一机械对不同对象的作业属于不同的工作过程,如挖掘机所挖土壤的类别不同,碎石机所破碎的石块硬度和粒径不同,均需分别确定其1小时纯工作的正常生产率。

## 三、确定施工机械的正常利用系数

确定施工机械的正常利用系数,是指机械在工作班内对工作时间的利用率。机械的利用系数和机械在工作班内的工作状况有密切关系。要确定机械的正常利用系数。首先要拟定机械工作班的正常工作状况,保证合理利用工时。

## 四、计算施工机械台班定额

计算施工机械定额是编制机械定额工作的最后一步。在确定了机械工作正常条件、机械1小时纯工作正常生产率和机械正常利用系数之后,采用下列公式计算施工机械的产量定额:

施工机械台班产量定额 = 机械1小时纯工作正常生产率 × 工作班纯工作时间施工
机械台班产量定额 = 机械1小时纯工作正常生产率 × 工作班延续时间 × 机械正常利用系数

施工机械时间定额 = 1 ÷ 机械台班产量定额指标

# 项目三 建筑安装工程人工、材料和施工机具台班单价的确定

## 任务一 人工日工资单价的组成和确定方法

【任务目标】

写出人工日工资单价的组成。

【任务知识】

人工日工资单价由计时工资或计件工资、奖金、津贴补贴以及特殊情况下支付的工资组成。确定方法如下：

(1) 年平均每月法定工作日的确定。

$$年平均每月法定工作日 = \frac{全年日历日 - 法定假日}{12}$$

(2) 日工资单价的计算。

$$日工资单价 = \frac{生产工人平均月工资(计时、计件) + 平均月(奖金 + 津贴补贴 + 特殊情况下支付的工资)}{年平均每月法定工作日}$$

(3) 日工资单价的管理。

虽然施工企业投标报价时可以自主确定人工费，但具有一定的政策性，因此工程造价管理机构确定日工资单价应根据工程项目的技术要求，通过市场调查并参考实物的工程量人工单价综合分析确定。

最低工资单价不得低于工程所在地所发布的最低工资标准：普工1.3倍、一般技工2倍、高级技工3倍。

## 任务二 材料单价的组成和确定方法

【任务目标】

(1) 写出材料单价的组成内容。

(2) 计算材料单价。

【任务知识】

材料单价由材料原价、运杂费、运输损耗费、采购及保管费组成，是从来源地运到工地仓库直至出库。确定方法如下：

材料价格 = (供应价格 + 运杂费) × (1 + 运输损耗费率) × (1 + 采购及保管费) − 包装品回收价格

## 任务三 施工机械台班单价的组成和确定方法

【任务目标】
写出施工机械台班单价的组成。

【任务知识】
施工机械台班单价的组成包括：折旧费、检修费、维护费、安拆费及场外运费、人工费、燃料动力费和其他费用。

(1) 
$$台班折旧费 = \frac{机械预算价格 \times (1 - 残值率)}{耐用总台班}$$

$$耐用总台班 = 折旧年限 \times 年工作台班 = 大修理间隔台班 \times 检修周期$$

$$检修周期 = 检修次数 + 1$$

(2) 
$$台班检修费 = \frac{一次检修费 \times 检修次数}{耐用总台班} \times 除税系数$$

$$除税系数 = 自行检修比例 + \frac{委外检修比例}{1 + 税率}$$

(3) 
$$台班维护费 = \frac{\sum(各级维护一次费用 \times 除税系数 \times 各级维护次数) + 临时故障排除费}{耐用总台班}$$

或

$$台班维护费 = 台班检修费 \times K$$

(4) 安拆费及场外运费根据施工机械不同分为计入台班单价、单独计算和不计算三种类型。

① 计入台班单价：安拆简单、移动需要起重及运输机械的轻型施工机械。

一次安拆包括人、材、机及试运转费。一次场外运费包括运输、装卸、辅材和回程等费用。

② 单独计算：安拆复杂、移动需要起重及运输机械的重型施工机械，其安拆费及场外运费单独计算；利用辅助设施移动的施工机械，其辅助设施（包括轨道和枕木）等的折旧、搭设和拆除等费用可单独计算。

③ 不计算：不需安拆的施工机械，不计算一次安拆费；不需相关机械辅助运输的自行移动机械，不计算场外运费；固定在车间的施工机械，不计算安拆费及场外运费。

(5) 人工费的组成和确定。人工费指机上司机（司炉）和其他操作人员的人工费。

$$台班人工费 = 人工消耗量 \times \left(1 + \frac{年制度工作日 - 年工作台班}{年工作台班}\right) \times 人工单价$$

## 任务四 施工仪器仪表台班单价的组成和确定方法

【任务目标】
写出施工仪器仪表台班单价的组成。

【任务知识】

▶ 建筑工程定额与预算

施工仪器仪表台班单价包括折旧费、维护费、校验费、动力费,不包括检测软件的相关费用。

$$台班折旧费 = \frac{施工仪器仪表原值 \times (1 - 残值率)}{耐用总台班}$$

$$台班维护费 = \frac{年维护费}{年工作台班}$$

$$台班校验费 = \frac{年校验费}{年工作台班}$$

$$台班动力费 = 台班耗电量 \times 电价$$

# 项目四 工程计价定额的编制

## 任务一 预算定额及其基价编制

【任务目标】
(1) 说出预算定额的概念与用途。
(2) 阐述预算定额的编制原则、依据和步骤。

【任务知识】

### 一、预算定额的概念与用途

预算定额,是在正常的施工条件下,完成一定计量单位合格分项工程和结构构件所需消耗的人工、材料、施工机具台班数量及相应费用标准。

预算定额的用途和作用如下:
(1) 编制施工图预算,确定建筑安装工程造价的基础。
(2) 编制施工组织设计的依据。
(3) 工程结算的依据。
(4) 施工单位进行经济活动分析的依据。
(5) 编制概算定额的基础。
(6) 合理编制招标控制价、投标报价的基础。

### 二、预算定额的编制原则、依据和步骤

1. 预算定额的编制原则

为了保证预算定额的编制质量,充分发挥预算定额的作用并做到使用简便,在编制定额的工作中应遵循以下原则。

1) 平均合理

预算定额的水平以施工定额水平为基础。但是,预算定额绝不是简单地套用施工定额

的水平。首先，在施工定额的工作内容综合扩大了的预算定额中，包含了更多的可变因素，需要保留合理的幅度差，例如人工幅度差、机械幅度差、材料的超运距、辅助用工及材料堆放、运输、操作损耗和由细到粗综合后的量差等。其次，预算定额水平是平均水平，而施工定额是平均先进水平，两者相比，预算定额水平要相对低一些，但应限制在一定范围内。

2）简明适用

简明适用是指在编制预算定额时，对于那些主要的、常用的、价值量大的项目，其分项工程划分宜细；而对于那些次要的、不常用的、价值量相对较小的项目则可以粗一些。预算定额要项目齐全。如果项目不全，缺项多，就会使计价工作缺少充足的依据。补充定额一般因受资料所限，费时费力，可靠性较差，容易引起争执。对定额的活口也要设置适当。简明适用，还要求合理确定预算定额的计量单位，简化工程量的计算，尽可能避免同一种材料用不同的计量单位和一量多用。尽量减少定额附注和换算系数。

2. 预算定额的编制依据

2.4预算定额人工工日消耗量

(1) 施工企业自行编制的施工定额或现行的劳动定额。

(2) 现行设计规范、施工及验收规范、质量评定标准和安全操作规程。

(3) 具有代表性的典型工程施工图及有关标准图。

(4) 新技术、新结构、新材料和先进的施工方法等。

(5) 有关科学试验、技术测定和统计、经验资料。

(6) 典型工程的设计资料、施工现场条件、施工方案和相应的资源配置情况等。

(7) 现行的预算定额、各种资源的价格及有关文件规定等。

3. 预算定额的编制程序

预算定额的编制，大致可以分为准备工作、收集资料、编制定额、报批和修改稿整理五个阶段。各阶段工作相互有交叉，有些工作还有多次反复。

1）准备工作阶段

(1) 拟定编制方案。

(2) 抽调人员根据专业需要划分编制小组和综合组。

2）收集资料阶段

(1) 普遍收集资料。在已确定的范围内，采用表格化收集定额编制基础资料，以统计资料为主，注明所需要的资料内容、填表要求和时间范围，便于资料整理，并具有广泛性。

(2) 专题座谈会。邀请建设单位、设计单位、施工单位及其他有关单位有经验的专业人士开座谈会，就以往定额中存在的问题提出意见和建议，以便在编制新定额时改进。

(3) 收集现行规定、规范和政策法规资料。

(4) 收集定额管理部门积累的资料。主要包括：日常定额解释资料，补充定额资料，新结构、新工艺、新材料、新机械、新技术用于工程实践的资料。

(5)专项查定及实验。主要指混凝土配合比和砌筑砂浆实验资料。除收集实验试配资料外,还应收集一定数量的现场实际配合比资料。

3)编制定额阶段

(1)确定编制细则。主要包括:统一编制表格及编制方法;统一计算口径、计量单位和小数点位数的要求;有关统一性规定,名称统一,用字统一,专业用语统一,符号代码统一,简化字要规范,文字要简练明确。

(2)确定定额的项目划分和工程量计算规则。

(3)定额人工、材料、机械台班耗用量的计算、复核、测算,并编纂成稿。

4)定额报批阶段

(1)审核定稿。

(2)预算定额水平测算。新定额编制成稿,必须与原定额进行对比测算,分析水平升降原因。一般新编定额的水平应该不低于历史上已经达到过的水平,并略有提高。在定额水平测算前,必须编出同一工人工资、材料价格、机械台班费的新旧两套定额的工程单价。定额水平的测算方法一般有以下两种:①按工程类别比重测算。在定额执行范围内,选择有代表性的各类工程,分别以新旧定额对比测算并按测算的年限,以工程所占比例加权考察宏观影响。②单项工程比较测算法。以典型工程分别用新旧定额对比测算,以考察定额水平升降幅度及其原因。

5)修改定稿、整理资料阶段

(1)印发征求意见。定额编制初稿完成后,需要征求各有关方面意见和组织讨论,反馈意见。在统一意见的基础上整理分类,制定修改方案。

(2)修改整理报批。按修改方案将初稿按照定额的顺序进行修改,并经审核无误后形成报批稿,经批准后交付印刷。

(3)撰写编制说明。为顺利贯彻执行定额,需要撰写新定额编制说明。其内容包括:项目、子目数量,人工、材料、机械的内容范围,资料的依据和综合取定情况,定额中允许换算和不允许换算规定的计算资料,人工、材料、机械单价的计算和资料,施工方法、工艺的选择及材料运距的考虑,各种材料损耗率的取定资料,调整系数的使用,其他应该说明的事项与计算数据、资料。

(4)立档、成卷。定额编制资料是贯彻执行定额中需查对资料的唯一依据,也为修编定额提供历史资料数据,应作为技术档案永久保存。

## 三、定额计量单位与计算精度的确定

定额计量单位应与定额项目的内容相适应,要能确切地反映各分项工程产品的形态特征与实物数量,并便于使用和计算。

计量单位一般根据分项工程或结构构件的特征及变化规律来确定。当物体的断面形状一定而长度不定时,宜采用延长米为计量单位,如木装修、落水管等。当物体有一定的厚度,而长度和宽度变化不定时,宜采用 m² 为计量单位,如土石方、砖石、混凝土工程等。有的分项工程虽然长、宽、高都变化不大,但重量和价格差异却很大,这时宜采用 t 或 kg 为计量单位,如金属构件的制作、运输及安装等。在预算定额项目表中,一般都采用扩大的计量单位,如 100 m、100 m²、10 m³ 等,以便于定额的编制和使用。

## 任务二 概算定额及其基价编制

【任务目标】
阐述概算定额的概念及其基价编制。
【任务知识】

### 一、概算定额的概念

概算定额,是在预算定额基础上,确定完成合格的单位扩大分项工程或单位扩大结构构件所需消耗的人工、材料和施工机具台班的数量标准及其费用标准。概算定额又称扩大结构定额。

概算定额是预算定额的综合与扩大。它将预算定额中有联系的若干个分项工程项目综合为一个概算定额项目。如砖基础概算定额项目,就是以砖基础为主,综合了平整场地、挖地槽、铺设垫层、砌砖基础、铺设防潮层、回填土及运土等预算定额中分项工程项目。

概算定额与预算定额的相同之处在于,它们都是以建(构)筑物各个结构部分和分部分项工程为单位表示的,内容也包括人工、材料和机具台班使用量定额三个基本部分,并列有基准价。概算定额表达的主要内容、表达的主要方式及基本使用方法都与预算定额相近。

概算定额与预算定额的不同之处,在于项目划分和综合扩大程度上的差异,同时,概算定额主要用于设计概算的编制。由于概算定额综合了若干分项工程的预算定额,因此,概算工程量计算和概算表的编制都比编制施工图预算简化一些。

### 二、概算定额的作用

从 1957 年我国开始在全国试行统一的《建筑工程扩大结构定额》之后,各省、自治区、直辖市根据本地区的特点,相继编制了本地区的概算定额。概算定额和概算指标由省、自治区、直辖市在预算定额基础上组织编写,分别由主管部门审批。概算定额主要作用如下:

(1) 是初步设计阶段编制概算、扩大初步设计阶段编制修正概算的主要依据。
(2) 是对设计项目进行技术经济分析比较的基础资料之一。
(3) 是建设工程主要材料计划编制的依据。
(4) 是控制施工图预算的依据。
(5) 是施工企业在准备施工期间,编制施工组织总设计或总规划时,对生产要素提出需要量计划的依据。

（6）是工程结束后，进行竣工决算和评价的依据。

（7）是编制概算指标的依据。

### 三、概算定额的编制原则和编制依据

1. 概算定额的编制原则

概算定额的编制应该贯彻社会平均水平和简明适用的原则。由于概算定额和预算定额都是工程计价的依据，所以应符合价值规律和反映现阶段大多数企业的设计、生产及施工管理水平。但在概预算定额水平之间应保留必要的幅度差。概算定额的内容和深度是以预算定额为基础的综合和扩大。在合并中不得遗漏或增及项目，以保证其严密和正确性。概算定额务必达到简化、准确和适用。

2. 概算定额的编制依据

概算定额的编制依据因其使用范围不同而不同。其编制依据一般有以下几种：

（1）相关的国家和地区文件。

（2）现行的设计规范、施工验收技术规范和各类工程预算定额、施工定额。

（3）具有代表性的标准设计图纸和其他设计资料。

（4）有关的施工图预算及有代表性的工程决算资料。

（5）现行的人工日工资单价标准、材料单价、机具台班单价及其他的价格资料。

### 四、概算定额的编制步骤

概算定额的编制步骤与预算定额的编制步骤大体是一致的。包括准备阶段、定额初稿编制、征求意见、审查、批准发布五个步骤。在其定额初稿编制过程中，需要根据已经确定的编制方案和概算定额项目，收集和整理各种编制依据，对各种资料进行深入细致地测算和分析，确定人工、材料和机具台班的消耗量指标，最后编制概算定额初稿。概算定额水平与预算定额水平之间应有一定的幅度差，幅度差一般在5%以内。

### 五、概算定额手册的内容

按专业特点和地区特点编制的概算定额手册，内容基本上是由文字说明、定额项目表和附录三个部分组成。

1. 概算定额的内容与形式

（1）文字说明部分。文字说明部分有总说明和分部工程说明。在总说明中，主要阐述概算定额的性质和作用、概算定额编纂形式和应注意的事项、概算定额编制目的和使用范围、有关定额使用方法的统一规定。

（2）定额项目表。定额项目表是概算定额手册的主要内容，由若干分节定额组成。各节定额由工程内容、定额表及附注说明组成。定额表中列有定额编号、计量单位、概算价

格、人工、材料、机具台班消耗量指标，综合了预算定额的若干项目与数量。

概算定额项目一般按以下两种方法划分：一种是按工程结构划分，一般是按土石方、基础、墙、梁板柱、门窗、楼地面、屋面、装饰、构筑物等工程结构划分；另一种是按工程部位（分部）划分，一般是按基础、墙体、梁柱、楼地面、屋盖、其他工程部位等划分，如基础工程中包括了砖、石、混凝土基础等项目。

2. 概算定额应用规则

（1）符合概算定额规定的应用范围。

（2）工程内容、计量单位及综合程度应与概算定额一致。

（3）必要的调整和换算应严格按定额的文字说明和附录进行。

（4）避免重复计算和漏项。

（5）参考预算定额的应用规则。

## 六、概算定额基价的编制

概算定额基价和预算定额基价一样，都只包括人工费、材料费和机具费。是通过编制扩大单位估价表所确定的单价，用于编制设计概算。概算定额基价和预算定额基价的编制方法相同，单价均为不含增值税进项税额的价格。

$$概算定额基价 = 人工费 + 材料费 + 机具费$$

## 任务三 概算指标及其编制

【任务目标】

阐述概算指标的概念及其编制。

【任务知识】

## 一、概算指标的概念

建筑安装工程概算指标通常是以单位工程为对象，以建筑面积、体积或成套设备装置的台或组为计量单位而规定的人工、材料、机具台班的消耗量标准和造价指标。概算指标与概算定额对比见表2-1。

表2-1 概算指标与概算定额对比

| 项目 | 消耗量确定对象 | 消耗量确定依据 |
| --- | --- | --- |
| 概算定额 | 单位扩大分项工程或单位扩大结构构件 | 以现行的预算定额为基础 |
| 概算指标 | 单位工程 | 主要来自各种预算或结算资料 |

概算指标的作用主要有：

（1）可以作为编制投资估算的参考。

（2）是初步设计阶段编制概算书，确定工程概算造价的依据。

▶ 建筑工程定额与预算

（3）概算指标中的主要材料指标可以作为匡算主要材料用量的依据。
（4）是设计单位进行设计方案比较、设计技术经济分析的依据。
（5）是编制固定资产投资计划，确定投资额和主要材料计划的主要依据。
（6）是建筑企业编制劳动力、材料计划、实行经济核算的依据。

## 二、概算指标的分类和表现形式

1. 概算指标的分类

建筑工程概算指标：土建、给排水、采暖、通信、电气照明工程概算指标。

设备及安装工程概算指标：机械设备及安装工程概算指标、电气设备及安装工程概算指标、器具及生产家具购置费概算指标。

2. 组成内容及表现形式

（1）组成内容：文字说明和列表形式、必要的附录。

建筑工程的列表形式：建筑物、构筑物一般以建筑面积、建筑体积、"座"、"个"为计算单位，列出综合指标（元/$m^2$、元/$m^3$……）。

安装工程的列表形式：设备以"t""台"，或以设备购置费或原价的百分比表示；工艺管道以"t"为计算单位；通信电话站安装以"站"为计算单位。

（2）表现形式：

① 综合概算指标：按照工业或民用建筑及其结构类型而制定的概算指标。综合概算指标的概括性较大，其准确性、针对性不如单项指标。

② 单项概算指标：为某种建筑物或构筑物而编制的概算指标。单项概算指标的针对性较强，故指标中对工程结构形式要作介绍。

## 三、概算指标的编制

（1）计算工程量，以每平方米建筑面积为计算单位，换算出所含的工程量指标。

（2）根据计算出的工程量和预算定额等资料，编制出预算书，求出每百平方米建筑面积的预算造价及人工、材料、施工机具使用费和材料消耗量指标。

## 任务四　投资估算指标及其编制

【任务目标】

阐述估算指标的概念及其编制。

【任务知识】

## 一、投资估算指标及其作用

估算指标以独立的建设项目、单项工程或单位工程为对象，综合项目全过程投资和建设中的各类成本和费用，反映出其扩大的技术经济指标，既是定额的一种表现形式，又不同于其他的计价定额。

## 二、投资估算指标编制原则和依据

由于投资估算指标属于项目建设前期进行估算投资的技术经济指标,它不但要反映实施阶段的静态投资,还必须反映项目建设前期和交付使用期内发生的动态投资,以投资估算指标为依据编制的投资估算,包含项目建设的全部投资额。

## 三、投资估算指标的内容

投资估算指标一般可分为建设项目综合指标、单项工程指标和单位工程指标。

投资估算特征见表2-2。

表2-2 投资估算特征

| 内　容 | 表 现 形 式 | 单　位 |
| --- | --- | --- |
| 建设项目综合指标 | 从立项筹建至竣工验收交付的全部投资额。<br>全部投资＝单项工程投资＋工程建设其他费＋预备费等 | 以项目的综合生产能力单位投资表示,或以使用功能表示,元/t。医院:元/床 |
| 单项工程指标 | 发挥生产能力或使用效益的单项工程内的全部投资额。<br>工程费用＝建筑工程费＋安装工程费＋设备及工器具购置费 | 以单项工程生产能力单位投资表示,如元/t、元/m² |
| 单位工程指标 | 能独立设计、施工的工程项目的费用,即建筑安装工程费 | 房屋区别不同结构以元/m² 表示 |

【模块习题】

模块二答案

1. 已知人工挖二类土1 m³的基本工作时间为6 h,辅助工作时间占工序时间的2%,准备与结束工作时间、不可避免中断时间、休息时间分别占工作日的3%、2%、18%,则该人工挖二类土的时间定额是多少?

2. 已知每m²墙面所需勾缝时间为10 min,求不同墙厚每m³砌体所需勾缝时间。(砖尺寸:240 mm×115 mm×53 mm)

3. 500 L搅拌机,每一次循环装料、搅拌、卸料、中断需要时间分别为2 min、3 min、1 min、1 min,装料和搅拌交叠1 min,机械正常利用系数为0.9,求该机械台班产量定额。

4. 求每m³砖墙用砖数和砌筑砂浆净用量。(1砖厚墙一皮两块,1砖半厚墙一皮三块)

5. 某工地水泥从两个地方采购,两采购处采购量分别为300 t、200 t,原价(含税)分别为240元/t、250/t,运杂费(含税)分别为20元/t、15元/t,运输损耗分别为

▶ 建筑工程定额与预算

0.5%、0.4%，采管费率3.5%，增值税率17%，求水泥单价。(材料采用"两票制"支付方式)

6. 某机械配司机1人，制度工作日250天，年工作台班230台班，人工日工资单价50元，求台班人工费。

7. 某施工机械原始购置费为5万元，耐用总台班为1250台班，检修周期为4，一次检修费为2000元，维护费系数为60%，机上人工费、燃料动力费为60元/台班，不考虑残值和其他有关费用，求机械台班单价。

# 模块三　工程量计算

## 项目一　工程计量计价原理

### 任务一　概　　述

**【任务目标】**

说出工程计价依据与内容。

**【任务知识】**

#### 一、工程计价的含义

工程计价是指按照法律法规及标准规范规定的程序、方法和依据，对工程项目实施建设的各个阶段的工程造价及其构成内容进行预测和估算的行为。工程计价应体现《工程造价改革工作方案》（建办标〔2020〕38号）中提出的"坚持市场在资源配置中起决定性作用正确处理政府与市场的关系，通过改进工程计量和计价规则、完善工程计价依据发布机制、加强工程造价数据积累、强化建设单位造价管控责任、严格施工合同履约管理等措施，推行清单计量、市场询价、自主报价、竞争定价的工程计价方式，进一步完善工程造价市场形成机制"的原则。工程计价依据是指在工程计价活动中，所要依据的与计价内容、计价方法和价格标准相关的工程计量计价标准、工程计价定额及工程计价信息等。工程计价的作用表现在：

（1）工程计价结果反映了工程的货币价值。建设项目兼具单件性与多样性特点，每一个建设项目都需要按业主的特定需求进行单独设计、单独施工，不能批量生产和按整个项目确定价格，只能将整个项目进行分解，划分为可以按有关技术参数测算价格的基本构造单元，即假定建筑安装产品（或称分部分项工程），计算出基本构造单元的费用，再按照自下而上的分部组合计价法，计算出总造价。

（2）工程计价结果是投资控制的依据。前一次的计价结果都会用于控制下一次的计价工作。具体来说，后一次估价不能超过前一次估价的幅度。这种控制是在投资者财务能力限度内为取得既定的投资效益所必需的。工程计价基本确定了建设资金的需要量，从而为筹集资金提供了比较准确的依据。当建设资金来源于金融机构贷款时，金融机构在对项目偿贷能力进行评估的基础上，也需要依据工程计价来确定给予投资者的贷款数额。

▶ 建筑工程定额与预算

（3）工程计价结果是合同价款管理的基础。合同价款管理的各项内容中始终有工程计价活动的存在，如在签约合同价的形成过程中有最高投标限价、投标报价以及签约合同价等计价活动；在工程价款的调整过程中，需要确定调整价款额度，工程计价也贯穿其中；工程价款的支付仍然需要工程计价工作，以确定最终的支付额。

## 二、工程计价依据

我国的工程造价管理体系可划分为工程造价管理的相关法律法规体系、工程造价管理标准体系、工程定额体系和工程计价信息体系四个主要部分。法律法规是实施工程造价管理的制度依据和重要前提；工程造价管理标准是在法律法规要求下，规范工程造价管理的核心技术要求；工程定额通过提供国家、行业、地方定额的参考性依据和数据，指导企业的定额编制，起到规范管理和科学计价的作用；工程计价信息是市场经济体制下，进行造价信息传递和形成造价成果文件的重要支撑。从工程造价管理体系的总体架构看，前两项工程造价管理的相关法律法规体系、工程造价管理标准体系属于工程造价宏观管理的范畴，后两项工程定额体系、工程计价信息体系主要用的是工程计价，属于工程造价微观管理的范畴。工程造价管理体系中的工程造价管理的标准体系、工程定额体系和工程计价信息体系是工程计价的主要依据。

1. 工程造价管理标准

工程造价管理标准泛指除应以法律、法规进行管理和规范的内容外，应以国家标准、行业标准进行规范的工程管理和工程造价咨询行为、质量的有关技术内容。工程造价管理的标准体系按照管理性质可分为：统一工程造价管理的基本术语、费用构成等的基础标准；规范工程造价管理行为、项目划分和工程量计算规则等管理性规范；规范各类工程造价成果文件编制的业务操作规程；规范工程造价咨询质量和档案的质量标准；规范工程造价指数发布及信息交换的信息标准等。

（1）基础标准。包括《工程造价术语标准》（GB/T 50875）、《建设工程计价设备材料划分标准》（GB/T 50531）等。此外，我国目前还没有统一的建设工程造价费用构成标准，而这一标准的制定应是规范工程计价最重要的基础工作。

（2）管理规范。包括《建设工程工程量清单计价规范》（GB 50500）、《建设工程造价咨询规范》（GB/T 51095）、《建设工程造价鉴定规范》（GB/T 51262）、《建筑工程建筑面积计算规范》（GB/T 50353）以及不同专业的建设工程工程量计算规范等。建设工程工程量计算规范由《房屋建筑与装饰工程工程量计算规范》（GB 50854）、《仿古建筑工程工程量计算规范》（GB 50855）、《通用安装工程工程量计算规范》（GB 50856）、《市政工程工程量计算规范》（GB 50857）、《园林绿化工程工程量计算规范》（GB 50858）、《矿山工程工程量计算规范》（GB 50859）、《构筑物工程工程量计算规范》（GB 50860）、《城市轨道交通工程工程量计算规范》（GB 50861）、《爆破工程工程量计算规范》（GB 50862）组成。同时也包括各专业部委发布的各类清单计价、工程量计算规范，如《水利工程工程量清单计价规范》(GB 50501)、《水运工程工程量清单计价规范》(JTS 271)以及各省市发布的公路工程工程量清单计价规范等。

(3) 操作规程。主要包括中国建设工程造价管理协会陆续发布的各类成果文件编审的操作规程：《建设项目投资估算编审规程》(CECA/GC 1)、《建设项目设计概算编审规程》(CECA/GC 2)、《建设项目施工图预算编审规程》(CECA/GC 5)、《建设项目工程结算编审规程》(CECA/GC 3)、《建设项目工程竣工决算编制规程》(CECA/GC 9)、《建设工程招标控制价编审规程》(CECA/GC 6)、《建设工程造价鉴定规程》(CECA/GC 8)、《工程造价咨询企业服务清单》(CCEA/GC 11)、《建设项目全过程造价咨询规程》(CECA/GC 4)。其中《建设项目全过程造价咨询规程》(CECA/GC 4)是我国最早发布的涉及建设项目全过程工程咨询的标准之一。

(4) 质量管理标准。主要包括《建设工程造价咨询成果文件质量标准》(CECA/GC 7)，该标准编制的目的是对工程造价咨询成果文件和过程文件的组成、表现形式、质量管理要素、成果质量标准等进行规范。

(5) 信息管理规范。主要包括《建设工程人工材料设备机械数据标准》(GB/T 50851)和《建设工程造价指标指数分类与测算标准》(GB/T 51290)等。

2. 工程定额

工程定额主要指国家、地方或行业主管部门以及企业自身制定的各种定额，包括工程消耗量定额和工程计价定额等。工程计价定额主要指工程定额中直接用于工程计价的定额或指标，按照定额应用的建设阶段不同，纵向划分为投资估算指标、概算定额和概算指标、预算定额等。随着工程造价市场化改革的不断深入，工程计价定额的作用主要在于建设前期造价预测以及投资管控目标的合理设定，而在建设项目交易过程中，定额的作用将逐步弱化，而更加依赖于市场价格信息进行计价。

3. 工程计价信息

工程计价信息是指国家、各地区、各部门工程造价管理机构、行业组织以及信息服务企业发布的指导或服务于建设工程计价的人工、材料、工程设备、施工机具的价格信息，以及各类工程的造价指数、指标、典型工程数据库等。

## 三、工程计价内容

工程计价可分为工程计量和工程组价两个环节。

1. 工程计量

工程计量工作包括工程项目的划分和工程量的计算

(1) 单位工程基本构造单元的确定，即划分工程项目。编制工程概预算时，主要是按工程定额进行项目的划分；编制工程量清单时主要是按照清单工程量计算规范规定的清单项目进行划分。

(2) 工程量的计算就是按照工程项目的划分和工程量计算规则，就不同的设计文件对

▶ 建筑工程定额与预算

工程实物量进行计算。工程实物量是计价的基础，不同的计价依据有不同的计算规则规定。目前，工程量计算规则包括两大类：①各类工程定额规定的计算规则；②各专业工程量计算规范附录中规定的计算规则。

2. 工程组价

工程组价包括工程单价的确定和总价的计算。

1）工程单价

工程单价是指完成单位工程基本构造单元的工程量所需要的基本费用。工程单价包括工料单价和综合单价。

（1）工料单价仅包括人工、材料、机具使用费，是各种人工消耗量、各种材料消耗量、各类施工机具台班消耗量与其相应单价的乘积。用公式表示为

$$工料单价 = \sum（人材机消耗量 \times 人材机单价）$$

（2）综合单价除包括人工、材料、机具使用费外，还包括可能分摊在单位工程基本构造单元上的费用。根据我国现行有关规定，又可以分成清单综合单价（不完全综合单价）与全费用综合单价（完全综合单价）两种。清单综合单价中除包括人工、材料、机具使用费外，还包括企业管理费、利润和风险因素；全费用综合单价中除包括人工、材料、机具使用费外，还包括企业管理费、利润、规费和税金。

综合单价根据国家、地区、行业定额或企业定额消耗量和相应生产要素的市场价格，以及定额或市场的取费费率来确定。

2）工程总价

工程总价是指按规定的程序或办法逐级汇总形成的相应工程造价。根据计算程序的不同，分为实物量法和单价法。

（1）实物量法。实物量法是依据图纸和相应计价定额的项目划分即工程量计算规则，先计算出分部分项工程量，然后套用消耗量定额计算人材机等要素的消耗量，再根据各要素的实际价格及各项费率汇总形成相应工程造价的方法。

（2）单价法。单价法包括综合单价法和工料单价法。

①综合单价法。若采用全费用综合单价（完全综合单价），首先依据相应工程量计算规范规定的工程量计算规则计算工程量，并依据相应的计价依据确定综合单价，然后用工程量乘以综合单价，并汇总即可得出分部分项工程及单价措施项目费，之后再按相应的办法计算总价措施项目费、其他项目费，汇总后形成相应工程造价。我国现行的《建设工程工程量清单计价规范》（GB 50500—2013）中规定的清单综合单价属于不完全综合单价，当把规费和税金计入不完全综合单价后即形成完全综合单价。

②工料单价法。首先依据相应计价定额的工程量计算规则计算工程量；其次依据定额的人材机消耗量和预算单价，计算工料单价；用工程量乘以工料单价，汇总可得分部分项工程人材机费合计；再按照相应的取费程序计算其他各项费用，汇总后形成相应的工程造价。

## 任务二　正确工程量计算

3.1.2工程量计量概念及计算规范

【任务目标】

阐述工程量的含义及工程量计算规则概念。

【任务知识】

### 一、工程计量的含义

工程量计算是工程计价活动的重要环节，是指建设工程项目以工程设计图纸、施工组织设计或施工方案及有关技术经济文件为依据，按照相关工程国家标准的计算规则、计量单位等规定，进行工程数量的计算活动，在工程建设中简称工程计量。

由于工程计价的多阶段性和多次性，工程计量也具有多阶段性和多次性。工程计量不仅包括招标阶段工程量清单编制中工程量的计算，也包括投标报价以及合同履约阶段的变更、索赔、支付和结算中工程量的计算和确认。工程计量工作在不同计价过程中有不同的具体内容，如在招标阶段主要依据施工图纸和工程量计算规则确定拟建分部分项工程项目和措施项目的工程数量；在施工阶段主要根据合同约定、施工图纸及工程量计算规则对已完成工程量进行计算和确认。

### 二、工程量的含义

工程量是工程计量的结果，是指按一定规则并以物理计量单位或自然计量单位所表示的建设工程各分部分项工程、措施项目或结构构件的数量。物理计量单位是指以公制度量表示的长度、面积、体积和质量等计量单位，如预制钢筋混凝土方桩以"m"为计量单位，墙面抹灰以"$m^2$"为计量单位，混凝土以"$m^3$"为计量单位等。自然计量单位指建筑成品表现在自然状态下的简单点数所表示的个、条、樘、块等计量单位，如门窗工程以"樘"为计量单位，桩基工程以"根"为计量单位等。

准确计算工程量是工程计价活动中最基本的工作，一般来说工程量有以下作用：

（1）工程量是确定建筑安装工程造价的重要依据。只有准确计算工程量，才能正确计算工程相关费用，合理确定工程造价。

（2）工程量是承包方生产经营管理的重要依据。工程量在投标报价时是确定项目综合单价和投标策略的重要依据。工程量在工程实施时是编制项目管理规划，安排工程施工进度，编制材料供应计划，进行工料分析，编制人工、材料、机具台班需要量，进行工程统计和经济核算，编制工程形象进度统计报表的重要依据。工程量在工程竣工时是向工程建设发包方结算工程价款的重要依据。

（3）工程量是发包方管理工程建设的重要依据。工程量是编制建设计划、筹集资金、工程招标文件、工程量清单、建筑工程预算、安排工程价款的拨付和结算、进行投资控制的重要依据。

### 三、工程量计算规则

工程量计算规则是工程计量的主要依据之一，是工程量数值的取定方法。采用的规范或定额不同，工程量计算规则也不尽相同。在计算工程量时，应按照规定的计算规则进行，我国现行的工程量计算规则如下。

1. 工程量计算规范中的工程量计算规则

2012年12月，住房和城乡建设部发布《房屋建筑与装饰工程工程量计算规范》（GB 50854—2013）、《仿古建筑工程工程量计算规范》（GB 50855—2013）、《通用安装工程工程量计算规范》（GB 50856—2013）、《市政工程工程量计算规范》（GB 50857—2013）、《园林绿化工程工程量计算规范》（GB 50858—2013）、《矿山工程工程量计算规范》（GB 50859—2013）、《构筑物工程工程量计算规范》（GB 50860—2013）、《城市轨道交通工程工程量计算规范》（GB 50861—2013）、《爆破工程工程量计算规范》（GB 50862—2013）等九个专业的工程量计算规范（以下简称工程量计算规范），于2013年7月1日起实施，用于规范工程计量行为，统一各专业工程量清单的编制、项目设置和工程量计算规则。采用该工程量计算规则计算的工程量一般为施工图纸的净量，不考虑施工余量。

2. 消耗量定额中的工程量计算规则

2015年3月，住房和城乡建设部发布《房屋建筑与装饰工程消耗量定额》（TY01-31-2015）、《通用安装工程消耗量定额》（TY02-31-2015）、《市政工程消耗量定额》（ZYA1-31-2015）（以下简称消耗量定额），在各消耗量定额中规定了分部分项工程和措施项目的工程量计算规则。除了由住房和城乡建设部统一发布的定额外，还有各个地方或行业发布的消耗量定额，其中也都规定了与之相对应的工程量计算规则。采用该计算规则计算工程量除了依据施工图纸外，一般还要考虑采用施工方法和施工余量。除了消耗量定额，其他定额中也都有相应的工程量计算规则，如概算定额、预算定额等。

## 任务三　工程量计算原则

【任务目标】

（1）准确写出工程量计算规范内容。
（2）准确描述消耗量定额内容。
（3）分析工程量计算规范和消耗量定额两者之间的联系。
（4）说出"平法"优点。

【任务知识】

### 一、工程量计算的依据

工程量的计算需要根据施工图及其相关说明，技术规范、标准、定额，有关的图集，有关的计算手册等，按照一定的工程量计算规则逐项进行。主要依据如下：

（1）国家发布的工程量计算规范，国家、地方和行业发布的消耗量定额及其工程量计算规则。

（2）经审定的施工设计图纸及其说明。施工图纸全面反映了建筑物（或构筑物）的结构构造、各部位的尺寸及工程做法，是工程量计算的基础资料和基本依据。除了施工设计图纸及其说明，还应配合有关的标准图集进行工程量计算。

（3）经审定的施工组织设计（项目管理实施规划）或施工方案。施工图纸主要表现拟建工程的实体项目，分项工程的具体施工方法及措施应按施工组织设计（项目管理实施规划）或施工方案确定。如计算挖基础土方，施工方法是采用人工开挖，还是采用机械开挖，基坑周围是否需要放坡、预留工作面或做支撑防护等，应以施工方案为计算依据。

（4）经审定通过的其他有关技术经济文件。如工程施工合同、招标文件的商务条款等。

## 二、工程量计算规范和消耗量定额

### （一）工程量计算规范

工程量计算规范包括正文、附录和条文说明三部分。正文部分包括总则、术语、工程计量、工程量清单编制。附录对分部分项工程和可计量的措施项目的项目编码、项目名称、项目特征描述的内容、计量单位、工程量计算规则及工作内容做了规定；对于不能计量的措施项目则规定了项目编码、项目名称和工作内容及包含范围。

1. 项目编码

项目编码是指分部分项工程和措施项目清单名称的阿拉伯数字标识。工程量清单项目编码采用十二位阿拉伯数字表示，一～九位应按计量规范附录规定设置，十～十二位应根据拟建工程的工程量清单项目名称设置，同一招标工程的项目编码不得有重码。当同一标段（或合同段）的一份工程量清单中含有多个单位工程且工程量清单是以单位工程为编制对象时，在编制工程量清单时应特别注意对项目编码十～十二位的设置不得有重码的规定。例如，一个标段（或合同段）的工程量清单中含有三个单位工程，每一单位工程中都有项目特征相同的实心砖墙砌体，在工程量清单中又需反映三个不同单位工程的实心砖墙砌体工程量时，则第一个单位工程的实心砖墙的项目编码应为010401003001，第二个单位工程的实心砖墙的项目编码应为010401003002，第三个单位工程的实心砖墙的项目编码应为010401003003，并分别列出各单位工程的实心砖墙的工程量。

项目编码十二位数字的含义是：一、二位为专业工程代码（01—房屋建筑与装饰工程；02—仿古建筑工程；03—通用安装工程；04—市政工程；05—园林绿化工程；06—矿山工程；07—构筑物工程；08—城市轨道交通工程；09—爆破工程。以后进入国标的专业工程代码以此类推）；三、四位为附录分类顺序码（如房屋建筑与装饰工程中的"土石方工程"为0101）；五、六位为分部工程顺序码（如房屋建筑与装饰工程中的"土方工程"为010101）；七～九位为分项工程项目名称顺序码（如房屋建筑与装饰工程中的"挖一般土方"为010101002);十~十二位为清单项目名称顺序码。

2. 项目名称

工程量清单的分部分项工程和措施项目的项目名称应按工程量计算规范附录中的项目名称结合拟建工程的实际确定。工程量计算规范中的项目名称是具体工作中对清单项目命名的基础,应在此基础上结合拟建工程的实际,对项目名称具体化,特别是归并或综合性较大的项目应区分项目名称,分别编码列项。如规范附录中的"010804007 特种门"项目,其项目名称为"特种门",在具体编制工程量清单时,应结合拟建工程实际将其名称具体化为"冷藏门""冷冻间门""保温门""变电室门""隔音门""防射线门""人防门""金库门"等。

3. 项目特征

项目特征是表征构成分部分项工程项目、措施项目自身价值的本质特征,是对体现分部分项工程量清单、措施项目清单价值的特有属性和本质特征的描述。从本质上讲,项目特征体现的是对清单项目的质量要求,是确定一个清单项目综合单价不可缺少的重要依据,在编制工程量清单时,必须对项目特征进行准确和全面的描述。工程量清单项目特征描述的重要意义:项目特征是区分具体清单项目的依据;项目特征是确定综合单价的前提;项目特征是履行合同义务的基础。

项目特征应按工程量计算规范附录中规定的项目特征,结合拟建工程项目的实际予以描述,能够体现项目本质区别的特征和对报价有实质影响的内容都必须描述。如010502003 异型柱,需要描述的项目特征有柱形状、混凝土类别、混凝土强度等级,其中混凝土类别可以是清水混凝土、彩色混凝土或预拌(商品)混凝土、现场搅拌混凝土等。为达到规范、简捷、准确、全面描述项目特征的要求,在描述工程量清单项目特征时应按以下原则进行:

(1) 项目特征描述的内容应按工程量计算规范附录中的规定,结合拟建工程的实际,能满足确定综合单价的需要。

(2) 若采用标准图集或施工图纸能够全部或部分满足项目特征描述的要求,项目特征描述可直接采用详见××图集或××图号的方式。对不能满足项目特征描述要求的部分,仍应用文字描述。

4. 计量单位

清单项目的计量单位应按工程量计算规范附录中规定的计量单位确定。规范中的计量单位均为基本单位。如质量以"t"或"kg"为单位,长度以"m"为单位,面积以"$m^2$"为单位,体积以"$m^3$"为单位,自然计量的以"个、件、根、组、系统"为单位。工程量计算规范附录中有两个或两个以上计量单位的,应结合拟建工程项目的实际情况,选择其中一个确定,在同一个建设项目(或标段、合同段)中,有多个单位工程的相同项目计量单位必须保持一致。如010506001 直形楼梯其工程量计量单位可以是"$m^3$",也可以是"$m^2$",可以根据实际情况进行选择,但一旦选定必须保持一致。

不同的计量单位汇总后的有效位数也不相同,根据工程量计算规范规定,工程计量时每一项目汇总的有效位数应遵守下列规定:

(1) 以"t"为单位,应保留小数点后三位数字,第四位小数四舍五入。

(2) 以"m、$m^2$、$m^3$、kg"为单位,应保留小数点后两位数字,第三位小数四舍五入。

(3) 以"个、件、根、组、系统"为单位,应取整数。

5. 工程量计算规则

工程量计算规范统一规定了工程量清单项目的工程量计算规则。其原则是按施工图图示尺寸(数量)计算清单项目工程数量的净值,一般不需要考虑具体的施工方法、施工工艺和施工现场的实际情况而发生的施工余量。如"010515001 现浇构件钢筋",其计算规则为"按设计图示钢筋长度乘单位理论质量计算",其中"设计图示钢筋长度"即为钢筋的净量,包括设计(含规范规定)标明的搭接、锚固长度,其他如施工搭接或施工余量不计算工程量,在综合单价中综合考虑。

6. 工作内容

工作内容是指为了完成工程量清单项目所需要发生的具体施工作业内容。工程量计算规范附录中给出的是一个清单项目所可能发生的工作内容,在确定综合单价时需要根据清单项目特征中的要求、具体的施工方案等确定清单项目的工作内容,是进行清单项目组价的基础。

工作内容不同于项目特征。项目特征体现的是清单项目质量或特性的要求或标准,工作内容体现的是完成一个合格的清单项目需要具体做的施工作业和操作程序,对于一项明确的分部分项工程项目或措施项目,工作内容确定了其工程成本。不同的施工工艺和方法,工作内容也不一样,工程成本也就有了差别。在编制工程量清单时一般不需要描述工作内容。

如"01040101 砖基础"的项目特征为:①砖品种、规格、强度等级;②基础类型;③砂浆强度等级;④防潮层材料种类。其工作内容为:①砂浆制作、运输;②砖;③防潮层铺设;④材料运输。通过对比可以看出,如"砂浆强度等级"是对砂浆质量标准的要求,体现的是用什么样规格的材料去做,属于项目特征;"砂浆制作、运输"是砌筑过程中的工艺和方法,体现的是如何做,属于工作内容。

7. 清单项目的补充

随着工程建设中新材料、新技术、新工艺等的不断涌现,工程量计算规范附录所列的工程量清单项目不可能包含所有项目。在编制工程量清单时,当出现规范附录中未包括的清单项目时,编制人应做补充,并报省级或行业工程造价管理机构备案,省级或行业工程造价管理机构应汇总报住房和城乡建设部标准定额研究所。

工程量清单项目的补充应包括项目编码、项目名称、项目特征、计量单位、工程量计算规则以及包含的工作内容,按工程量计算规范附录中相同的列表方式表述。不能计量的

▶ 建筑工程定额与预算

措施项目，需附有补充项目的名称、工作内容及包含范围。

补充项目的编码由专业工程代码（工程量计算规范代码）与 B 和三位阿拉伯数字组成，并应从 XXB001 起顺序编制，同一招标工程的项目不得重码。

### （二）消耗量定额

《房屋建筑与装饰工程消耗量定额》（TY01-31-2015）章节的划分与《房屋建筑与装饰工程工程量计算规范》（GB 50854—2013）基本保持一致，使消耗量定额与工程量计算规范有机结合。消耗量定额的主要内容包括文字说明、工程量计算规则、定额项目表及附录。

1. 文字说明

文字说明包括总说明和各章说明。总说明主要说明定额的编制依据、适用范围、用途、工程质量要求、施工条件，有关综合性工作内容及有关规定和说明。各章说明主要说明本章的施工方法、消耗标准的调整，有关规定及说明。

2. 工程量计算规则

消耗量定额中的工程量计算规则综合考虑了施工方法、施工工艺和施工质量要求，计算出的工程量一般要考虑施工中的余量，与定额项目的消耗量指标相互配套使用。如在消耗量定额中"一般土石方"项目的工程量计算规则为"按设计图示基础（含垫层）尺寸，另加工作面宽度、土方放坡宽度或石方允许超挖量乘以开挖深度，以体积计算"。

3. 定额项目表

定额项目表是消耗量定额的核心内容，包括工作内容、定额编号、定额项目名称、定额计量单位及消耗量指标。

4. 附录

附录部分附在消耗量定额的最后。

### （三）工程计量中两者的联系与区别

由于消耗量定额是工程量清单计价的重要依据，是确定清单项目人、材、机消耗量的基础，是编制最高投标限价的重要依据。因此，消耗量定额和工程量计算规范在项目划分、工程量计算上既有区别又有很好的衔接。为便于比较，以房屋建筑与装饰工程的工程量计算规范与消耗量定额为例说明。

1. 两者的联系

消耗量定额章节划分与工程量计算规范附录顺序基本一致。消耗量定额包括：土石方工程，地基处理与边坡支护工程，桩基工程，砌筑工程，混凝土及钢筋混凝土工程，金属结构工程，木结构工程，门窗工程，屋面及防水工程，保温、隔热、防腐工程，楼地面装饰工程，墙、柱面装饰与隔断、幕墙工程，天棚工程，油漆、裱糊工程，其他装饰工程，拆除工程，措施项目等 17 章，与工程量计算规范附录是一致的。消耗量定额中节的划分也基本与工程量计算规范中的分部工程一致，如土石方工程分三节：土方工程、石方工程、回填及其他。

消耗量定额中的项目编码与工程量计算规范项目编码基本保持一致。消耗量定额中所列项目凡是与工程量计算规范中一致的都统一采用了清单项目的编码,即统一了分部工程项目编码,如消耗量定额第一章土石方工程(编码:0101)中的土方工程编码为010101,与工程量计算规范是一致的。

消耗量定额中的工程量计算规则与工程量计算规范中的工程量计算规则基本计算方法也是一致的。现行消耗量定额的工程量计算规则与工程量计算规范的工程量计算规则都是对原有基础定额或预算定额工程量计算规则的继承和发展,多数内容保持了一定的衔接性。

2. 两者的区别

1)两者的用途不同

工程量计算规范的工程量计算规则主要用于计算工程量、编制工程量清单,结算中的工程计量等方面。而消耗量定额的工程量计算规则主要用于工程计价,工程量清单中的工程量不能直接用来计价,在计价时可以根据消耗量定额计算清单项目所包含的定额项目的定额工程量。

2)项目划分和综合的工作内容不同

消耗量定额项目划分一般是基于施工工序进行设置的,体现施工单元,包含的工作内容相对单一;而工程量计算规范清单项目划分一般是基于"综合实体"进行设置的,体现功能单元,包括的工作内容往往不止一项(即一个功能单元可能包括多个施工单元或者一个清单项目可能包括多个定额项目)。如消耗量定额的土方工程(编码:010101),根据施工方法不同分为人工土方和机械土方;人工土方又细分为人工挖一般土方、人工挖沟槽土方、人工挖基坑土方、人工挖冻土、人工挖淤泥流沙及人工装车、人工运土方、人力车运土方、人工运淤泥流沙等项目。人工挖一般土方根据土壤类别和基深分为8个定额项目。而在工程量计算规范土方工程(编号:010101)中与之对应的清单项目分为5项:挖一般土方,挖沟槽土方,挖基坑土方,冻土开挖,挖淤泥、流沙。清单项目挖一般土方综合的工作内容有排地表水、土方开挖、围护(挡土板)及拆除、基底钎探、运输,这些内容在消耗量定额中往往为单独的定额子目。

3)计算口径的调整

消耗量定额项目计量考虑了不同施工方法和加工余量的实际数量,即消耗量定额项目计量考虑了一定的施工方法、施工工艺和现场实际情况,而工程量计算规范规定的工程量主要是完工后的净量[或图纸(含变更)的净量],如土方工程中的01010104挖基础土方,按工程量计算规范其工程量按设计图示尺寸以垫层底面积乘以挖土深度计算,按规范规定应是净量(需要注意的是规范中也同时说明,编制招标工程量清单时也可以将放坡增加的工程量并入土方工程量内)。消耗量定额项目计量则包括放坡及工作面等的开挖量,即包含了为满足施工工艺要求而增加的加工余量。

4)计量单位的调整

▶ 建筑工程定额与预算

工程量清单项目的计量单位一般采用基本的物理计量单位或自然计量单位，如 $m^2$、$m^3$、m、kg、t 等，消耗量定额中的计量单位一般为扩大的物理计量单位或自然计量单位，如 100 $m^2$、1000 $m^3$、100 m 等。

## 三、平法标准图集

所谓平法即混凝土结构施工图平面整体表示方法，是把结构构件的尺寸和配筋等按照平面整体表示方法制图规则，整体直接表达在各类构件的结构平面布置图上，再与标准构造详图相配合，即构成一套新型完整的结构设计。改变了传统的将构件从结构平面布置图中索引出来，再逐个绘制配筋详图、画出配筋表的做法。实施平法的优点主要表现在以下两方面：

（1）减少图纸数量。平法把结构设计中的重复性内容做成标准化的节点构造，把结构设计中创造性内容使用标准化的方法来表示。这样按平法设计的结构施工图就可以简化为两部分：一是各类结构构件的平法施工图，二是图集中的标准构造详图。所以，大幅减少了图纸数量。识图时，施工图纸要结合平法标准图集进行。

（2）实现平面表示，整体标注，即把大量的结构尺寸和钢筋数据标注在结构平面图上，并且在一个结构平面图上同时进行梁、柱、墙、板等各种构件尺寸和钢筋数据的标注。整体标注很好地体现了整个建筑结构是一个整体，梁和柱、板和梁都存在不可分割的有机联系。

## 任务四　工程量计算的步骤

3.1.4 工程量清单编制程序

【任务目标】
准确写出工程量计算原则和步骤。
【任务知识】

### 一、工程量计算顺序

为了避免漏算或重算，提高计算的准确程度，工程量的计算应按照一定的顺序进行。具体的计算顺序应根据具体工程和个人习惯来确定，一般有以下几种顺序。

1. 单位工程计算顺序

一个单位工程，其工程量计算顺序一般有以下几种：

（1）按图纸顺序计算。根据图纸排列的先后顺序，由建筑施工图到结构施工图：每个专业图纸由前向后，按"先平面→再立面→再剖面，先基本图→再详图"的顺序计算。

（2）按消耗量定额的分部分项顺序计算。按消耗量定额的章、节、子目次序，由前向后，逐项对照，定额项与图纸设计内容能对应时就计算。

（3）按工程量计算规范顺序计算。按工程量计算规范附录先后顺序，由前向后，逐项对照计算。

(4) 按施工顺序计算。按施工顺序计算工程量，可以按先施工的先算，后施工的后算的方法进行。如由平整场地、基础挖土方开始算起，直到装饰工程等全部施工内容结束。

2. 单个分部分项工程计算顺序

(1) 按照顺时针方向计算法，即先从平面图的左上角开始，自左至右，然后再由上而下，最后转回左上角为止，这样按顺时针方向转圈依次进行计算。例如，计算外墙、地面、天棚等分部分项工程，都可以按照此顺序进行计算。

(2) 按"先横后竖、先上后下、先左后右"计算法，即在平面图上从左上角开始，按"先横后竖、从上而下、自左到右"的顺序计算工程量。例如，房屋的条形基础土方、砖石基础、砖墙砌筑、门窗过梁、墙面抹灰等分部分项工程，均可按这种顺序计算工程量。

(3) 按图纸分项编号顺序计算法，即按照图纸上所标注结构构件、配件的编号顺序进行计算。例如，计算混凝土构件、门窗、屋架等分部分项工程，均可以按照此顺序计算。

(4) 按照图纸上定位轴线编号计算。对于造型或结构复杂的工程，为了计算和审核方便，可以根据施工图纸轴线编号来确定工程量计算顺序。例如，某房屋一层墙体、抹灰分项，可按 A 轴上，①~③轴，③~④轴这样的顺序进行工程量计算。

按一定顺序计算工程量的目的是防止漏项少算或重复多算的现象发生，只要能实现这一目的，采用哪种顺序方法计算都可以。

## 二、用统筹法计算工程量

运用统筹法计算工程量，就是分析工程量计算中各分部分项工程量计算之间的固有规律和相互之间的依赖关系，运用统筹法原理和统筹图图解来合理安排工程量的计算程序，以节约时间、简化计算、提高工效。

实践表明，每个分部分项工程量计算虽有各自的特点，但都离不开计算"线""面"之类的基数。另外，某些分部分项工程的工程量计算结果往往是另一些分部分项工程的工程量计算的基础数据。因此，根据这个特性，运用统筹法原理，对每个分部分项工程的工程量进行分析，然后依据计算过程的内在联系，按先主后次，统筹安排计算程序，可以简化烦琐的计算，形成统筹计算工程量的计算方法。

### (一) 统筹法计算工程量的基本要点

(1) 统筹程序，合理安排。工程量计算程序的安排是否合理，关系着计量工作的效率高低、进度快慢。按施工顺序进行工程量计算，往往不能充分利用数据间的内在联系而形成重复计算，浪费时间和精力，有时还易出现计算差错。

(2) 利用基数，连续计算。就是以"线"或"面"为基数，利用连乘或加减，算出与其有关的分部分项工程量。这里的"线"和"面"指的是长度和面积，常用的基数为"三线一面"，"三线"是指建筑物的外墙中心线、外墙外边线和内墙净长线；"一面"是指建筑物的底层建筑面积。

（3）一次算出，多次使用。在工程量计算过程中，往往有一些不能用"线""面"基数进行连续计算的项目，如门窗、屋架、钢筋混凝土预制标准构件等。首先，将常用数据一次算出，汇编成土建工程量计算手册（即"册"）；其次，也要把那些规律较明显的如槽、沟断面等一次算出，也编制入册。当须计算有关的工程量时，只要查手册就可快速算出所需要的工程量。这样可以减少按图逐项地进行烦琐而重复的计算，也能保证计算的及时性与准确性。

（4）结合实际，灵活机动。用"线""面""册"计算工程量，是一般常用的工程量基本计算方法，实践证明，在一般工程上完全可以利用。但在特殊工程上，由于基础断面、墙厚、砂浆强度等级和各楼层的面积不同，就不能完全用"线"或"面"的一个数作为基数，必须结合实际灵活计算。

一般常遇到的几种情况及采用的方法如下：

（1）分段计算法。当基础断面不同，在计算基础工程量时，就应分段计算。

（2）分层计算法。如遇多层建筑物，各楼层的建筑面积或砌体砂浆强度等级不同时，均可分层计算。

（3）补加计算法。在同一分项工程中，遇到局部外形尺寸或结构不同时，为便于利用基数进行计算，可先将其看作相同条件计算，然后再加上多出部分的工程量。如基础深度不同的内外墙基础、宽度不同的散水等工程。

（4）补减计算法。与补加计算法相似，只是在原计算结果上减去局部不同部分工程量。如在楼地面工程中，各层楼面除每层盥洗间为水磨石面层外，其余均为水泥砂浆面层，则可先按各楼层均为水泥砂浆面层计算，然后补减盥洗间的水磨石地面工程量。

（二）统筹图

运用统筹法计算工程量，就是要根据统筹法原理对分部分项工程列项，考虑工程量计算规则，设计出"计算工程量程序统筹图"。统筹图以"三线一面"作为基数，连续计算与之有共性关系的分部分项工程量，而与基数共性关系的分部分项工程量则用"册"或图示尺寸进行计算。

1. 统筹图的主要内容

统筹图主要由计算工程量的主次程序线、基数、分部分项工程量计算式及计算单位组成。主要程序线是指在"线""面"基数上连续计算项目的线，次要程序线是指在分部分项项目上连续计算的线。

2. 计算程序的统筹安排

统筹图的计算程序安排是根据下述原则考虑的：

（1）共性合在一起，个性分别处理。分部分项工程量计算程序的安排，是根据分部分项工程之间共性与个性的关系，采取共性合在一起，个性分别处理的办法。共性合在一起，就是把与墙的长度（包括外墙外边线、外墙中心线、内墙净长线）有关的计算项目，分别纳入各自系统中，把与建筑面积有关的计算项目，分别归于建筑物底层面积和分层面积系统中，把与墙长或建筑面积这些基数联系不起来的计算项目，如楼梯、阳台、门窗、台阶等，则按其个性分别处理，或利用"工程量计算手册"，或另行单独计算。

（2）先主后次，统筹安排。用统筹法计算各分项工程量是从"线""面"基数的计算开始的。计算顺序必须本着先主后次原则统筹安排，才能达到连续计算的目的。先算的项目要为后算的项目创造条件，后算的项目就能在先算的基础上简化计算，有些项目只和基数有关系，与其他项目之间没有关系，先算后算均可，前后之间要参照定额程序安排，以方便计算。

（3）独立项目单独处理。预制混凝土构件、钢窗或木门窗、金属或木构件、钢筋用量、台阶、楼梯、地沟等独立项目的工程量计算，与墙的长度、建筑面积没有关系，不能合在一起，也不能用"线""面"基数计算时，需要单独处理。可采用预先编制"手册"的方法解决，只要查阅"手册"即可得出所需要的各项工程量；或者利用前面所说的按表格形式填写计算的方法。与"线""面"基数没有关系又不能预先编入"手册"的项目，按图示尺寸分别计算。

3. 统筹法计算工程量的步骤

用统筹法计算工程量大体可分为五个步骤，如图3-1所示。

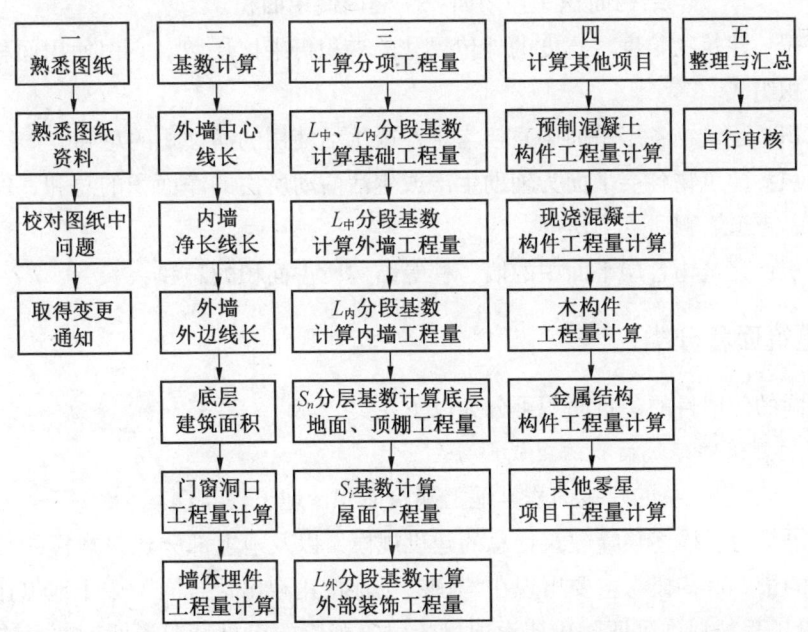

图3-1 利用统筹法计算分部分项工程量步骤

# 项目二　建筑面积的计算

## 任务一　建筑面积概述

【任务目标】
(1) 说出建筑面积的作用。
(2) 准确辨别现实生活建筑的相关术语。

【任务知识】

### 一、建筑面积的概念

建筑面积是建设工程领域一个重要的技术经济指标，也是国家宏观调控的重要指标之一。建筑面积是指建筑物外墙勒脚以上的结构外围水平面积，建筑面积亦称建筑展开面积，是建筑物各层面积的总和。建筑面积是以平方米反映房屋建筑建设规模的实物量指标。建筑面积包括使用面积、辅助面积和结构面积三部分。

$$建筑面积 = 有效面积 + 结构面积 = 使用面积 + 辅助面积 + 结构面积$$
$$= 结构面积 + 辅助面积 + 套内使用面积$$

建筑面积：建筑物长度、宽度的外包尺寸的乘积再乘以层数。它由使用面积、辅助面积和结构面积组成。

使用面积：建筑物各层平面中直接为生产或生活使用的净面积的总和。

辅助面积：建筑物各层平面为辅助生产或生活活动所占的净面积的总和，例如居住建筑中的楼梯、走道、厕所、厨房等。

结构面积：建筑物各层平面中的墙、柱等结构所占面积的总和。

### 二、建筑面积分类

依据不同的使用目的建筑面积可分为以下几类。

1. 依据对建筑物建筑面积的组成部分划分

$$总的建筑面积 = 地上建筑面积 + 地下建筑面积$$

这些术语是为了描述独幢建筑物总的建设规模，以及地上部分建筑规模的量和地下部分建筑规模的量。这些概念主要出现在"国有土地使用权出让合同"中土地出让金的计算依据、"建设工程规划许可证"中建设项目的建筑规模的审批情况说明、项目竣工验收后房屋的初始登记需做的"房屋测绘成果技术报告书"中等很多环节。

2. 依据是否产生经济效益划分

可收益的建筑面积、无收益的建筑面积、必须配套的建筑面积（无收益部分）。

建筑物通过出售、转让、置换、租赁、投入运营等方式可产生经济收益，经常在估算房地产的买卖价格、租赁价格、抵押价值、保险价值、课税价值等时需要依据房地产（或建筑物）的可收益部分、无收益部分和必须配套部分的综合分析判断最终价值。

3. 按建筑物内使用功能不同划分

住宅功能的建筑面积、商业功能的建筑面积、办公功能的建筑面积、工业功能的建筑面积、配套功能的建筑面积、人防功能的建筑面积。

这类划分主要依据人们对建筑物不同的使用功能来划分，能更好地满足人们生产或生活的不同需求。当然不同的使用功能所产生的经济效益和使用目的基本不同。

4. 按成套房屋建筑面积构成划分

$$成套房屋的建筑面积 = 套内建筑面积 + 分摊的共有公用建筑面积$$

房屋的套内建筑面积和其分摊的共有公用建筑面积就是房屋权利人所有的总的建筑面积，也是房屋在权属登记时的两大要素。房屋的套内建筑面积是指房屋的权利人单独占有使用的建筑面积，它由套内房屋使用面积、套内墙体面积、套内阳台建筑面积三部分组成。

分摊的共有公用建筑面积是指房屋的权利人应该分摊的各产权业主共同占有或共同使用的那部分建筑面积，内容包括电梯井、管道井、楼梯间、垃圾道、变电室、设备间、公共门厅、过道、地下室、值班警卫室等，以及为整幢服务的公共用房和管理用房的建筑面积，以水平投影面积计算。共有建筑面积还包括套与公共建筑之间的分隔墙，以及外墙（包括山墙）水平投影面积一半的建筑面积。独立使用的地下室、车棚、车库、为多幢服务的警卫室，管理用房，作为人防工程的地下室通常都不计入共有建筑面积。

共有公用建筑面积的处理原则为：①产权各方有合法权属分割文件或协议的，按文件或协议规定执行；②无产权分割文件或协议的，按相关房屋的建筑面积比例进行分摊。

## 三、建筑面积的作用

1. 重要管理指标

建筑面积是建设投资、建设项目可行性研究、建设项目勘察设计、建设项目评估、建设项目招标投标、建筑工程施工和竣工验收、建设工程造价管理、建筑工程造价控制等一系列管理工作的重要指标。

2. 重要技术指标

建筑面积是计算开工面积、竣工面积、优良工程率、建筑装饰规模等重要的技术指标。

3. 重要经济指标

建筑面积是计算建筑、装饰等单位工程或单项工程的单位面积工程造价、人工消耗指标、机械台班消耗指标、工程量消耗指标的重要经济指标。

4. 重要计算依据

建筑面积是计算有关工程量的重要依据，例如装饰用满堂脚手架工程量等。

▶ 建筑工程定额与预算

综上所述,建筑面积是重要的技术经济指标,在全面控制建筑、装饰工程造价和建设过程中起重要作用。

## 四、建筑面积计算规则中的相关术语

(1) 建筑面积 (construction area):建筑物(包括墙体)所形成的楼地面面积。

(2) 自然层 (floor):按楼地面结构分层的楼层。

(3) 结构层高 (structure story height):楼面或地面结构层上表面至上部结构层上表面之间的垂直距离。

(4) 围护结构 (building enclosure):围合建筑空间的墙体、门、窗。

(5) 建筑空间 (space):以建筑界面限定的、供人们生活和活动的场所。[理解:具备可出入、可利用条件(设计中可能标明了使用用途,也可能没有标明使用用途或使用用途不明确)的围合空间,均属于建筑空间。]

(6) 结构净高 (structure net height):楼面或地面结构层上表面至上部结构层下表面之间的垂直距离。

(7) 围护设施 (enclosure facilities):为保障安全而设置的栏杆、栏板等围挡。

(8) 地下室 (basement):室内地平面低于室外地平面的高度超过室内净高的 1/2 的房间。

(9) 半地下室 (semi-basement):室内地平面低于室外地平面的高度超过室内净高的 1/3,且不超过 1/2 的房间。

(10) 架空层 (stilt floor):仅有结构支撑而无外围护结构的开敞空间层。

(11) 走廊 (corridor):建筑物中的水平交通空间。

(12) 架空走廊 (elevated corridor):专门设置在建筑物的二层或二层以上,作为不同建筑物之间水平交通的空间。

(13) 结构层 (structure layer):整体结构体系中承重的楼板层。(理解:特指整体结构体系中承重的楼层,包括板、梁等构件。结构层承受整个楼层的全部荷载,并对楼层的隔声、防火等起主要作用。)

(14) 落地橱窗 (french window):突出外墙面且根基落地的橱窗。(理解:落地橱窗是指在商业建筑临街面设置的下槛落地、可落在室外地坪也可落在室内首层地板,用来展览各种样品的玻璃窗。)

(15) 凸窗(飘窗)(bay window):凸出建筑物外墙面的窗户。[理解:凸窗(飘窗)既作为窗,就有别于楼(地)板的延伸,也就是不能把楼(地)板延伸出去的窗称为凸窗(飘窗)。凸窗(飘窗)的窗台应只是墙面的一部分且距(楼)地面应有一定的高度。]

(16) 檐廊 (eaves gallery):建筑物挑檐下的水平交通空间。(理解:檐廊是附属于建筑物底层外墙有屋檐作为顶盖,其下部一般有柱或栏杆、栏板等的水平交通空间。)

(17) 挑廊 (overhanging corridor):挑出建筑物外墙的水平交通空间。

(18) 门斗（air lock）：建筑物入口处两道门之间的空间。

(19) 雨篷（canopy）：建筑出入口上方为遮挡雨水而设置的部件。[理解：雨篷是指建筑物出入口上方、凸出墙面、为遮挡雨水而单独设立的建筑部件。雨篷划分为有柱雨篷（包括独立柱雨篷、多柱雨篷、柱墙混合支撑雨篷、墙支撑雨篷）和无柱雨篷（悬挑雨篷）。如凸出建筑物，且不单独设立顶盖，利用上层结构板（如楼板、阳台底板）进行遮挡，则不视为雨篷，不计算建筑面积。对于无柱雨篷，如顶盖高度达到或超过两个楼层时，也不视为雨篷，不计算建筑面积。]

(20) 门廊（porch）：建筑物入口前有顶棚的半围合空间。[理解：门廊是在建筑物出入口，无门、三面或二面有墙，上部有板（或借用上部楼板）围护的部位。]

(21) 楼梯（stairs）：由连续行走的梯级、休息平台和维护安全的栏杆（或栏板）、扶手以及相应的支托结构组成的作为楼层之间垂直交通使用的建筑部件。

(22) 阳台（balcony）：附设于建筑物外墙，设有栏杆或栏板，可供人活动的室外空间。

(23) 主体结构（major structure）：接受、承担和传递建设工程所有上部荷载，维持上部结构整体性、稳定性和安全性的有机联系的构造。

(24) 变形缝（deformation joint）：防止建筑物在某些因素作用下引起开裂甚至破坏而预留的构造缝。（理解：变形缝是指在建筑物因温差、不均匀沉降以及地震而可能引起结构破坏变形的敏感部位或其他必要的部位，预先设缝将建筑物断开，令断开后建筑物的各部分成为独立的单元，或者是划分为简单、规则的段，并令各段之间的缝达到一定的宽度，以能够适应变形的需要。根据外界破坏因素的不同，变形缝一般分为伸缩缝、沉降缝、抗震缝三种。）

(25) 骑楼（overhang）：建筑底层沿街面后退且留出公共人行空间的建筑物。（理解：骑楼是指沿街二层以上用承重柱支撑骑跨在公共人行空间之上，其底层沿街面后退的建筑物。）

(26) 过街楼（overhead building）：跨越道路上空并与两边建筑相连接的建筑物。（理解：过街楼是指当有道路在建筑群穿过时为保证建筑物之间的功能联系，设置跨越道路上空使两边建筑相连接的建筑物。）

(27) 建筑物通道（passage）：为穿过建筑物而设置的空间。

(28) 露台（terrace）：设置在屋面、首层地面或雨篷上的供人室外活动的有围护设施的平台。（理解：露台应满足四个条件：一是位置，设置在屋面、地面或雨篷顶；二是可出入；三是有围护设施；四是无盖，这四个条件须同时满足。如果设置在首层并有围护设施的平台，且其上层为同体量阳台，则该平台应视为阳台，按阳台的规则计算建筑面积。）

(29) 勒脚（plinth）：在房屋外墙接近地面部位设置的饰面保护构造。

(30) 台阶（step）：联系室内外地坪或同楼层不同标高而设置的阶梯形踏步。（理解：台阶是指建筑物出入口不同标高地面或同楼层不同标高处设置的供人行走的阶梯式连接构件。室外台阶还包括与建筑物出入口连接处的平台。)

## 任务二 需要计算的建筑面积

【任务目标】
运用建筑面积计算规则计算相关建筑案例面积。

【任务知识】
(1) 建筑物的建筑面积应按自然层外墙结构外围水平面积之和计算。结构层高在 2.20 m 及以上的,应计算全面积;结构层高在 2.20 m 以下的,应计算 1/2 面积。

利用坡屋顶内空间时,净高超过 2.1 m 的部位应计算全面积;净高在 1.2 m 至 2.1 m 的部位应计算 1/2 面积;净高不足 1.2 m 的部位不应计算面积。

**条文详解**:见表 3-1。

表 3-1 面积计算基本规则

| 规则 类型 | 计算全面积 | 计算 1/2 面积 | 不计算面积 |
| --- | --- | --- | --- |
| 平屋顶 | 结构层高≥2.2 m | 结构层高<2.2 m | — |
| 形成建筑空间的坡屋顶 | 结构净高≥2.1 m | 1.2 m≤结构净高<2.1 m | 结构净高<1.2 m |

(2) 建筑物内设有局部楼层时,对于局部楼层的二层及以上楼层,有围护结构的应按其围护结构外围水平面积计算,无围护结构的应按其结构底板水平面积计算,且结构层高在 2.20 m 及以上的,应计算全面积,结构层高在 2.20 m 以下的,应计算 1/2 面积,如图 3-2 所示。

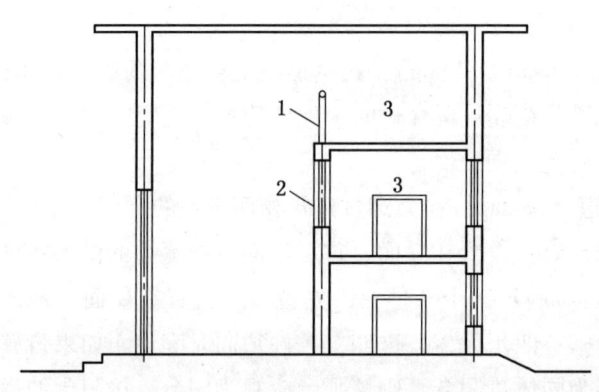

1—围护设施;2—围护结构;3—局部楼层
图 3-2 建筑物内的局部楼层

(3) 对于形成建筑空间的坡屋顶，结构净高在 2.10 m 及以上的部位应计算全面积；结构净高在 1.20 m 及以上至 2.10 m 以下的部位应计算 1/2 面积；结构净高在 1.20 m 以下的部位不应计算建筑面积。

(4) 对于场馆看台下的建筑空间，结构净高在 2.10 m 及以上的部位应计算全面积；结构净高在 1.20 m 及以上至 2.10 m 以下的部位应计算 1/2 面积；结构净高在 1.20 m 以下的部位不应计算建筑面积。室内单独设置的有围护设施的悬挑看台，应按看台结构底板水平投影面积计算建筑面积。有顶盖无围护结构的场馆看台应按其顶盖水平投影面积的 1/2 计算面积。

(5) 地下室、半地下室应按其结构外围水平面积计算。结构层高在 2.20 m 及以上的，应计算全面积；结构层高在 2.20 m 以下的，应计算 1/2 面积。

(6)（地下室、半地下室）出入口外墙外侧坡道有顶盖的部位，应按其外墙结构外围水平面积的 1/2 计算面积，如图 3-3 所示。

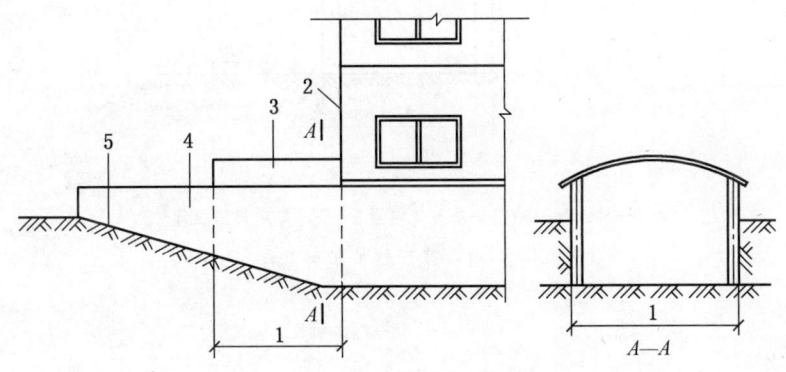

1—计算 1/2 投影面积部位；2—主体建筑；3—出入口顶盖；4—封闭出入口侧墙；5—出入口坡道

图 3-3 地下室出入口

**条文详解：**

出入口坡道分有出入口坡道和无顶盖出入口坡道，出入口坡道顶盖的挑出长度，为顶盖结构外边线至外墙结构外边线的长度；顶盖以设计图纸为准，对后增加及建设单位自行增加的顶盖等不计算建筑面积。顶盖不分材料种类（如钢筋混凝土顶盖、彩板顶盖、阳光板顶盖等）。

① 出入坡道计算建筑面积应满足两个条件：一是有顶盖；二是有侧墙（即规范中所说的外墙结构，但侧墙不一定全封闭）。

② 由于坡道是从建筑物内部一直延伸到建筑物外部的，建筑物内的部分随建筑物正常计算建筑面积，建筑物外的部分按本条规定执行。建筑物内、外的划分以建筑物外结构外边为界。

③ 对于地下车库工程，无论出入口坡道如何设置，无论坡道下方是否加以利用，地下车库均应按地下室面积计算。

（7）建筑物架空层及坡地建筑物吊脚架空层，应按其顶板水平投影计算建筑面积。结构层高在 2.20 m 及以上的，应计算全面积；结构层高在 2.20 m 以下的，应计算 1/2 面积，如图 3-4 所示。

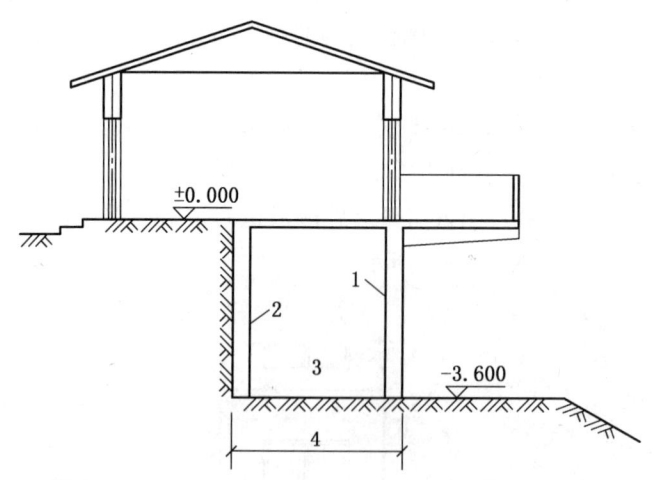

1—柱；2—墙；3—吊脚架空层；4—计算建筑面积部位
图 3-4 建筑物吊脚架空层

**条文详解：**

本条既适用于建筑物吊脚架空层、深基础架空层建筑面积的计算，也适用于目前部分住宅、学校教学楼等工程在底层架空或在二楼及以上某个甚至多个楼层架空，作为公共活动、停车、绿化等空间的建筑面积计算，架空层中有围护结构的建筑空间按相关规定计算。

① 架空层无围护结构，只要具备可利用状态，均计算建筑面积。规范中提到的"建筑物吊脚架空层"，指仅有结构支撑而无外围护结构的开敞空间层。

② 规范规定不仅适用于坡地建筑物吊脚架空层、深基础架空层，同时也适用于建筑物架空层。

③ 顶板水平投影面积是指架空层结构顶板的水平投影面积，不包括架空层主体结构外的阳台、空调板、通长水平挑板等外挑部分。

（8）建筑物的门厅、大厅应按一层计算建筑面积，门厅、大厅内设置的走廊应按走廊结构底板水平投影面积计算建筑面积。结构层高在 2.20 m 及以上的，应计算全面积；结构层高在 2.20 m 以下的，应计算 1/2 面积。

（9）对于建筑物间的架空走廊，有顶盖和围护设施的，应按其围护结构外围水平面积计算全面积；无围护结构、有围护设施的，应按其结构底板水平投影面积计算1/2面积，如图3-5和图3-6所示。

1—栏杆；2—架空走廊
图3-5 无围护结构的架空走廊

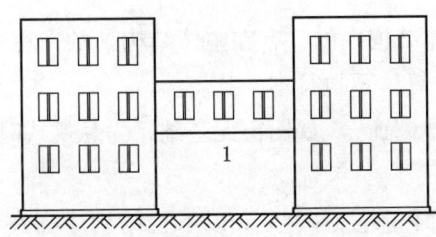

1—架空走廊
图3-6 有围护结构的架空走廊

**条文详解：**

架空走廊建筑面积计算分为两种情况：一是有围护结构且有顶盖，计算全面积；二是无围护结构但有围护设施，无论是否有顶盖，均计算1/2面积。有围护结构的，按围护结构计算面积；无围护结构的，按底板计算面积。由于架空走廊存在无盖的情况，有时无法计算结构层高，故规范中不考虑层高因素。

（10）对于立体书库、立体仓库、立体车库，有围护结构的，应按其围护结构外围水平面积计算建筑面积；无围护结构、有围护设施的，应按其结构底板水平投影面积计算建筑面积。无结构层的应按一层计算，有结构层的应按其结构层面积分别计算。结构层高在2.20 m及以上的，应计算全面积；结构层高在2.20 m以下的，应计算1/2面积。

**条文详解：**

立体书库、立体仓库、立体车库：结构层高≥2.2 m，计算全面积；有围护结构，结构层高<2.2 m，计算1/2面积；无结构层的，按一层计算；有结构层的，应按结构层面积分别计算；有围护结构，按围护结构外围水平面积计算；无围护结构、有围护设施的，

应按其结构底板水平投影面积计算。

本条主要规定了图书馆中的立体书库、仓储中心的立体仓库、大型停车场的立体车库等建筑的建筑面积计算规则。起局部分隔、存储等作用的书架层、货架层或可升降的立体钢结构停车层均不属于结构层,故该部分分层不计算建筑面积。

(11) 有围护结构的舞台灯光控制室,应按其围护结构外围水平面积计算。结构层高在 2.20 m 及以上的,应计算全面积;结构层高在 2.20 m 以下的,应计算 1/2 面积。

**条文详解:**

如果舞台灯光控制室有围护结构且只有一层,那么就不能另外计算面积。因为整个舞台的面积计算已经包含了该灯光控制室的面积。

(12) 附属在建筑物外墙的落地橱窗,应按其围护结构外围水平面积计算。结构层高在 2.20 m 及以上的,应计算全面积;结构层高在 2.20 m 以下的,应计算 1/2 面积。

**条文详解:**

① 橱窗有在建筑物主体结构内的,有在主体结构外的,在建筑物主体结构内的橱窗,其建筑面积随自然层一起计算,不执行本条款。

② 本条仅适用于"落地橱窗"。如橱窗无基础,为悬挑式时,按凸(飘)窗的规定计算建筑面积。

(13) 窗台与室内楼地面高差在 0.45 m 以下且结构净高在 2.10 m 及以上的凸(飘)窗,应按其围护结构外围水平面积计算 1/2 面积。

**条文详解:**

① 飘窗从外立面可分为两类:间断式、连续式。

② 从室内高差不同也分两类:一类为采光和美化造型而设置的,高差在 0.45 m 以上;一类为具备一定的使用功能,高差在 0.45 m 以下。

(14) 有围护设施的室外走廊(挑廊),应按其结构底板水平投影面积计算 1/2 面积;有围护设施(或柱)的檐廊,应按其围护设施(或柱)外围水平面积计算 1/2 面积。

有围护设施的室外走廊(挑廊),应按其结构底板水平投影计算 1/2 面积。有围护设施(或柱)的檐廊,应按其围护设施(或柱)外围水平面积计算 1/2 面积。

室外走廊、挑廊、檐廊虽然都算 1/2 面积,但取定的计算部位不同,室外走廊、挑廊按结构底板计算,檐廊由尺寸不定的屋檐或挑檐作为顶盖,按围护设施(或柱)外围计算,如图 3-7 所示。

(15) 门斗应按其围护结构外围水平面积计算建筑面积,且结构层高在 2.20 m 及以上的,应计算全面积;结构层高在 2.20 m 以下的,应计算 1/2 面积,如图 3-8 所示。

(16) 门廊应按其顶板水平投影面积的 1/2 计算建筑面积;有柱雨篷应按其结构板水平投影面积的 1/2 计算建筑面积;无柱雨篷的结构外边线至外墙结构外边线的宽度在 2.10 m 及以上的,应按雨篷结构板水平投影面积的 1/2 计算建筑面积。

**条文详解:**

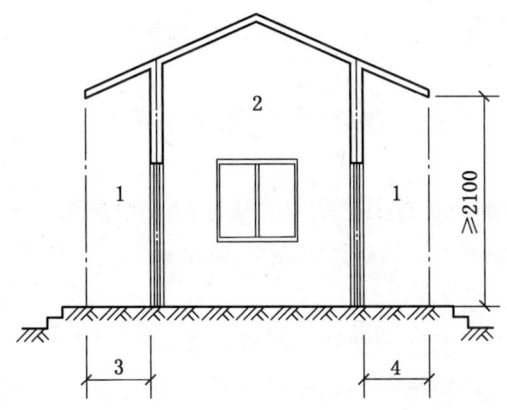

1—檐廊；2—室内；3—不计算建筑面积部位；4—计算1/2建筑面积部位

图3-7 檐廊

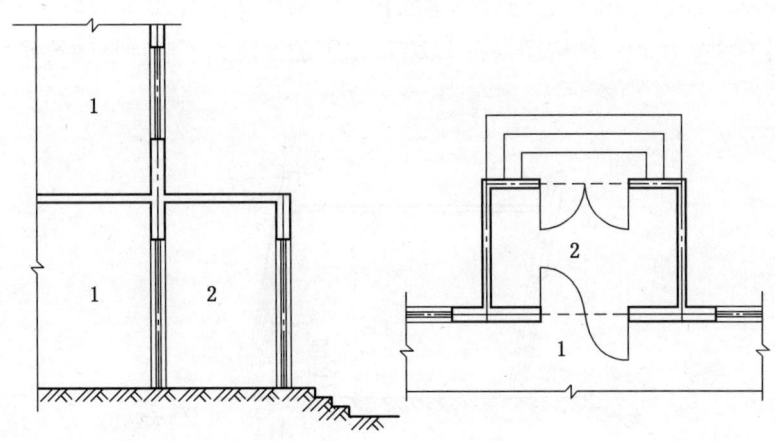

1—室内；2—门斗

图3-8 门斗

有柱雨篷按其结构板水平投影面积的1/2计算。

无柱雨篷的结构外边线至外墙结构外边线的宽度≥2.1 m时，当其结构板不跨层时，应按雨篷结构板的水平投影面积的1/2计算；当其结构顶板跨层时，不计算。

门廊按其顶板水平投影面积1/2计算。

雨篷分为有柱雨篷和无柱雨篷。有柱雨篷，没有出挑宽度的限制，也不受跨越层数的限制，均计算建筑面积。无柱雨篷，其结构板不能跨层，并受出挑宽度的限制，设计出挑宽度≥2.10 m时计算建筑面积。出挑宽度，系指雨篷结构外边线至外墙结构外边线的宽度，弧形或异形时，取最大宽度。

▶ 建筑工程定额与预算

① 有柱雨篷不受跨越层数的限制,均可计算建筑面积,有柱雨篷顶板跨层达到二层顶板标高处,仍可计算建筑面积。无柱雨篷,其结构板顶板不能跨层。如顶板跨层,则不计算建筑面积。

② 不单独设立顶盖,利用上层结构板(如楼板、阳台底板)进行遮挡,不视为雨篷,不计算建筑面积。

(17)设在建筑物顶部的、有围护结构的楼梯间、水箱间、电梯机房等,结构层高在2.20 m及以上的应计算全面积;结构层高在2.20 m以下的,应计算1/2面积。

**条文详解:**

① 单独放在建筑物上没有围护结构的钢板水箱,不计算面积。

② 目前建筑物屋顶上的装饰性结构构件(即屋顶造型),各种材质均有且形式各异。除了本条款规定的"楼梯间、水箱间、电梯机房"以外,屋顶上的建筑部件属于建筑空间的可以计算建筑面积,不属于建筑空间的则归为屋顶造型,不计算建筑面积。

(18)围护结构不垂直于水平面的楼层,应按其底板面的外墙外围水平面积计算。结构净高在2.10 m及以上的部位,应计算全面积;结构净高在1.20 m及以上至2.10 m以下的部位,应计算1/2面积;结构净高在1.20 m以下的部位,不应计算建筑面积,如图3-9所示。

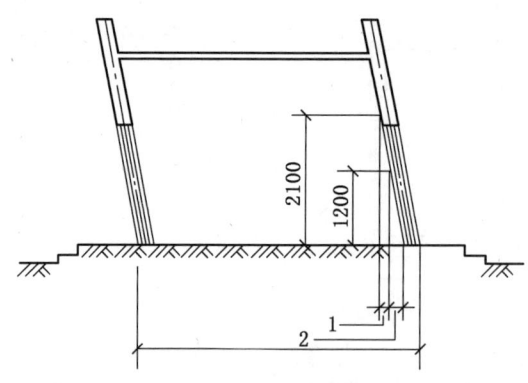

1—计算1/2建筑面积部位;2—不计算建筑面积部位

图3-9 斜围护结构

**条文详解:**

设有围护结构不垂直于水平面而超出底板外沿的建筑物是指向建筑物外倾斜的墙体,若遇有向建筑物内倾斜的墙体,应视为坡屋面,应按坡屋顶的有关规定计算面积。

(19)建筑物的室内楼梯、电梯井、提物井、管道井、通风排气竖井、烟道,应并入建筑物的自然层计算建筑面积。有顶盖的采光井应按一层计算面积,且结构净高在2.10 m及以上的,应计算全面积;结构净高在2.10 m以下的,应计算1/2面积,如图3-10

所示。

条文详解：

① 室内楼梯间的面积计算，应按楼梯依附的建筑物的自然层数计算，合并在建筑物面积内，若遇跃层建筑，其共用的室内楼梯应按自然层计算面积。上下两个错层户室共用的室内楼梯，应选上一层的自然层计算面积。

② 电梯井是指安装电梯用的垂直通道。

（20）室外楼梯应并入所依附建筑物自然层，并应按其水平投影面积的 1/2 计算建筑面积。

室外楼梯，最上层楼梯无永久性顶盖或不能完全遮盖楼梯的雨篷，上层楼梯不计算面积，上层楼梯可视为下层楼梯的永久性顶盖，下层楼梯应计算面积。

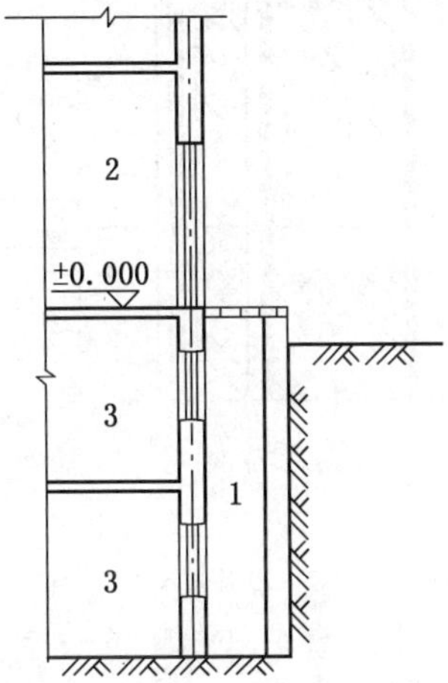

1—采光井；2—室内；3—地下室

图 3-10　地下室采光井

条文详解：

室外楼梯作为连接该建筑物层与层之间交通不可缺少的基本部件，无论从其功能还是工程计价的要求来说，均需计算建筑面积。层数为室外楼梯所依附的楼层数，即梯段部分投影到建筑物范围的层数。利用室外楼梯下部的建筑空间不得重复计算建筑面积；利用地势砌筑的为室外踏步，不计算建筑面积。

（21）在主体结构内的阳台，应按其结构外围水平面积计算全面积；在主体结构外的阳台，应按其结构底板水平投影面积计算 1/2 面积。

条文详解：

建筑物的阳台，不论其形式如何，均以建筑物主体结构为界分别计算建筑面积。

（22）有顶盖无围护结构的车棚、货棚、站台、加油站、收费站等，应按其顶盖水平投影面积的 1/2 计算建筑面积。

条文详解：

① 车棚、货棚、站台、加油站、收费站等的面积计算，由于建筑技术的发展，出现许多新型结构，如柱不再是单纯的直立柱，而出现正 V 形、倒 A 形等不同类型的柱，给面积计算带来许多争议。为此，我们不以柱来确定面积，而依据顶盖的水平投影面积计算面积。

② 在车棚、货棚、站台、加油站、收费站内设有带围护结构的管理房间、休息室等，应另按有关规定计算面积。

（23）以幕墙作为围护结构的建筑物，应按幕墙外边线计算建筑面积。

条文详解：

幕墙以其在建筑物中所起的作用和功能来区分。直接作为外墙起围护作用的幕墙，按其外边线计算建筑面积；设置在建筑物墙体外起装饰作用的幕墙，不计算建筑面积。

（24）建筑物的外墙外保温层，应按其保温材料的水平截面积计算，并计入自然层建

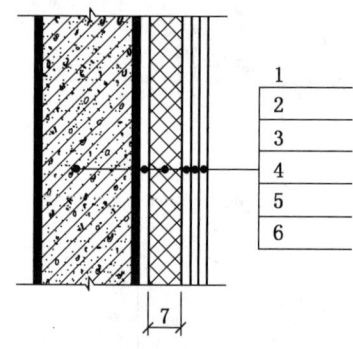

1—墙体；2—黏结胶浆；3—保温材料；
4—标准网；5—加强网；6—抹面胶浆；
7—计算建筑面积部位
图 3-11 建筑外墙外保温

筑面积，如图 3-11 所示。

**条文详解：**

为贯彻国家节能要求，鼓励建筑外墙采取保温措施，《建筑工程建筑面积计算规范》（以下简称《规范》）（GB/T 50353—2013）将保温材料的厚度计入建筑面积，但计算方法较 2005 年版规范有一定变化。建筑物外墙外侧有保温隔热层的，保温隔热层以保温材料的净厚度乘以外墙结构外边线长度按建筑物的自然层计算建筑面积，其外墙外边线长度不扣除门窗和建筑物外已计算建筑面积构件（如阳台、室外走廊、门斗、落地橱窗等部件）所占长度。当建筑物外已计算建筑面积的构件（如阳台、室外走廊、门斗、落地橱窗等部件）有保温隔热层时，其保温隔热层也不再计算建筑面积。外墙是斜面者按楼面楼板处的外墙外边线长度乘以保温材料的净厚度计算。外墙外保温以沿高度方向满铺为准，某层外墙外保温铺设高度未达到全部高度时（不包括阳台、室外走廊、门斗、落地橱窗、雨篷、飘窗等），不计算建筑面积。保温隔热层的建筑面积是以保温隔热材料的厚度来计算的，不包含抹灰层、防潮层、保护层（墙）的厚度。建筑外墙外保温如图 3-11 所示。

① 《规范》明确了外保温层的计算范围：建筑面积仅计算保温材料本身（例如外贴苯板时，仅苯板本身算保温材料），抹灰层、防水（潮）层、粘接层（空气层）及保护层（墙）等均不计入建筑面积。

② 计算方法上，改按"保温材料的净厚度乘以外墙结构外边线长度"单独计算。即保温隔热层以保温材料的净厚度乘以外墙结构外边线长度按建筑物的自然层计算建筑面积。外墙外边线长度不扣除门窗和建筑物外已计算建筑面积的构件（如阳台、室外走廊、门斗、落地橱窗等部件）所占长度。

当建筑物外已计算建筑面积的构件（如阳台、室外走廊、门斗、落地橱窗等部件）有保温隔热层时，其保温隔热层也不再计算建筑面积。

③ 外保温层计算建筑面积是以沿高度方向满铺为准。如地下室等外保温层铺设高度未达到楼层全部高度时，保温层不计算建筑面积。

④ 复合墙体不属于外墙外保温层，整体视为外墙结构，按需要计算建筑面积的第①条执行。

(25) 与室内相通的变形缝，应按其自然层合并在建筑物建筑面积内计算。对于高低联跨的建筑物，当高低跨内部连通时，其变形缝应计算在低跨面积内。

**条文详解：**

《规范》所指的与室内相通的变形缝，是指暴露在建筑物内，在建筑物内可以看得见的变形缝。

（26）对于建筑物内的设备层、管道层、避难层等有结构层的楼层，结构层高在 2.20 m 及以上的，应计算全面积；结构层高在 2.20 m 以下的，应计算 1/2 面积。

**条文详解：**

设备层、管道层虽然其具体功能与普通楼层不同，但在结构上及施工消耗上并无本质区别，且《规范》定义自然层为"按楼地面结构分层的楼层"，因此设备、管道楼层归为自然层，其计算规则与普通楼层相同。在吊顶空间内设置管道的，则吊顶空间部分不能被视为设备层、管道层。

## 任务三　不需要计算的建筑面积

**【任务目标】**

运用建筑面积计算规则计算相关建筑案例面积。

**【任务知识】**

（1）与建筑物内不相连通的建筑部件，如空调板等。

**条文详解：**

指依附于建筑物外墙外不与户室开门连通，起装饰作用的敞开式挑台（廊）、平台，以及不与阳台相通的空调室外机搁板（箱）等设备平台部件。

（2）骑楼、过街楼底层的开放公共空间和建筑物通道，如图 3-12 和图 3-13 所示。

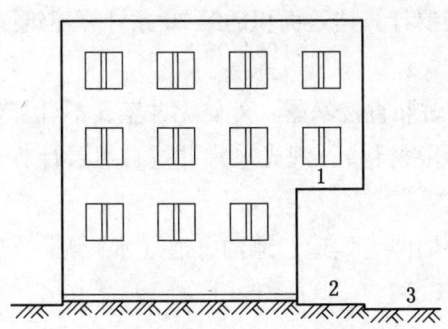
1—骑楼；2—人行道；3—街道

图 3-12　骑楼

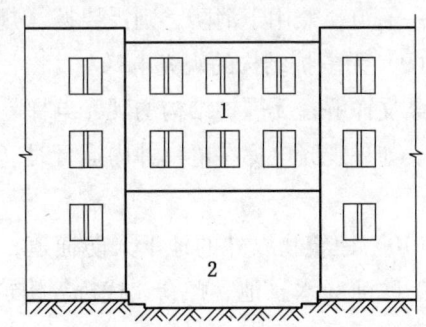
1—过街楼；2—建筑物通道

图 3-13　过街楼

（3）舞台及后台悬挂幕布和布景的天桥、挑台等。

**条文详解：**

指影剧院的舞台及为舞台服务的可供上人维修、悬挂幕布、布置灯光及布景等搭设的天桥和挑台等构件设施。

（4）露台、露天游泳池、花架、屋顶的水箱及装饰性结构构件。

(5) 建筑物内的操作平台、上料平台、安装箱和罐体的平台。

**条文详解：**

建筑物内不构成结构层的操作平台、上料平台（包括工业厂房、搅拌站和料仓等建筑中的设备操作控制平台、上料平台等），其主要作用为室内构筑物或设备服务的独立上人设施，因此不计算建筑面积。

(6) 勒脚、附墙柱、垛、台阶、墙面抹灰、装饰面、镶贴块料面层、装饰性幕墙，主体结构外的空调室外机搁板（箱）、构件、配件，挑出宽度在 2.10 m 以下的无柱雨篷和顶盖高度达到或超过两个楼层的无柱雨篷。

**条文详解：**

① 突出墙外的勒脚、附墙柱、垛、台阶、墙面抹灰、装饰面、镶贴块料面层、装饰性幕墙、空调室外机搁板（箱）、飘窗、构件、配件、宽度在 2.1 m 及以内的雨篷以及与建筑物内不相连通的装饰性阳台、挑廊等均不属于建筑结构，所以不应计算建筑面积。

② 飘窗是指为房间采光和美化造型而设置的突出外墙的窗。

(7) 窗台与室内地面高差在 0.45 m 以下且结构净高在 2.10 m 以下的凸（飘）窗，窗台与室内地面高差在 0.45 m 及以上的凸（飘）窗。

(8) 室外爬梯、室外专用消防钢楼梯。

**条文详解：**

室外钢楼梯需要区分具体用途，如专用于消防楼梯，则不计算建筑面积；如果是建筑物唯一通道，兼用于消防，则需要按《规范》需要计算建筑面积的第 20 条计算建筑面积。

(9) 无围护结构的观光电梯。

**条文详解：** 无围护结构的观光电梯是指电梯轿厢直接暴露，外侧无井壁，不计算建筑面积。如果观光电梯在电梯井内运行时（井壁不限材料），观光电梯井按自然层计算建筑面积。

(10) 建筑物以外的地下人防通道，独立的烟囱、烟道、地沟、油（水）罐、气柜、水塔、贮油（水）池、贮仓、栈桥等构筑物。

# 项目三 土石方工程

## 任务一 土石方工程定额计算规则

3.3 土石方工程

【任务目标】

(1) 区分场地平整、挖沟槽、挖基坑、挖一般土方。

(2) 进行土方体积的折算。

【任务知识】

# 一、工程量定额计算规则

（1）土石方工程定额中的土壤及岩石类别，依据勘察设计单位的勘察资料和表3-2、表3-3确定。

表3-2 土壤类别

| 土壤分类 | 土壤名称 | 开挖方法 |
| --- | --- | --- |
| 一、二类土 | 粉土、砂土（粉砂、细砂、中砂、粗砂、砾砂）、粉质黏土、弱中盐土、软土（淤泥质土、泥炭、泥炭质土）、软塑红黏土、冲填土 | 用锹，少许用镐、条锄开挖。机械能全部直接铲挖满载者 |
| 三类土 | 黏土、碎石土（圆砾、角砾）混合土、可塑红黏土、硬塑红黏土、强盐渍土、素填土、压实填土 | 主要用镐、条锄，少许用锹开挖。机械需部分刨松方能铲挖满载者或可直接铲挖但不能满载者 |
| 四类土 | 碎石土（卵石、碎石、漂石、块石）、坚硬红黏土、超盐渍土、杂填土 | 全部用镐、条锄挖掘，少许用撬棍挖掘。机械须普遍刨松方能铲挖满载者 |

注：本表土的名称及其含义按国家标准《岩土工程勘察规范》（GB 5001—2001）（2009年局部修订版）定义。

表3-3 岩石类别

| 岩石分类 | | 代表性岩石 | 开挖方法 |
| --- | --- | --- | --- |
| 极软岩 | | 1. 全风化的各种岩石<br>2. 各种半成岩 | 部分用手凿工具、部分用爆破法开挖 |
| 软质岩 | 软岩 | 1. 强风化的坚硬岩或较硬岩<br>2. 中等风化-强风化的较软岩<br>3. 未风化-微风化的页岩、泥岩、泥质砂岩等 | 用风镐和爆破法开挖 |
| | 较软岩 | 1. 中等风化-强风化的坚硬岩或较硬岩<br>2. 未风化-微风化的凝灰岩、千枚岩、泥灰岩、砂质泥岩等 | 用爆破法开挖 |
| 硬质岩 | 较硬岩 | 1. 微风化的坚硬岩<br>2. 未风化-微风化的大理岩、板岩、石灰岩、白云岩、钙质砂岩等 | 用爆破法开挖 |
| | 坚硬岩 | 未风化-微风化的花岗岩、闪长岩、辉绿岩、玄武岩、安山岩、片麻岩、石英岩、石英砂岩、硅质砾岩、硅质石灰岩等 | 用爆破法开挖 |

注：本表根据国家标准《工程岩体分级标准》（GB 50218—1994）和《岩土工程勘察规范》（GB 50021—2001）（2009年局部修订版）整理。

（2）土方体积均以挖掘前的天然密实体积为准计算。如遇有必须以天然密实体积折算时，可按土方体积折算（表3-4）所列数值换算。

表3-4 土方体积折算

| 虚方体积 | 天然密实体积 | 夯实后体积 | 松填体积 |
| --- | --- | --- | --- |
| 1.00 | 0.77 | 0.67 | 0.83 |
| 1.20 | 0.92 | 0.80 | 1.00 |
| 1.30 | 1.00 | 0.87 | 1.08 |
| 1.50 | 1.15 | 1.00 | 1.25 |

（3）土方体积，均以挖掘前的天然密实体积以计算。

（4）挖土应按设计室外地坪标高为准计算。设计标高与自然标高差所发生的挖土或填土应另行计算。土方运输体积＝挖土体积－（回填土体积×1.2），计算结果是正值时为余土外运，计算结果是负值时为土方回运。

（5）回填土体积＝挖土体积－设计室外地坪以下埋设的砌（浇）筑物所占的体积。计算管道沟的回填土时，应减去自径在500 mm以上的管道所占的体积，直径在500 mm以下的管道所占体积可不扣除。

（6）平整场地是指厚度在0.30 m以内的挖、填、找平，以 $m^2$ 计算。建筑物或构筑物的平整场地工程量应按外墙外边线，每边各加2 m计算。

（7）原土夯实、碾压，按设计图示尺寸以 $m^2$ 计算。

（8）填土夯实、碾压，按设计图示尺寸以 $m^3$ 计算。

（9）凡平整场地厚度在0.30 m以上，地槽（沟）底宽度在7 m以上及地坑底面积在150 $m^2$ 以上的挖土，均按挖土方计算。凡坑底面积在150 $m^2$ 以内的挖土，按挖地坑计算。

（10）凡地槽、地沟底宽在7 m以内，且地槽、地沟长度大于地槽、地沟底宽3倍的挖土，应按挖地槽、地沟土方计算。

（11）地槽、地沟的长度应按下列规定计算：①外墙的地槽按地槽中心线长度计算，内墙的地槽按地槽底部净长度计算，地槽边突出部分的体积应并入地槽内计算；②主地沟按中心线长度计算，支地沟按净长度计算。地沟中各种井类及管道（不含铸铁管）接口等处需加宽增加的土方量，除底面积大于20 $m^2$ 的井类挖土可将增加工程量并入管沟内计算外，其他均不应增加计算；③地沟中铺设铸铁管时，其管道接口处增加的挖土工程量，应按铸铁管道沟槽全部土方工程量增加2.5%计算。

（12）地槽、地沟底部宽度应按设计规定计算，设计无规定时，可按下列规定计算：①块石基础的地槽，可按块石基础底宽每边增加0.15 m工作面计算；②砖基础的地槽，可按砖基础底宽每边增加0.20 m工作面计算；③需板的混凝基础或垫层，可按基础或垫层底宽每边增加 0.30 m 工作面计算；④基础需用卷材或防水砂浆做垂直防水或防潮层时，可将基础有防水层或防潮层的一侧增加 1.00 m 工作面计算；⑤管沟的宽度可按表 3-5 计算。

表 3-5 管 沟 宽 度

| 管径/mm | 混凝土及钢筋混凝土管 | 其他材质管 |
|---|---|---|
| | 管沟底宽度/m | |
| 50~75 | 0.80 | 0.60 |
| 100~200 | 0.90 | 0.70 |
| 250~350 | 1.00 | 0.80 |
| 400~450 | 1.30 | 1.00 |
| 500~600 | 1.50 | 1.30 |
| 700~800 | 1.80 | 1.60 |
| 900~1000 | 2.00 | 1.80 |
| 1100~1200 | 2.30 | 2.00 |
| 1300~1400 | 2.60 | 2.20 |

（13）挖土底部为斜坡形时，其挖土深度按平均深度计算。

（14）计算放坡挖土工程量时，在交接处所产生的重复工程量可不予扣除。在同一槽（沟）或坑内，如遇土壤类别不同时，应根据地质勘测资料分别计算，其放坡系数可按各类土壤的放坡系数与各类土壤占其全部深度的百分比加权计算。

（15）挖沟槽、基坑土方需放坡时，放坡系数按表 3-6 规定计算。

表 3-6 放 坡 系 数

| 土壤类别 | 放坡起点深度/m | 坡度比例（高:宽） | | | |
|---|---|---|---|---|---|
| | | 人工挖土 | 机械挖土 | | |
| | | | 在坑内作业 | 在坑上作业 | 顺沟槽在坑上挖土 |
| 一、二类土 | 1.20 | 1:0.5 | 1:0.33 | 1:0.75 | 1:0.5 |
| 三类 | 1.50 | 1:0.33 | 1:0.25 | 1:0.67 | 1:0.33 |
| 四类 | 2.00 | 1:0.25 | 1:0.10 | 1:0.33 | 1:0.25 |

（16）挖沟槽、基坑因支挡土板增加工作面，其挖土工程量按地槽、地沟、地坑增加工作面以后底宽，单面加 0.10 m，双面加 0.20 m 计算，对支挡土板的土方工程，不再计

算放坡的工程量。

（17）人工挖桩孔土方工程量按设计图桩孔中心线深度（至扩大头底）分段乘以不同断面积后的体积计算。

（18）石方一般开挖及平整，按设计图尺寸以 $m^3$ 计算。

（19）石方沟槽或地坑开挖，按设计图示尺寸另加允许超挖量以 $m^3$ 计算。允许超挖厚度：较软岩按 0.20 m 计算，较硬岩按 0.18 m 计算，坚硬岩按 0.15 m 计算。

（20）土、石方运输的运距，应按下列规定计算：①装载机、推土机推土运距：按挖方区重心至回填区（或堆放地点）重心之间的直线距离计算。②铲运机运土运距：按挖方区重心至卸土区重心加转向距离 45 m 计算。③自卸汽车运土、石运距：按挖方区重心至填土区（或堆放地点）重心的最短距离计算。

（21）挖掘机挖土方的定额项目内已综合了机械挖不到需人工挖的工日数，不再计算人工挖土方。

（22）地基强夯（包括低锤平拍）按设计图示的强夯有效面积、不同的夯击能和每点夯击数以 $m^2$ 计算。需要分遍强夯时，按不同的夯击能和每点夯击数分遍计算。

（23）地基土深层注水增湿按注水孔实际深度以 m 计算。

（24）支挡土板的工程量以挡土板垂直支撑面积以 $m^2$ 计算。

（25）淤泥、流砂以设计图示部位、界限以体积计算。

（26）基底钎探按深度以 m 计算。

## 二、调整系数

（1）土壤含水率均以天然湿度为准，若挖土时含水率达到或超过 25% 时，应将定额相应项目的人工、机械用量乘系数 1.18。

（2）单位工程的机械挖土方，工程量小于 2000 $m^3$ 和地基强夯面积小于 600 $m^2$ 时，将各自相应定额项目的人工、材料、机械用量乘系数 1.05。

（3）推土机推土和铲运机铲运土方，当上坡坡度大于 5% 时，其运距按斜坡长度乘以表 3-7 系数算。

表 3-7 运距坡度系数表

| 坡度/% | 5~10 以内 | 15 以内 | 20 以内 | 25 以内 |
|---|---|---|---|---|
| 系数 | 1.75 | 2.00 | 2.25 | 2.50 |

（4）机械填土碾压中压实系数定额是按 0.93 考虑的，如设计要求压实系数超过 0.93 时，定额人工机械乘系数 1.10。

（5）用抓铲挖掘机挖土时，将反铲挖掘机挖土定额项目内的单斗挖机用量乘系数

1.35，其他不再调整。

（6）推土机、铲运机在推、铲未经压实的积土时，应将一、二类土定额项目内人工、机械、材料用量乘系数 0.87。

（7）挖掘机和强夯机在垫板（或垫木）上进行工作时，应分别将定额项目内的挖掘机和强夯机用量乘系数 1.25，其铺设垫板（或垫木）所用材料、人工另行计算。

（8）实际遇到红板岩土壤时可按极软岩、软岩定额项目人工、机械乘系数 1.20。

### 三、说明

（1）定额中的爆破材料是按炮孔中无地下渗水、积水确定的，炮孔中若出现地下渗水、积水时，处理渗水、积水的费用另行计算。爆破需覆盖安全网、草袋及架设安全屏障等设施时，其费用另行计算。

（2）已进行过竖向挖土或回填土的工程，不再计算平整场地。

（3）原土翻夯按相应的挖土项目和夯填土项目分别计算。

（4）人工挖砂夹石按相应定额项目的四类土计算。

（5）井桩持力层扩大头部分四类土已综合在定额内，不再另行计算。

（6）深基坑支护的放坡应按设计的有关规定计算。

（7）淤泥指池塘、沼泽、水田及沟坑等排水后呈膏质状态的土壤，分黏性淤泥与不黏附工具的砂性淤泥。

（8）流砂指含水饱和，因受地下水影响而呈流动状态的粉砂土、亚砂土。

（9）定额内未包括打试夯，发生时应按实计算。

## 任务二　土石方工程清单计算规则与定额计算规则对比

【任务目标】

(1) 区分定额计算规则与清单计算规则的不同。

(2) 计算土石方工程定额工程量与清单工程量。

【任务知识】

### 一、土石方工程概述

土石方工程的工程量清单共分 3 个分项工程清单项目，即土方工程、石方工程以及土石方回填，适用于建筑物和构筑物的土石方开挖及回填工程。

清单工程量是拟建工程分项工程的实体数量。土石方工程除场地、基础房心回填土外，其他土石方工程不构成工程实体，即不应当单列项目，而应采用基础清单项目内含土石方报价的计价方法。由于地表以下存在许多不可知的自然条件，势必增加基础项目报价的难度，为此将土石方单独列项。另外，基础土石方清单项目内不再有基槽、坑、土方的界限，无人工挖土还是机械挖土的施工手段的表现，无放坡及加工作面的规定；基础土石方应根据拟建工程的详细资料、现场情况、工程数量、施工工期的要求，结合施工方案和施工组织设计，在此基础上确定综合单价。

## 二、土（石）方工程量清单计算规则

土（石）方工程包括土方工程（包括平整场地、挖土方、挖基础土方、冻土开挖、挖淤泥流砂、管沟土方）、石方工程（包括预裂爆破、石方开挖、管沟石方）和土（石）方回填。

1. 平整场地（$m^2$）

按设计图示尺寸以建筑物首层建筑面积计算，有关规定：

（1）建筑物场地厚度≤±300 mm的挖、填、运、找平，应按平整场地项目编码列项。厚度＞±300 mm的竖向布置挖土或山坡切土应按一般土方项目编码列项。

（2）项目特征包括土壤类别、弃土运距、取土运距。

（3）在平整场地若需要外运土方或取土回填时，在清单项目特征中应描述弃土运距或取土运距，其报价应包括在平整场地项目中。

2. 挖一般土方（$m^3$）

按设计图示尺寸以体积计算，有关规定：

（1）挖土方平均厚度应按自然地面测量标高至设计地坪标高间的平均厚度确定。

（2）土石方体积应按挖掘前的天然密实体积计算。

（3）挖土方如需截桩头时，应按桩基工程相关项目列项。

（4）桩间挖土不扣除桩的体积，并在项目特征中加以描述。

（5）土壤类别不能准确划分时，招标人可注明为综合，由投标人根据地勘报告决定报价。

3. 挖沟槽土方及挖基坑土方（$m^3$）

按设计图示尺寸以基础垫层底面积乘以挖土深度计算，有关规定：

（1）基础土方开挖深度应按基础垫层底表面标高至交付施工场地标高确定，无交付施工场地标高时，应按自然地面标高确定。

（2）沟槽、基坑、一般土方的划分为：底≤7 m且底长＞3倍底宽为沟槽；底长≤3倍底宽且底面积≤150 $m^2$为基坑；超出上述范围则为一般土方。

4. 冻土开挖（$m^3$）

按设计图示尺寸开挖面积乘以厚度以体积计算。

5. 挖淤泥、流砂（$m^3$）

按设计图示位置、界限以体积计算。相关规定：出现流砂、淤泥未明确暂估量，结算以双方现场签证确认工程量。

6. 管沟土方（$m/m^3$）

按设计图示以管道中心线长度计算；或按设计图示管底垫层面积乘以挖土深度以体积

计算,相关规定:

(1) 管底垫层按管外径的水平投影面积乘以挖土深度计算。

(2) 不扣除各类井的长度,井的土方并入。

(3) 管沟土方项目适用于管道(给排水、工业、电力、通信)、光(电)缆沟[包括:人(手)孔、接口坑]及连接井(检查井)等。

(4) 有管沟设计时,平均深度以沟垫层底面标高至交付施工场地标高计算;无管沟设计时,直埋管深度应按管底外表面标高至交付施工场地标高的平均计算。

7. 回填($m^3$)

按设计图示尺寸,以体积计算,相关规定:

(1) 场地回填:回填面积乘以平均回填厚度。

(2) 室内回填:主墙间净面积乘以回填厚度,不扣除间隔墙。

(3) 基础回填:挖方清单项目工程量减去自然地坪以下埋设的基础体积工程量(包括基础垫层及其他构筑物)。

在项目特征描述中需要注意的问题:①填方密实度要求,在无特殊要求情况下,项目特征可描述为满足设计和规范的要求;②填方材料品种可以不描述,但应注明由投标人根据设计要求验方后方可填入,并符合相关工程的质量规范要求;③填方粒径要求,在无特殊要求情况下,项目特征可以不描述;④如需买土回填应在项目特征填方来源中描述,并注明买土方数量。

8. 余方弃置($m^3$)

按挖方清单项目工程量减利用回填方体积(正数)计算。

## 三、清单计算规则与定额计算规则对比

土方工程清单计算规则与定额计算规则对比见表3-8。

表3-8 土方工程清单计算规则与定额计算规则对比

| 项目名称 | 清 单 规 则 | 定 额 规 则 |
|---|---|---|
| 平整场地 | 按设计图示尺寸以首层建筑面积计算 | 建筑物外墙外边线每边各加2 m,以面积计算 |
| 挖沟槽土方 | 按设计图示沟槽长度$L$乘以沟槽断面积$S$(不包括工作面宽度$c$和放坡宽度$b$的面积),以体积计算<br>$V = B \times H \times L$ | 按设计图示沟槽长度$L$乘以沟槽断面积$S$(包括工作面宽度$c$和放坡宽度$b$的面积),以体积计算<br>$V = (B + 2C + KH) \times H \times L$ |
| 挖基坑土方 | 按设计图示尺寸以基础垫层底面积乘以挖土深度计算<br>$V = A_下 \times B_下 \times H$ | 包括工作面宽度和放坡宽度的体积<br>$V = H/6 \times [A_下 \times B_下 + (A_下 + A_上) \times (B_下 + B_上) + A_上 \times B_上]$ |

表 3-8（续）

| 项目名称 | 清 单 规 则 | 定 额 规 则 |
|---|---|---|
| 土方回填 | 按设计图示尺寸以体积计算：<br>1. 基础回填：按挖方清单项目减去自然地坪以下埋设的基础体积（包括基础垫层及其他构筑物）<br>2. 室内回填：主墙间面积乘以回填厚度，不扣除间壁墙 | |

注：1. 工作面：指在加工建筑产品时所必须具备的活动空间。
2. 为了防止土壤塌方，确保施工安全，当挖方超过一定深度时，其边沿应放出足够的边坡。
3. 沟槽长度：外墙按图示中心线长度计算，内墙按图示基础底面之间净长线长度计算。
4. 间壁墙：指地面面层做好后再进行施工的墙体，一般指厚度≤120 mm 的墙。
5. 基础体积为设计室外地坪以下的体积。
6. 基础体积包括垫层、基础、基础梁、柱、砖基础等。

# 项目四  地基处理与边坡支护、桩基础工程

## 任务一  地基处理与边坡支护、桩基础工程定额计算规则

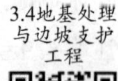
3.4 地基处理与边坡支护工程

【任务目标】

区分地基处理与桩基础工程的不同。

【任务知识】

### 一、工程量定额计算规则

（1）桩基础定额中的土壤类别划分应按土石方工程中的土壤类别划分表确定。

（2）打预制钢筋混凝土方桩的工程量，应按设计桩长（包括桩尖长度，不扣除桩尖虚体积）乘桩身断面积以 $m^3$ 计算。

（3）打桩定额中除静力压桩外，均不包括接桩，接桩应按不同接桩方法分别计算。

（4）灰土桩和钢筋混凝土桩凿、截桩头均按根数计算。预制钢筋混凝土桩接桩、电焊接桩按设计接头以个数计算，硫黄胶泥接桩按桩断面积乘接头个数以 $m^2$ 计算。

（5）打钢管桩工程量应按重量以 t 计算。

（6）机械打孔的灌注混凝土桩、灌注砂桩及碎石桩的工程量，应按设计桩长（包括桩尖）增加 0.5 m 乘钢管外径截面面积以 $m^3$ 计算。

（7）机械钻孔灌注混凝土桩的工程量，应按设桩长（包尖）增加 0.5 m 乘钻头外径截面面积以 $m^3$ 计算。

（8）冲击成孔灌注混凝土桩的钢筋混凝土桩的工程量，按设计图示尺寸的孔深乘以孔

截面面积以 $m^3$ 计算。

（9）打灰土挤密桩的工程量，应按设计规定的桩长（包括桩尖）增加 0.5 m 乘钢管外径截面面积以 $m^3$ 计算。

（10）高压旋喷桩钻孔按原地面至设计桩底底面的高度以 m 计算。喷浆按设计加固桩的截面面积乘以设计桩长以 $m^3$ 计算。

（11）夯压成型灌注混凝土桩（夯扩桩）按设计桩长乘桩径以 $m^3$ 计算。

（12）土钉支护工程量按图示尺寸以 t 计算，面层喷射混凝土按图示尺寸展开面积以 $m^2$ 计算。

（13）锚杆支护中钻孔、压浆按图示尺寸以 m 计算。锚杆制作、安装按图示尺寸主材重量以 t 计算。

（14）泥浆运输工程量按钻孔体积以 $m^3$ 计算。

（15）旋挖桩成孔工程量按成孔长度乘以设计桩径截面面积以 $m^3$ 计算。成孔长度为打桩前的自然地坪标高至设计桩底的长度。

（16）深孔强夯挤密桩和深孔强夯夯扩桩的工程量，应按设计规定的桩长乘以扩后孔径截面面积以 $m^3$ 计算。

（17）深层搅拌水泥桩按设计图示尺寸以桩长（包括桩尖）计算。

## 二、调整系数

（1）定额项目内均不包括机械行驶道路的铺设，场地的平整压实和施工后的隆起土方处理，发生时应另行计算。

（2）接桩定额内的型钢与电焊条用量与设计规定用量不同时，应进行调整。

（3）走管式柴油打桩机和履带式柴油打桩机打预制钢筋混凝土方桩定额是按不用辅助起重机械确定的，如需用辅助起重机械时，可按施工现场实际情况另行计算。

（4）打试验桩按相应定额项目的人工、机械用量乘系数 2。

（5）打桩、打孔，桩间净距小于 4 倍桩径（桩边长）的，按相应定额项目的人工、机械用量乘系数 1.13。

（6）单位工程的打（灌注）桩工程量在表 3-9 规定数量以内时，按相应定额项目的人工、机械用量乘系数 1.25。

表3-9 打(灌注)桩工程量表

| 项　　　目 | 单位工程的工程量 | 项　　　目 | 单位工程的工程量 |
| --- | --- | --- | --- |
| 钢筋混凝土方桩 | 150 $m^3$ | 钻孔灌注混凝土桩 | 100 $m^3$ |
| 钢管桩 | 50 t | 潜水钻孔灌注混凝土桩 | 100 $m^3$ |
| 打孔灌注混凝土桩、碎石桩 | 60 $m^3$ | 冲击成孔灌注混凝土桩、夯扩桩 | 100 $m^3$ |
| 打孔灌注砂桩 | 60 $m^3$ | 灰土挤密桩 | 60 $m^3$ |

▶ 建筑工程定额与预算

(7) 定额以打直桩为准,如打斜桩斜度在 1∶6 以内者,将相应定额项目的人工、机械用量乘系数 1.25;如斜度大于 1∶6 者,将相应项目的人工、机械用量乘系数 1.43。

(8) 定额以平地(坡度小于 15°)打桩为准,如在堤坡上(坡度大于 15°)打桩时,将相应定额项目人工、机械用量乘系数 1.15。如在基坑内(基度大于 1.5 m)打桩或在地坪上打坑槽内(地槽深度大于 1 m)桩时,将相应定额项目的人工、机械用量乘系数 1.11。

(9) 在桩间补桩或强夯后的地基打桩时,将相应定额项目的人工、机械用量乘系数 1.15。

### 三、说明

(1) 打桩定额适用于方桩桩长 25 m 以内。

(2) 打桩定额是按只打不送(不包括送桩)和既打又送(包括送桩)两种情况分别制定的。打桩不送入地面以下时应执行不包括送桩的定额;打桩要送入地面以下时应执行包括送桩的定额。

(3) 复合土钉支护的腰梁以及其他各种桩,应另行计算。

(4) 各种机械成孔灌注混凝土桩,定额中混凝土消耗量是包括充盈系数在内的总消耗量,包括商品混凝土搅拌、场外运输损耗及浇筑损耗。

(5) 混凝土桩身防腐应按防腐及防火涂料工程中的防腐翻身项目计算。

(6) 灌注桩定额内不包括混凝土预制桩尖的制作工料。采用预制混凝土桩尖时,应按混凝土工程相应定额项目计算。

(7) 混凝土灌注桩钢筋笼制作安装按钢筋工程中的相应定额项目计算。

(8) 机械成孔灌注桩定额项目混凝土充盈系数与实际不同时,可进行调整。

## 任务二 地基处理与边坡支护、桩基础工程清单计算规则与定额计算规则对比

【任务目标】

(1) 区分定额计算规则与清单计算规则的不同。

(2) 计算地基处理与边坡支护、桩基础工程定额工程量与清单工程量。

【任务知识】

### 一、地基处理与边坡支护工程清单计算规则

地基处理与边坡支护工程清单计算规则见表 3 - 10。

### 二、桩基础工程清单计算规则

桩基础工程清单计算规则见表 3 - 11。

## 模块三 工程量计算

表 3-10 地基处理与边坡支护工程清单计算规则

| 项目名称 | 计量单位 | 计 算 规 则 |
| --- | --- | --- |
| 换填垫层 | $m^3$ | 换填垫层,按设计图示尺寸以体积计算 |
| 褥垫层 | $m^2$、$m^3$ | 设计图示尺寸以铺设面积计算($m^2$),或按设计图示尺寸以体积计算($m^3$) |
| 注浆地基 | m、$m^3$ | 按设计图示尺寸以钻孔深度计算,或按设计图示尺寸以加固体积计算。其中,高压喷射注浆类型包括旋喷、摆喷、定喷,高压喷射注浆方法包括单管法、双重管法、三重管法 |
| 铺设土工合成材料 | $m^2$ | 按设计图示尺寸以面积计算 |
| 预压地基<br>强夯地基<br>振冲密实(不填料) | $m^2$ | 按设计图示处理范围以面积计算 |
| 细节比较:土工强夯预压地,振冲无料平方米 | | |
| 振冲桩(填料) | m、$m^3$ | 按设计图示尺寸以桩长计算,或按设计桩截面乘以桩长以体积计算 |
| 砂石桩 | m、$m^3$ | 按设计图示尺寸以桩长(包括桩尖)计算,或按设计图示截面乘以桩长(包括桩尖)以体积计算 |
| 夯实水泥土桩<br>水泥粉煤灰碎石桩<br>石灰桩<br>灰土(土)挤密桩 | m | 按设计图示尺寸以桩长(包括桩尖)计算 |
| 深层搅拌桩<br>柱锤冲扩桩<br>粉喷桩 | m | 按设计图示尺寸以桩长计算 |
| 细节比较:振冲砂石米与立,水泥二灰灰土米,振拌锤喷桩,设备无尖有四列 | | |
| 地下连续墙 | $m^3$ | 设计图示墙中心线长乘以厚度乘以槽深以体积计算。相关规定:地下连续墙和喷射混凝土(砂浆)的钢筋网、咬合灌注柱的钢筋笼及钢筋混凝土支撑的钢筋制作、安装,混凝土挡土墙按混凝土及钢筋混凝土工程中相关项目列项 |
| 咬合灌注桩 | m、根 | 按设计图示尺寸以桩长计算,或按设计图示数量计算 |
| 圆木桩<br>预制钢筋混凝土板桩 | m、根 | 按设计图示尺寸以桩长(包括桩尖)计算,或按设计图示数量计算 |
| 型钢桩 | t、根 | 按设计图示尺寸以质量计算,或按设计图示数量计算 |
| 钢板桩 | t、$m^2$ | 按设计图示尺寸以质量计算,或按设计图示墙中心线长乘以桩长以面积计算 |
| 锚杆(锚索)土钉 | m、根 | 按设计图示尺寸以钻孔深度计算,或按设计图示数量计算 |
| 喷射混凝土(水泥浆) | $m^2$ | 喷射混凝土(水泥砂浆)按设计图示尺寸以面积计算 |
| 钢筋混凝土支撑 | $m^3$ | 钢筋混凝土支撑按设计图示尺寸以体积计算 |
| 钢支撑 | t | 钢支撑按设计图示尺寸以质量计算;不扣除孔眼质量,焊条、铆钉、螺栓等不另增加质量 |

表3-11 桩基础工程清单计算规则

| 项目名称 | 计量单位 | 计算规则 |
|---|---|---|
| 预制钢筋混凝土方桩<br>预制钢筋混凝土管桩 | m、m³、根 | 按设计图示尺寸以桩长（包括桩尖）计算，或按设计图示截面积乘以桩长（包括桩尖）以实体积计算，或按设计图示数量计算。预制钢筋混凝土方柱的工程量计算相关规定：<br>1. 预制钢筋混凝土管桩项目以成品桩考虑，应包括成品桩购置费，如果用现场预制，应包括现场预制桩的所有费用<br>2. 打试验桩和打斜桩应按相应项目单独列项，并应在项目特征中注明试验桩或斜桩（斜率） |
| 钢管桩 | t、根 | 钢管桩按设计图示尺寸以质量计算，或按设计图示数量计算 |
| 截（凿）桩头 | m³、根 | 1. 截（凿）桩头按设计桩截面乘以桩头长度以体积计算，或按设计图示数量计算<br>2. 截（凿）桩头项目适用于地基处理与边坡支护工程、桩基础工程所列桩的桩头截（凿） |
| 泥浆护壁<br>成孔灌注桩 | m、m³、根 | 按设计图示尺寸以桩长（包括桩尖）计算，或按不同截面在桩上范围内以体积计算，或按设计图示数量计算。包括：沉管灌注桩、干作业成孔灌注桩 |
| 挖孔桩土（石）方 | m³ | 挖孔桩土（石）方按设计图示尺寸（含护壁）截面积乘以挖孔深度以体积计算 |
| 人工挖孔灌注桩 | m³、根 | 人工挖孔灌注桩按桩芯混凝土体积计算，或按设计图示数量计算 |
| 压浆桩 | m、根、个 | 1. 钻孔压浆桩按设计图示尺寸以桩长计算，或按设计图示数量计算<br>2. 灌注桩后压浆按设计图示以注浆孔数计算 |

# 项目五 砌 筑 工 程

## 任务一 砌筑工程定额计算规则

【任务目标】
(1) 划分砌筑工程中的基础与墙（柱、筒）身工程量。
(2) 计算不同类型墙高。
【任务知识】

3.5砌筑工程

### 一、工程量定额计算规则

(1) 基础与墙（柱、筒）身的划分：
① 房屋基础与墙（柱）身采用同一种材料时，以设计室内地坪为分界线（有地下室

者,以地下室室内地坪为界),以下为基础,以上为墙(柱)身。

② 房屋基础与墙(柱)身采用不同材料时,不同材料的接合面和设计室内地坪的高差在 ±0.3 m 以内时,以不同材料为分界线;超过 ±0.3 m 时,以设计室内地坪为分界线。

③ 砖石围墙,以设计室外地坪为分界线,以下为基础,以上为墙身。

④ 烟囱、水塔基础与筒身采用砖砌时,以砖砌体扩大部分顶面为分界线,以下为基础,以上为筒身。基础与筒身采用不同材料时,以不同材料的接合面为分界线。

(2) 砖、石基础工程量按设计图示尺寸以 $m^3$ 计算。

① 基础的长度:外墙基础按外墙中心线长度计算,内墙基础按内墙大放脚基础以上净长度计算。

② 基础大放脚 T 形接头处的重叠部分以及嵌入基础的钢筋、铁件、管道、基础防潮层及单个面积 $0.3\ m^2$ 以内孔洞所占体积不扣除,靠墙暖气沟的挑砖也不增加。

③ 附墙柱基础宽出部分的体积应并入其工程量内。

④ 基础大放脚部分的工程量可按表 3-12 ~ 表 3-15 计算。

表 3-12 等高式砖墙基大放脚折加高度

| 墙 厚 | 大放脚错台层数 | | | | | | | | | |
|---|---|---|---|---|---|---|---|---|---|---|
| | 一 | 二 | 三 | 四 | 五 | 六 | 七 | 八 | 九 | 十 |
| | 折加高度/m | | | | | | | | | |
| 1/2 砖 | 0.137 | 0.411 | 0.822 | 1.370 | 2.055 | 2.877 | | | | |
| 1 砖 | 0.066 | 0.197 | 0.394 | 0.656 | 0.985 | 1.378 | 1.838 | 2.363 | 2.953 | 3.610 |
| $1\frac{1}{2}$ 砖 | 0.043 | 0.129 | 0.259 | 0.432 | 0.647 | 0.906 | 1.208 | 1.533 | 1.942 | 2.373 |
| 2 砖 | 0.032 | 0.096 | 0.193 | 0.321 | 0.482 | 0.675 | 0.900 | 1.157 | 1.447 | 1.768 |
| $2\frac{1}{2}$ 砖 | 0.026 | 0.077 | 0.154 | 0.256 | 0.384 | 0.538 | 0.717 | 0.922 | 1.153 | 1.409 |
| 3 砖 | 0.021 | 0.064 | 0.128 | 0.213 | 0.319 | 0.447 | 0.596 | 0.766 | 0.958 | 1.171 |
| 增加断面/$m^2$ | 0.0158 | 0.0473 | 0.0945 | 0.1575 | 0.2363 | 0.3308 | 0.441 | 0.567 | 0.7088 | 0.866 |

表 3-13 非等高式砖墙基大放脚折加高度

| 墙 厚 | 大放脚错台层数 | | | | | | | | | |
|---|---|---|---|---|---|---|---|---|---|---|
| | 一 | 二 | 三 | 四 | 五 | 六 | 七 | 八 | 九 | 十 |
| | 折加高度/m | | | | | | | | | |
| 1/2 砖 | 0.137 | 0.342 | 0.685 | 1.096 | 1.643 | 2.260 | | | | |
| 1 砖 | 0.066 | 0.164 | 0.328 | 0.525 | 0.787 | 1.083 | 1.444 | 1.838 | 2.297 | 2.789 |
| $1\frac{1}{2}$ 砖 | 0.043 | 0.108 | 0.216 | 0.345 | 0.518 | 0.712 | 0.949 | 1.208 | 1.510 | 1.834 |

表 3-13（续）

| 墙厚 | 大放脚错台层数 | | | | | | | | | |
|---|---|---|---|---|---|---|---|---|---|---|
| | 一 | 二 | 三 | 四 | 五 | 六 | 七 | 八 | 九 | 十 |
| | 折加高度/m | | | | | | | | | |
| 2 砖 | 0.032 | 0.08 | 0.161 | 0.257 | 0.386 | 0.530 | 0.707 | 0.900 | 1.125 | 1.365 |
| $2\frac{1}{2}$ 砖 | 0.026 | 0.064 | 0.128 | 0.205 | 0.307 | 0.423 | 0.563 | 0.717 | 0.896 | 1.088 |
| 3 砖 | 0.021 | 0.053 | 0.106 | 0.170 | 0.255 | 0.351 | 0.468 | 0.596 | 0.745 | 0.905 |
| 增加断面/m² | 0.0158 | 0.0394 | 0.0788 | 0.126 | 0.189 | 0.2599 | 0.3465 | 0.441 | 0.5513 | 0.6694 |

表 3-14 等高式砖柱基础大放脚四边的体积

| 柱形砖柱断面两边长之和 | 矩形砖柱截面 | 大放脚错台层数 | | | | | |
|---|---|---|---|---|---|---|---|
| | | 一 | 二 | 三 | 四 | 五 | 六 |
| | | 四边的体积/m³ | | | | | |
| 2 砖 | 1×1 | 0.0095 | 0.0325 | 0.0729 | 0.1346 | 0.2216 | 0.3378 |
| $2\frac{1}{2}$ 砖 | $1×1\frac{1}{2}$ | 0.0115 | 0.0384 | 0.0847 | 0.1543 | 0.2512 | 0.3792 |
| 3 砖 | 1×2  $1\frac{1}{2}×1\frac{1}{2}$ | 0.0135 | 0.0443 | 0.0965 | 0.1740 | 0.2807 | 0.4206 |
| $3\frac{1}{2}$ 砖 | $1×2\frac{1}{2}$  $2×1\frac{1}{2}$ | 0.0154 | 0.0502 | 0.1084 | 0.1937 | 0.3103 | 0.4619 |
| 4 砖 | 2×2  $1\frac{1}{2}×2\frac{1}{2}$ | 0.0174 | 0.0562 | 0.1203 | 0.2134 | 0.3398 | 0.5033 |
| $4\frac{1}{2}$ 砖 | $1\frac{1}{2}×3$  $2\frac{1}{2}×2$ | 0.0194 | 0.0621 | 0.1320 | 0.2331 | 0.3693 | 0.5546 |
| 5 砖 | 2×3  $2\frac{1}{2}×2\frac{1}{2}$ | 0.0213 | 0.0680 | 0.1438 | 0.2528 | 0.3989 | 0.5860 |
| $5\frac{1}{2}$ 砖 | $2×3\frac{1}{2}$  $3×2\frac{1}{2}$ | 0.0233 | 0.0739 | 0.1566 | 0.2725 | 0.4284 | 0.6273 |
| 6 砖 | 3×3  $2\frac{1}{2}×3\frac{1}{2}$ | 0.0253 | 0.0798 | 0.1674 | 0.2922 | 0.4579 | 0.6687 |
| $6\frac{1}{2}$ 砖 | $3×3\frac{1}{2}$  $4×2\frac{1}{2}$ | 0.0272 | 0.0856 | 0.1792 | 0.3119 | 0.4875 | 0.7150 |
| 7 砖 | 3×4  $3\frac{1}{2}×3\frac{1}{2}$ | 0.0292 | 0.0916 | 0.1911 | 0.3315 | 0.5170 | 0.7513 |
| $7\frac{1}{2}$ 砖 | $3\frac{1}{2}×4$  $3×4\frac{1}{2}$ | 0.0312 | 0.0975 | 0.2029 | 0.3512 | 0.5465 | 0.7927 |
| 8 砖 | 4×4  $3\frac{1}{2}×4\frac{1}{2}$ | 0.0332 | 0.1034 | 0.2147 | 0.3709 | 0.5761 | 0.8340 |
| $8\frac{1}{2}$ 砖 | $4×4\frac{1}{2}$  $5×3\frac{1}{2}$ | 0.0351 | 0.1093 | 0.2265 | 0.3906 | 0.6056 | 0.8754 |

表3-14（续）

| 柱形砖柱断面两边长之和 | 矩形砖柱截面 | 大放脚错台层数 | | | | | |
|---|---|---|---|---|---|---|---|
| | | 一 | 二 | 三 | 四 | 五 | 六 |
| | | 四边的体积/m³ | | | | | |
| 9砖 | $4 \times 5$  $4\frac{1}{2} \times 4\frac{1}{2}$ | 0.0371 | 0.1152 | 0.2383 | 0.4103 | 0.6351 | 0.9167 |
| $9\frac{1}{2}$砖 | $5 \times 4\frac{1}{2}$  $4 \times 5\frac{1}{2}$ | 0.0391 | 0.1211 | 0.2501 | 0.4300 | 0.6646 | 0.9581 |
| 10砖 | $5 \times 5$  $6 \times 4$ | 0.0410 | 0.1270 | 0.2619 | 0.4497 | 0.6942 | 0.9995 |

表3-15　非等高式砖柱基础大放脚四边的体积

| 柱形砖柱断面两边长之和 | 矩形砖柱截面 | 大放脚错台层数 | | | | | |
|---|---|---|---|---|---|---|---|
| | | 一 | 二 | 三 | 四 | 五 | 六 |
| | | 四边的体积/m³ | | | | | |
| 2砖 | $1 \times 1$ | 0.0095 | 0.0279 | 0.0614 | 0.1097 | 0.1793 | 0.2694 |
| $2\frac{1}{2}$砖 | $1 \times 1\frac{1}{2}$ | 0.0115 | 0.0327 | 0.0713 | 0.1254 | 0.2030 | 0.3019 |
| 3砖 | $1 \times 2$  $1\frac{1}{2} \times 1\frac{1}{2}$ | 0.0135 | 0.0376 | 0.0811 | 0.1412 | 0.2265 | 0.3344 |
| $3\frac{1}{2}$砖 | $1 \times 2\frac{1}{2}$  $2 \times 1\frac{1}{2}$ | 0.0154 | 0.0425 | 0.0910 | 0.1569 | 0.2502 | 0.3660 |
| 4砖 | $2 \times 2$  $1\frac{1}{2} \times 2\frac{1}{2}$ | 0.0174 | 0.0474 | 0.1008 | 0.1727 | 0.2738 | 0.3994 |
| $4\frac{1}{2}$砖 | $1\frac{1}{2} \times 3$  $2\frac{1}{2} \times 2$ | 0.0194 | 0.0524 | 0.1106 | 0.1885 | 0.2974 | 0.4319 |
| 5砖 | $2 \times 3$  $2\frac{1}{2} \times 2\frac{1}{2}$ | 0.0213 | 0.0573 | 0.1205 | 0.2042 | 0.3210 | 0.4643 |
| $5\frac{1}{2}$砖 | $2 \times 3\frac{1}{2}$  $3 \times 2\frac{1}{2}$ | 0.0233 | 0.0622 | 0.1303 | 0.2200 | 0.3447 | 0.4968 |
| 6砖 | $3 \times 3$  $2\frac{1}{2} \times 3\frac{1}{2}$ | 0.0253 | 0.0671 | 0.1402 | 0.2357 | 0.3683 | 0.5293 |
| $6\frac{1}{2}$砖 | $3 \times 3\frac{1}{2}$  $4 \times 2\frac{1}{2}$ | 0.0272 | 0.0720 | 0.1500 | 0.2515 | 0.3919 | 0.5618 |
| 7砖 | $3 \times 4$  $3\frac{1}{2} \times 3\frac{1}{2}$ | 0.0292 | 0.0770 | 0.1599 | 0.2672 | 0.4155 | 0.5943 |
| $7\frac{1}{2}$砖 | $3\frac{1}{2} \times 4$  $3 \times 4\frac{1}{2}$ | 0.0312 | 0.0819 | 0.1697 | 0.2830 | 0.4391 | 0.6268 |
| 8砖 | $4 \times 4$  $3\frac{1}{2} \times 4\frac{1}{2}$ | 0.0332 | 0.0868 | 0.1796 | 0.2987 | 0.4628 | 0.6593 |
| $8\frac{1}{2}$砖 | $4 \times 4\frac{1}{2}$  $5 \times 3\frac{1}{2}$ | 0.0351 | 0.0917 | 0.1894 | 0.3144 | 0.4864 | 0.6917 |
| 9砖 | $4 \times 5$  $4\frac{1}{2} \times 4\frac{1}{2}$ | 0.0371 | 0.0967 | 0.1992 | 0.3302 | 0.5110 | 0.7242 |

表 3-15（续）

| 柱形砖柱断面两边长之和 | 矩形砖柱截面 | 大放脚错台层数 | | | | | |
|---|---|---|---|---|---|---|---|
| | | 一 | 二 | 三 | 四 | 五 | 六 |
| | | 四边的体积/m³ | | | | | |
| $9\frac{1}{2}$ 砖 | $5 \times 4\frac{1}{2}$  $4 \times 5\frac{1}{2}$ | 0.0391 | 0.1016 | 0.2091 | 0.3459 | 0.5337 | 0.7567 |
| 10 砖 | $5 \times 5$  $6 \times 4$ | 0.0410 | 0.1065 | 0.2189 | 0.3617 | 0.5573 | 0.7892 |

（3）砖墙、空心砖墙、多孔砖墙工程量按设计图示尺寸以 m³ 计算。

① 墙体长度：外墙长度按墙中心线长度计算，内墙长度按内墙净长度计算。

② 应扣除门窗洞口、过人洞、空圈的体积，以及嵌入墙身的钢筋混凝土梁（包括过梁、圈梁、挑梁）、柱、砖拱、砖过梁和暖气包壁龛的体积。

③ 不扣除梁头、板头、檩头、垫木、木楞头、沿椽木、木砖、门窗走头、墙体内的加固钢筋、铁件、钢管及单个面积在 $0.3 \text{ m}^2$ 以内孔洞所占体积。

④ 突出墙面的窗台虎头砖、压顶线、山墙泛水、烟囱根、门窗套及三皮砖以内的腰线和挑檐体积亦不增加。

⑤ 砖垛、砖压顶及三皮砖以上的腰线和挑檐等体积，应并入所依附墙身体积内计算。

⑥ 墙体高度应按下列规定计算：a）外墙：斜（坡）屋面无檐口天棚者算至屋面板底；有屋架且室内外均有天棚者算至屋架下弦底加 200 mm；无天棚者算至屋架下弦底另加 300 mm；出檐宽度超过 600 mm 时按实砌高度算；与钢筋混凝土楼板隔层算至板顶；平屋顶算至钢筋混凝土板底。b）内墙：位于屋架下弦者，算到屋架下弦底；无架者算至棚底另加 100 mm；有钢筋混凝土楼板隔层者算至楼板顶；有框架梁时算至梁底。c）女儿墙：从屋面板上表面算至女儿墙顶面（如有混凝土压顶时算至压顶下表面）。d）内外山墙：按其平均高度计算。e）围墙：高度算至压顶上表面（如有混凝土压顶时算至压顶下表面）。

⑦ 墙体厚度：标准砖按计算厚度计算（表 3-16）；空心砖、多孔砖按设计图示厚度计算。

表 3-16 标准砖（240 mm × 115 mm × 53 mm）计算厚度

| 砖数（厚度） | 1/4 | 1/2 | 3/4 | 1 | $1^{1/2}$ | 2 | $2^{1/2}$ | 3 |
|---|---|---|---|---|---|---|---|---|
| 计算厚度/mm | 53 | 115 | 180 | 240 | 365 | 490 | 615 | 740 |

（4）砌块墙体工程量按砌体外形体积以 m³ 计算，应扣除门窗洞口、钢筋混凝土过梁、圈梁等所占体积。

（5）附墙烟囱、通风道、垃圾道按其外形体积计算，并入所依附的墙体内，不扣除每一个洞口横截面在 0.1 m² 以下的体积，孔洞内的抹灰工程量亦不增加，每一孔洞横截面大于 0.1 m² 时，应扣除孔洞所占体积，孔洞内抹灰另列项目计算。

（6）砖平碹、砖过梁工程量按图示尺寸以 m³ 计算，如设计无规定时，砖平碹按门窗洞口宽度两端共加 0.1 m 乘高度（门窗洞口宽度小于 1.5 m 时，高度为 0.24 m；大于 1.5 m 时，高度为 0.365 m）计算；砖过梁按门窗洞口宽度两端共加 0.5 m，高度按 0.44 m 计算。

（7）贴砌砖墙工程量应按标准砖的计算厚度以 m³ 计算，贴砖面用的砂浆已包括在定额内。

（8）空花砖墙工程量按空花部分外形设计图示尺寸以 m³ 计算，非空花部分的墙体应按不同墙厚以 m³ 计算。

（9）空斗砖墙工程量按空斗墙外形的设计图示尺寸以 m³ 计算；墙角及内外墙交接处，门窗洞口立边、窗台砖及屋檐外的实砌部分已包括在定额项目内，不应另行计算。

（10）窗间墙、窗台下、楼板下、梁头下等实砌部分，应另按零星砌体定额计算。

（11）砖柱工程量按柱高乘柱断面以 m³ 计算。

（12）砖砌台阶应按水平投影面积以 m² 计算，不包括翼墙、花池。台阶与平台连接处以最上层踏步外沿加 0.3 m 为界线。

（13）砖化粪池及砖水池不分壁厚均以井池壁 m³ 计算，洞口上的砖碹等并入砌体体积内计算。

（14）砖烟囱筒身不分圆形、方形均按图示筒壁平均中心线周长乘厚度乘高度按下式以 m³ 计算，扣除筒身各种孔洞、钢筋混凝土圈梁、过梁等体积。其筒壁周长不同时可分段计算。

$$V = H \times C \times P$$

式中　$V$——筒身体积，m³；

　　　$H$——每段筒身垂直高度，m；

　　　$C$——每段筒壁厚度，m；

　　　$P$——每段筒壁的中心线平均周长，m。

（15）烟囱及烟道内衬工程量按不同内衬材料扣除孔洞后，以图示尺寸的实体积计算。

（16）砖烟道工程量以图示尺寸的实体积计算。烟道与炉体的划分以第一道闸门为分界线，在炉体内的烟道应列入炉体工程量内计算。

（17）砖水塔工程量以砖塔身和砖水箱壁的实体积合并计算，应扣除门窗洞口和混凝土构件所占体积，砖平碹及砖出檐等并入砖水塔体积内。

（18）块石墙、方整石墙、柱工程量均应按外形图示尺寸以 m³ 计算，应扣除门窗洞口立边、窗台虎头砖等实砌砖体积，将实砌砖体积按零星砖砌体计算。块石墙身背面镶砖的工料已包括在定额项目中，其镶砖体积应并入块石墙身内计算。

（19）块石台阶工程量按实砌体积以 m³ 计算。

## 二、调整系数

（1）圆形烟囱的砖基础及水塔的砖基础应按砖基础定额计算，人工乘系数 1.2。
（2）石护坡高度超过 4 m 时，定额人工乘系数 1.15。
（3）砌筑圆弧形块石基础、墙（含砖、石混合砌体）时，定额人工乘系数 1.1。
（4）横孔连锁混凝土空心砌块墙，使用 125 mm 长的各规格砌块，执行同厚度 250 mm 长的定额子目，人工乘系数 1.2；125 mm 长的砌块数量，按定额中 250 mm 长的砌块数乘系数 2，配砖、堵块及砂浆等不再调整。

## 三、说明

（1）实砌砖围墙、地沟及女儿墙按不同厚度的砖墙定额项目计算。
（2）砖砌挡土墙厚度在二砖以上按砖基础定额项目计算，二砖以内按不同厚度的砖墙定额项目计算。
（3）框架间砌砖墙按砖墙定额项目以 $m^3$ 计算。
（4）砖砌锅台、炉灶、台阶挡墙、梯带、厕所蹲台、小便槽、水槽腿、煤箱、垃圾箱、灯箱、花台、花池、地垄墙、支撑地愣的砖墩、房上烟囱、屋面架空隔热层砖墩、块石墙的门窗立边及窗台虎头砖等，均以实砌体积按零星砖砌体定额计算。
（5）墙体内放置的拉接钢筋及砖过梁钢筋，按钢筋工程中的钢筋定额项目计算；砖平碹、砖过梁的模板，按措施项目中的现浇混凝土小型构件模板定额项目计算。
（6）砖烟囱、砖水塔支筒、砖水池中的圈梁、过梁、雨篷、门框等钢筋混凝土构件，按混凝土工程中的相应定额项目计算。
（7）填充墙面积在 $0.6 m^2$ 以内时，按零星砌体计算。
（8）块石护坡排水口另行计算。
（9）安放木砖按木结构工程中相应定额项目计算。
（10）横孔连锁混凝土空心砌块墙：①使用 $K_1$ 砌块，可调换 K 砌块与 $K_1$ 砌块的数量，其他不再调整；②混凝土带依据设计要求按混凝土工程相应定额项目计算；③拉结钢筋依据设计要求按钢筋工程相应定额项目计算；④保温隔热层及网格布依据设计要求按保温隔热工程相应定额项目计算；⑤抹灰依据设计要求按普通抹灰工程相应定额项目计算。

## 任务二 砌筑工程清单计算规则与定额计算规则对比

【任务目标】
（1）区分定额计算规则与清单计算规则的不同。
（2）计算砌筑工程各项定额工程量与清单工程量。
【任务知识】

## 一、砌筑工程清单计算规则

砌筑工程清单计算规则见表3-17。

表3-17 砌筑工程清单计算规则

| 项目名称 | 计量单位 | 计 算 规 则 |
| --- | --- | --- |
| 砖基础 | $m^3$ | 按设计图示尺寸以体积计算。砖基础项目用于各种类型砖基础：柱基础、墙基础、管道基础等。相关要求：<br>1. 基础长度：外墙基础按外墙中心线长度计算，内墙基础按内墙净长线计算<br>2. 基础与墙（柱）身使用同一种材料时，以设计室内地面为界（有地下室者，以地下室室内设计地面为界）以下为基础，以上为墙（柱）身。基础与墙身使用不同材料时，位于设计室内地面高度≤±300 mm时以不同材料为分界线，高度>±300 mm时以设计室内地面为分界线<br>3. 砖围墙应以设计室外地坪为界，以下为基础，以上为墙身 |
| 实心、多孔、空心砖墙 | $m^3$ | 计算规则：按设计尺寸以体积计算。<br>墙长度：外墙按中心线、内墙按净长线。<br>墙高：<br>  外墙高：<br>    平屋面：算至钢筋混凝土板底。<br>    坡屋面：无檐口天棚，算至屋面板底。<br>    有屋架：<br>    有天棚，算至屋架下弦底加200 mm。<br>    无天棚，算至屋架下弦底加300 mm。<br>  内墙高：<br>    有屋架，算至屋架下弦底。<br>    无屋架，算至天棚底另加100 mm。<br>    有钢筋混凝土楼板隔层，算至楼板顶。<br>    有框架梁时，算至梁底。<br>  女儿墙高：从屋面板上表面算至女儿墙顶面。<br>  内外山墙：按其平均高度计算 |
| | | 应扣除：<br>1. 砖基础：扣除地梁（圈梁）、构造柱所占体积<br>2. 实心砖墙：扣除门窗洞口、过人洞、空圈、嵌入墙内的钢筋混凝土柱、梁、圈梁、挑梁、过梁及凹进墙内的壁龛、管槽、暖气槽、消火栓箱所占体积。单孔面积>0.3 $m^2$ 的孔洞<br>3. 砖柱：扣除混凝土及钢筋混凝土梁垫、梁头、板头所占体积<br>不应扣除：<br>1. 砖基础：不扣除基础大放脚T形接头处的重叠部分及嵌入基础内的钢筋、铁管道、基础砂浆防潮层和单个面积0.3 $m^2$ 以内的孔洞所占体积<br>2. 实心砖墙：不扣除梁头、板头、檩头、垫木、木楞头、沿棒木、木砖、门窗走头、走头、砖墙内加固钢筋、木筋、铁件、钢管及单个面积0.3 $m^2$ 以内的孔洞所占体积 |

表3-17（续）

| 项目名称 | 计量单位 | 计 算 规 则 |
|---|---|---|
| 实心、多孔、空心砖墙 | m³ | 不增加范围：<br>砖基础：靠墙暖气沟的挑檐不增加。<br>实心砖墙：凸出墙面的腰线、挑檐、压顶、窗台线、虎头砖、门窗套的体积亦不增加。<br>应并入范围：<br>砖基础：附墙垛基础宽出部分体积。<br>实心砖墙：凸出墙面的砖垛。<br>空斗墙：墙角、内外墙交接处、门窗洞口立边、窗台砖、屋檐处的实砌部分体积。<br>围墙：墙柱并入围墙体积计算 |

## 二、其他墙体清单计算规则

其他墙体清单计算规则见表3-18。

表3-18 其他墙体清单计算规则

| 项目名称 | 计量单位 | 计 算 规 则 |
|---|---|---|
| 空斗墙 | m³ | 按设计图示尺寸以空斗墙外形体计算，墙角、内外墙交接处、门窗洞口立边、窗台砖、屋檐处的实砌部分体积并入空斗墙体积内 |
| 空花墙 | m³ | 按设计图示尺寸以空花部分外形体积计算，不扣除空洞部分体积 |
| 填充墙 | m³ | 设计图示尺寸以填充墙外形体积计算 |
| 实心砖柱<br>多孔砖柱 | m³ | 按设计图示尺寸以体积计算，扣除混凝土及钢筋混凝土梁垫、梁头、板头所占体积 |
| 零星砌砖 | m、座、m²、m³ | 1. 小便槽、地垄墙可按图示尺寸以长度计算<br>2. 砖砌锅台与炉灶可按外形尺寸以设计图示数量计算<br>3. 砖砌台阶可按图示尺寸水平投影面积计算<br>4. 按图示尺寸截面积乘以长度以体积计算<br>按零星项目列项：框架外表面的镶贴砖部分，空斗墙的窗间墙、窗台下、楼板下、梁头下等的实砌部分，台阶挡墙、梯带、蹲台、池槽、池槽腿、砖胎模、花台、花池、楼梯栏板、阳台栏板、≤0.3 m²的孔洞填塞等 |

## 三、砖检查井、散水等工程清单计算规则

砖检查井、散水等工程清单计算规则见表3-19。

表3-19　砖检查井、散水等工程清单计算规则

| 项目名称 | 计量单位 | 计算规则 |
| --- | --- | --- |
| 砖检查井 | 座 | 按设计图示数量计算 |
| 砖散水、地坪 | m² | 按设计图示尺寸以面积计算 |
| 砖地沟、明沟 | m | 按设计图示以中心线长度计算 |
| 砖砌挖孔桩护壁 | m³ | 按设计图示尺寸以体积计算 |
| 砌块砌体 | m³ | 1. 砌体加筋、墙体拉结筋应按"混凝土及钢筋混凝土工程"中相关项目编码列项<br>2. 砌体排列应上、下错缝搭接，如果搭接长度满足不了规定的要求，应采取压砌钢筋网片的措施，具体构造要求按设计规定。若设计无规定时，应注明由投标人根据工程实际情况自行考虑；钢筋网片按"混凝土及钢筋混凝土工程"中相应编码列项<br>3. 砌体砌块中工作内容包括了勾缝<br>4. 砌体垂直灰缝宽大于30mm时，采用C20细石混凝土灌实。灌注的混凝土应按"混凝土及筋混凝土工程"相关编码列项 |
| 石砌体 | m³ | 工程量按设计图示尺寸以体积计算。相关规定：<br>1. 石基础项目适用于各种规格（粗料石、细料石等）、各种材质（砂石、青石等）和各种类型（柱基、墙基、直形、弧形等）基础<br>2. 石基础、石勒脚、石墙身的划分：<br>（1）基础与勒脚应以设计室外地坪为界，勒脚与墙身应以设计室内地坪为界。<br>（2）石围墙内外地坪标高不同时，应以较低地坪标高为界，以下为基础。<br>（3）内外标高之差为挡土墙时，挡土墙以上为墙身。<br>（4）工作内容包括勾缝 |
| 石勒脚 | m³ | 工程量按设计图示尺寸以体积计算。相关规定：<br>1. 扣除单面积>0.3m²的孔洞所占体积<br>2. 石勒脚项目适用于各种规格（粗料石、细料石等）、各种材质（砂石、青石、大理石、花岗石等）和各种类型（直形、弧形等）勒脚 |
| 石墙 | m³ | 工程量按设计图示尺寸以体积计算。相关规定：<br>1. 石墙项目适用于各种规格（粗料石、细料石等）、各种材质（砂石、青石、大理石、花岗石等）和各种类型（直形、弧形等）墙体<br>2. 石墙（含内墙、外墙、女儿墙、内外山墙、围墙）和砌块柱，计算规则和"实心砖墙、多孔砖墙、空心砖墙"的计算规则相同 |
| 石挡土墙 | m³ | 按设计图示尺寸以体积计算。相关规定：<br>石挡土墙项目适用于各种规格（粗料石、细料石、块石、毛石、卵石等）、各种材质（砂石、青石、石灰石等）和各种类型（直形、弧形、台阶形等）挡土墙 |
| 石柱 | m³ | 按设计图示尺寸以体积计算。石柱项目适用于各种规格、各种石质、各种类型的石柱 |

表 3-19（续）

| 项目名称 | 计量单位 | 计算规则 |
|---|---|---|
| 石护坡 | m³ | 按设计图示尺寸以体积计算，石护坡项目适用于各种石质和各种石料（粗料石、细料石、片石、块石、毛石、卵石等） |
| 石台阶 | m³ | 按设计图示尺寸以体积计算。石台阶项目包括石梯带（垂带），不包括石梯膀 |
| 石栏杆 | m³ | 按设计图示以长度计算，石栏杆项目适用于无雕饰的一般石栏杆 |
| 石坡道 | m² | 按设计图示尺寸以水平投影面积计算 |
| 石地沟、石明沟 | m | 按设计图示以中心线长度计算 |
| 垫层 | m³ | 按设计图示尺寸以体积计算。除混凝土垫层外，没有包括垫层要求的清单项目应按该垫层项目编码列项 |

# 项目六 混凝土及钢筋混凝土工程

## 任务一 混凝土及钢筋混凝土工程定额计算规则

【任务目标】
(1) 计算不同类型柱高。
(2) 区分节点处混凝土工程量的归属。
(3) 计算不同类型构件钢筋的长度。

3.6 混凝土及钢筋混凝土工程

【任务知识】

### 一、混凝土工程量

（一）混凝土工程量定额计算规则

1. 现浇混凝土构件（包括商品混凝土现浇构件、现场搅拌混凝土现浇构件）

除注明者外，均按设计图示尺寸以 m³ 计算，不扣除钢筋、铁件所占体积。

（1）混凝土框架式设备基础应分别按基础、柱、梁及板计算工程量。

（2）箱式满堂基础应分别按无梁式满堂基础、柱、墙、梁及板计算工程量。

（3）混凝土柱的体积应按柱高乘柱的断面积计算，依附于柱上的牛腿应合并在柱的工程量内。柱高按下列规定计算：①有梁板的柱高应自柱基上表面（或楼板上表面）算至上一层的楼板上面；②无梁板的柱高应自柱基上表面（或楼板上表面）算至柱帽的下表面；③空心板楼盖的柱高应自柱基上表面（或楼板上表面）算至托板或柱帽的下表面；④框架柱的高度，有楼隔层时，自柱基上表面（或楼板上表面）算至上一层的楼板上表面，无楼隔层时应自柱基上表面算至柱顶面；⑤构造柱按墙高计算，与砖墙嵌接部分的体积并入柱身体积内。

（4）混凝土梁的体积应按梁长乘梁的断面积计算。梁长按下列规定计算：①与柱连接的梁应从柱侧面算起；②次梁与主梁连接时，次梁应从主梁的侧面算起；③伸入墙内的梁头、梁垫，其体积并入梁体积内；④凡加固墙身浇捣在砖墙上的梁和圈梁应合并计算，砖基础上的圈梁或地梁均按圈梁计算；⑤直接以独立基础或桩为支点并承受墙身荷载的梁按基础梁计算；⑥混凝土压顶应以长度乘压顶的断面积计算。

（5）混凝土板应按下列规定分别以图示尺寸的实体积计算，不扣除单个面积 0.30 m² 以内孔洞所占体积：①有梁板是指梁（包括主、次梁）与板构成一体的板，其工程量按板和梁的体积之和计算，并应扣除柱身在板内所占的体积；②无梁板是指不带梁直接用柱支承的板，其工程量按板与柱帽体积之和计算；③空心板楼盖是指在现浇混凝土板中预埋空心芯筒或空心芯盒，形成单向或双向工字形（或T形）肋传力的箱形空心楼板，其工程量按扣除芯筒或芯盒的外形体积后的板混凝土实体积与托板或柱帽体积之和以 m³ 计算；④平板是指无柱、梁，直接由墙承重的板，按实体积计算；⑤阳台板、雨篷板以及伸出墙外部分的牛腿均以实体积计算，并入与阳台板和雨篷板相连接的板体积内；⑥有多种板连接时以墙的中心线为分界线；⑦伸入墙内的板头并入板体积内计算；⑧挑檐、天沟与屋面板或楼板连接时，应以外墙皮为分界线，与圈梁或其他梁连接时，应以梁侧面为分界线；⑨混凝土栏板、扶手均按实体积计算。

（6）墙及挡土墙按设计图示尺寸以体积计算。应将墙上的圈梁、过梁、连梁、暗梁、暗柱和突出墙外的垛并入墙体积内计算；应扣除门窗洞口及单个面积 0.30 m² 以外孔洞的体积，不扣除单个面积 0.30 m² 以内的孔洞体积。

（7）地沟的沟底、沟边、沟顶工程量合并计算。

（8）台阶工程量按台阶的水平投影面积以 m² 计算。台阶与平台连接时其投影面积应以最上层踏步外沿加 0.30 m 计算。

（9）楼梯工程量（包括踏步、休息平台、楼梯与楼层连接梁；不扣除宽度 500 mm 以内的楼梯井）按设计图示尺寸水平投影面积以 m² 计算。

（10）混凝土烟囱的基础与筒身应分别计算工程量。基础包括底板和筒座，筒座以上为筒身，依附于筒身的牛腿、烟道口等工程量并入筒身计算。

（11）混凝土水塔的基础、塔身、水箱应分别计算工程量。①筒式塔身与基础，以筒座上表面或基础底板上表面为分界线；柱式塔身与基础，以柱脚与基础底板或梁交接处为分界线。②筒式塔身，应扣除门窗洞口体积。依附混凝土筒身的平台、雨篷、门框等工程量并入筒壁体积内计算。③柱式塔身的梁、柱、平台等工程量合并计算。塔身以上为水箱[包括塔顶、箱底、水槽内外壁、圈（过）梁压顶、环梁及平台等]，塔身与水箱以箱底环梁底为分界线，环梁底以上为水箱、以下为塔身。④柱式塔身的塔顶、箱底、箱壁、环梁及平台等工程量合并计算。

(12) 混凝土贮水（油）池的池底、池壁、池盖、池柱、壁基础梁、水槽等工程量合并计算。

(13) 混凝土贮仓的立壁、漏斗、底板、支柱、顶板应分别计算工程量。立壁上的圈梁并入漏斗体积内计算。顶板的梁和顶板工程量合并计算。

(14) 混凝土化粪池的池底、池壁、池盖等工程量合并计算。

(15) 型钢混凝土组合结构混凝土工程量应按设计图示尺寸以 $m^3$ 计算。应扣除型钢所占的体积，不扣除钢筋、铁件所占体积。

2. 预制混凝土构件

除注明者外，均按设计图示尺寸的实体积以 $m^3$ 计算，不扣除钢筋、铁件、吊装孔、各种预制板中单个面积 300 mm × 300 mm 以内的孔洞及预应力构件中预留孔道所占体积，扣除空心板孔洞体积。

预制混凝土构件桩应按桩长（包括桩尖的全长）乘桩身横断面计算，桩尖的虚体积不扣除。

3. 预制混凝土构件运输

按构件实体积以 $m^3$ 计算。各种构件按表 3 - 20 规定分类。

表 3 - 20 预制混凝土构件类别

| 构件类别 | 构 件 名 称 |
|---|---|
| Ⅰ类 | 各类屋架、桁架、托架，8 m 以上的梁、柱、桩、薄腹梁 |
| Ⅱ类 | 8 m 以下的梁、柱、桩及支架、大型屋面板、槽形板、肋形板、天沟板、空心板、平板、檩条、楼梯、阳台板、挑檐、垃圾道、通风道、小型配套构件 |
| Ⅲ类 | 天窗架、侧板、端壁板、上下挡、各种支撑、门窗框 |
| Ⅳ类 | 大型墙板、薄壳板 |

4. 预制混凝土构件安装

除倒锥壳水塔水箱按不同容量以座计算外，其他均按构件实体积以 $m^3$ 计算。

(1) 组合屋架安装，以混凝土部分的实体积以 $m^3$ 计算，钢杆件部分不再另行计算。

(2) 预制混凝土构件接头灌缝包括构件座浆、灌浆、堵板孔、塞板梁缝等，均按预制构件实体积以 $m^3$ 计算。

(3) 预制柱与桩基的灌缝，按首层柱的体积计算；首层以上柱灌缝按各层柱体积计算。

（二）调整系数

(1) 单层房屋屋盖系统构件必须在跨外采用汽车式起重机安装时，将相应构件安装定额的人工、机械用量乘系数 1.18，采用塔式起重机和卷扬机安装时不再调整。

(2) 空心板堵孔的人工、材料已包括在空心板接头灌缝定额内，如不堵孔时每 10 $m^3$

空心板体积应扣除 0.23 m³ 混凝土和 2.2 工日。

(3) 混凝土斜板按板定额项目的人工、机械乘系数 1.15。

(4) 型钢混凝土组合结构定额项目的人工乘系数 2.0，材料乘系数 1.02。

### (三) 说明

1. 混凝土

(1) 井桩混凝土的充盈系数与实际不同时，可进行调整。

(2) 现浇混凝土柱、墙定额中，均按规范规定列入了底部灌 1∶2 水泥砂浆的用量。

(3) 构件单件体积在 0.15 m³ 以内，定额中未列出的构件，按小型构件计算。

(4) 现浇混凝土烟道、通风道按地沟定额项目计算。

(5) 现浇混凝土外加剂与定额不同时可按设计要求，调整计算。

(6) 水塔水箱及贮水池定额中不包括试水费用，发生时应另行计算。

(7) 烟囱、水塔、贮仓的整体板式基础按无梁式满堂基础定额计算，环状基础按带形基础定额计算，贮仓基础与贮仓底板之间的柱按相应断面形状的柱定额计算。

(8) 商品混凝土定额中括弧内混凝土量为总消耗量，包括商品混凝土搅拌、场外运输、泵送及浇筑损耗。泵送高度以建筑物室外地坪至檐口高度按相应定额项目计算。混凝土泵送工程量按图纸计算量×(1+损耗量 1%) 计算。

(9) 在预制混凝土板安装后，需补浇板缝带的混凝土按现浇平板计算。

(10) 预制圈梁、压顶按预制过梁定额计算。

(11) 预制构件安装定额是按汽车式起重机、塔式起重机分别制定的。

(12) 现浇和预制混凝土定额项目中，均不包括铁件制作、安装，其铁件制作、安装应按金属结构工程相应项目计算。

(13) 轻骨料混凝土包括炉渣混凝土、矿渣混凝土、陶粒混凝土等。

(14) 带肋底板：①安装套用平板（不焊接）定额项目计算；②模板按措施项目模板相应定额项目计算；③钢筋按钢筋工程相应项目计算；④横孔连锁混凝土空心砌块墙中的混凝土带，按无梁板定额项目计算。

2. 预制混凝土构件运输

预制混凝土构件运输定额适用于预制构件由堆放场地或构件预制厂（场）至施工现场 50 km 以内运输。小型构件人工运输适用于由构件预制场地到安装地点 1 km 以内的运输。

3. 预制混凝土构件安装

(1) 预制混凝土构件安装定额是按机械起吊点中心回转半径 15 m 以内的距离制定的，如超过 15 m 时，应另按构件运输定额计算。

(2) 定额中已包括起重机械、运输机械行驶道路的修整、铺垫工作的人工。如采用材料铺筑时，另按有关规定计算。

(3) 经焊接形成的预制钢筋混凝土框架结构，其柱安装按框架柱计算，梁安装按框架梁计算；节点浇筑形成的框架，按连接框架梁、柱计算。

(4) 预制钢筋混凝土工字型柱、矩形柱、空腹柱、双肢柱、空心柱、管道支架等安装，均按柱安装计算。

(5) 预制钢筋混凝土多层柱安装，首层柱按柱安装计算，二层及二层以上按柱接柱计算。

(6) 小型构件安装系指烟道、垃圾道、通风道、隔热板、池槽、窗台板、隔断板、栏杆、花格及单体小于 0.1 m³ 的构件安装。

(7) 升板预制柱加固系指预制柱安装后，至楼板提升完成期间，所需的加固搭设费。

## 二、钢筋工程量

### （一）钢筋工程量定额计算规则

(1) 钢筋工程量应按设计长度乘以单位长度的理论质量以 t 计算。

(2) 各构件设计（包括标准设计）已规定的连接，应按规定连接长度计算，设计未规定的连接已包括在定额损耗量中，不再计算。

(3) 先张法预应力钢筋的长度应按设计图规定的预应力钢筋设计长度计算。

(4) 后张法预应力钢筋钢丝束、钢绞线的长度，应按设计图规定的预留孔道长度和锚具种类，增加或减少下列长度：①螺纹钢筋两端采用螺丝端杆锚具时，预应力钢筋长度应按孔道长度减少 0.35 m 计算；②螺纹钢筋一端采用镦头插片，另一端采用帮条锚具时，钢筋长度应增加 0.15 m 计算；③螺纹钢筋一端采用镦头插片，另一端采用螺丝端杆时，钢筋长度应按预留孔道长度计算；④螺纹钢筋一端采用镦粗头，另一端采用 JM12 锚具时，钢筋长度应增加 0.95 m 计算；⑤螺纹钢筋采用后张自锚法混凝土自锚头时，钢筋长度应增加 0.35 m；⑥螺纹钢筋或钢绞线两端采用 JM12 锚具，孔道长度在 20 m 以内时，钢筋或钢绞线长度应增加 1.0 m；⑦螺纹钢筋或钢绞线采用 JM12 锚具，孔道长度在 20 加以外或曲线孔道时，钢筋或钢绞线长度应增加 1.8 m；⑧碳素钢丝采用锥形锚具，孔道长度在 20 m 以内时，钢丝长度应增加 1.00 m；⑨碳素钢丝采用锥形锚具，孔道长度在 20 m 以外或曲线孔道时，钢丝长度应按孔道长度增加 1.8 m；⑩碳素钢丝两端采用镦粗头时，钢丝长度应增加 0.35 m。

(5) 设计规定钢筋接头采用电渣压力焊、直螺纹、锥螺纹和套筒挤压连接等接头时按个计算。

(6) 灌注混凝土桩的钢筋笼制作、安装按质量以 t 计算。

### （二）调整系数

(1) 预制构件预应力钢筋定额中不包括锚具的材料用量，锚具的材料用量应按设计图规定的锚具用量增加 1% 损耗后，另列项目计算。

(2) 型钢混凝土组合结构钢筋定额项目，人工、机械乘系数 2。

### （三）说明

(1) 本定额的钢筋接头是按铁丝绑扎、搭接焊、对焊综合确定的。除定额中规定的四种连接计算接头费用外，其他接头不再另行计算。

(2) 成型钢筋场外运输定额适用于现浇构件钢筋在场外集中加工成型后运往施工现场

进行绑扎安装的钢筋,其运距按场外集中加工地至施工现场的实际运距计算。在施工现场加工的钢筋不得计算。

(3) 冷轧带肋钢筋为定型制作的半成品。

(4) 固定预埋螺栓、铁件的钢筋支架和固定双层钢筋的钢筋马凳应并入相应的钢筋项目计算。

(5) 预应力钢筋是指构件中须进行预加应力的钢筋,不需预加应力的钢筋按构件非预应力钢筋定额项目计算。

(6) 预制带肋底板预应力钢筋按先张法碳素钢丝定额计算,其中的碳素钢丝调换为低松弛消除应力螺旋肋钢丝,其他不做调整。

## 任务二 混凝土及钢筋混凝土工程清单计算规则与定额计算规则对比

【任务目标】

(1) 区分定额计算规则与清单计算规则的不同。

(2) 计算混凝土及钢筋混凝土工程各项定额工程量与清单工程量。

【任务知识】

### 一、混凝土量清单计算规则

混凝土量清单计算规则见表 3-21。

表 3-21 混凝土量清单计算规则

| 项目名称 | 计量单位 | 计 算 规 则 |
|---|---|---|
| 现浇混凝土基础 | $m^3$ | 按设计图示尺寸以体积计算。不扣除构件内钢筋、预埋铁件和伸入承台基础的桩头所占体积。包括:垫层、带形基础、独立基础、满堂基础、桩承台基础。相关规定:<br>1. 有肋带形基础、无肋带形基础应分别编码列项,并注明肋高<br>2. 箱式满堂基础及框架式设备基础中柱、梁、墙、板按现浇混凝土柱、梁、墙、板分别编码列项<br>3. 箱式满堂基底板按满堂基础项目列项,框架设备基础的基础部分按设备基础列项 |
| 现浇混凝土柱 | $m^3$ | 按设计图示尺寸以体积计算。不扣除构件内钢筋、预埋铁件所占体积。包括矩形柱、构造柱、异形柱。柱高计算的相关规定:<br>1. 有梁板的柱高,应自柱基上表面(或楼板上表面)至上一层楼板上表面之间的高度计算<br>2. 无梁板的柱高,应自柱基上表面(或楼板上表面)至柱帽下表面之间的高度计算<br>3. 框架柱的柱高应自柱基上表面至柱顶高度计算<br>4. 构造柱按全高计算,嵌接墙体部分(马牙槎)并入柱身体积<br>5. 依附柱上的牛腿和升板的柱帽,并入柱身体积计算 |

▶ 建筑工程定额与预算

表 3-21（续）

| 项目名称 | 计量单位 | 计 算 规 则 |
|---|---|---|
| 现浇混凝土梁 | m³ | 按设计图示尺寸以体积计算。包括：基础梁、矩形梁、异形梁、圈梁、过梁、弧形梁、拱形梁。相关规定：<br>1. 不扣除构件内钢筋、预埋铁件所占体积，伸入墙内的梁头、梁垫并入梁体积内<br>2. 梁长：梁与柱连接时，梁长算至柱侧面；主梁与次梁连接时，次梁长算至主梁侧面 |
| 现浇混凝土墙 | m³ | 按设计图示尺寸以体积计算。包括：直形墙、弧形墙、短肢剪力墙、挡土墙。相关规定：<br>1. 不扣除构件内钢筋、预埋铁件所占体积，扣除门窗洞口及单个面积大于 0.3 m² 的孔洞所占体积，墙垛及突出墙面部分并入墙体积内计算<br>2. 短肢剪力墙是指截面厚度不大于 300 mm，各肢截面高度与厚度之比的最大值大于 4 但不大于 8 的剪力墙<br>3. 各肢截面高度与厚度之比的最大值不大于 4 的剪力墙按柱项目列项 |
| 有梁板<br>无梁板<br>平板<br>拱板<br>薄壳板<br>栏板 | m³ | 按设计图示尺寸以体积计算。相关规定：<br>1. 不扣除构件内钢筋、预埋铁件及单个面积≤0.3 m² 的柱、垛以及孔洞所占体积<br>2. 压型钢板混凝土楼板扣除构件内压型钢板所占体积<br>3. 有梁板（包括主、次梁与板）按梁、板体积之和计算<br>4. 无梁板按板和柱帽体积之和计算<br>5. 各类板伸入墙内的板头并入板体积内计算<br>6. 薄壳板的肋、基梁并入薄壳体积内计算 |
| 天沟（檐沟）<br>挑檐板 | m³ | 按设计图示尺寸以体积计算 |
| 雨篷<br>悬挑板<br>阳台板 | m³ | 按设计图示尺寸以墙外部分体积计算。相关规定：<br>1. 包括伸出墙外的牛腿和雨篷反挑檐的体积<br>2. 现浇挑檐、天沟板、雨篷、阳台与板（包括屋面板、楼板）连接时以外墙外边线为分界线<br>3. 与圈梁（包括其他梁）连接时，以梁外边线为分界线。外边线以外为挑檐、天沟、雨篷 |
| 空心板 | m³ | 按设计图示尺寸以体积计算。空心板（GBF 高强薄壁蜂巢芯板等）应扣除空心部分体积 |
| 现浇混凝土楼梯 | m²、m³ | 按设计图示尺寸以水平投影面积计算，不扣除宽度≤500 mm 的楼梯井，伸入墙内部分不计算；或按设计图示尺寸以体积计算。包括：直形楼梯、弧形楼梯。相关规定：<br>1. 整体楼梯（包括直形楼梯、弧形楼梯）水平投影面积包括休息平台、平台梁、斜梁和楼梯的连接梁<br>2. 当整体楼梯与现浇楼板无梯梁连接时，以楼梯的最后一个踏步边缘加 300 mm 为界 |

## 二、现浇混凝土其他构件清单计算规则

现浇混凝土其他构件清单计算规则见表3-22。

表3-22 现浇混凝土其他构件清单计算规则

| 项目名称 | 计量单位 | 计 算 规 则 |
|---|---|---|
| 散水、坡道、室外地坪 | $m^2$ | 按设计图示尺寸以面积计算,不扣除单个面积≤0.3 $m^2$的孔洞所占面积。不扣除构件内钢筋、预埋铁件所占体积 |
| 电缆沟、地沟 | m | 按设计图示尺寸以中心线长度计算 |
| 台阶 | $m^2$、$m^3$ | 按设计图示尺寸水平投影面积计算,或按设计图示尺寸以体积计算 |
| 扶手、压顶 | m、$m^3$ | 按设计图示的中心线延长米计算,或按设计图示尺寸以体积计算 |
| 化粪池、检查井 | $m^3$、座 | 按设计图示尺寸以体积计算,或按设计图示数量计算 |
| 其他构件 | $m^3$ | 主要包括现浇混凝土小型池槽、垫块、门框等,按设计图示尺寸以体积计算 |
| 后浇带 | $m^3$ | 按设计图示尺寸以体积计算 |

## 三、预制混凝土构件清单计算规则

预制混凝土构件清单计算规则见表3-23。

表3-23 预制混凝土构件清单计算规则

| 项目名称 | 计量单位 | 计 算 规 则 |
|---|---|---|
| 预制混凝土柱、梁 | $m^3$、根 | 均按设计图示尺寸以体积计算,不扣除构件内钢筋、预埋铁件所占体积,预制混凝土柱包括矩形柱、异形柱;预制混凝土梁包括矩形梁、异形梁、过梁、拱形梁、鱼腹式吊车梁等。或按设计图示尺寸以数量计算 |
| 预制混凝土屋架 | $m^3$、榀 | 按设计图示尺寸以体积计算,不扣除构件内钢筋、预埋铁件所占体积;包括折线型屋架、组合屋架、薄腹屋架、门式刚架屋架、天窗架屋架。三角形屋架应按折线型屋架项目编码列项。或按设计图示尺寸以数量计算 |
| 预制混凝土板 | $m^3$、块 | 1. 平板、空心板、槽形板、网架板、折线板、带肋板、大型板。按设计图示尺寸以体积计算,不扣除构件内钢筋、预埋铁件及单个尺寸≤300 mm×300 mm的孔洞所占体积,扣除空心板空洞体积;或按设计图示尺寸以数量计算<br>2. 沟盖板、井盖板、井圈,按设计图示尺寸以体积计算,或按设计图示尺寸以数量计算 |

表3-23（续）

| 项目名称 | 计量单位 | 计 算 规 则 |
|---|---|---|
| 预制混凝土楼梯 | m³、块 | 按设计图示尺寸以体积计算，扣除空心踏步板空洞体积；或按设计图示数量计算。以块计时，项目特征必须描述单件体积 |
| 其他预制构件 | m³、m²、根 | 包括烟道、垃圾道、通风道及其他构件（预制钢筋混凝土小型池槽、压顶、扶手、垫块、隔热板、花格等，按其他构件项目编码列项）按设计图示尺寸以体积计算，不扣除单个面积≤300 mm×300 mm的孔洞所占体积，扣除烟道、垃圾道、通风道的孔洞所占体积；或按设计图示尺寸以面积计算，不扣除单个面积≤300 mm×300 mm的孔洞所占面积；或按设计图示尺寸以数量计算 |

## 四、钢筋工程清单计算规则

钢筋工程清单计算规则见表3-24。

表3-24 钢筋工程清单计算规则

| 项目名称 | 计量单位 | 计 算 规 则 | | | |
|---|---|---|---|---|---|
| 现浇混凝土钢筋 预制构件钢筋 钢筋网片 钢筋笼 | t | 1. 均按设计图示钢筋（网）长度（面积）乘以单位理论质量计算。<br>2. 现浇构件中伸出构件的锚固钢筋应并入钢筋工程量内。除设计（包括规范规定）标明的搭接外，其他施工搭接不计算工程量，在综合单价中综合考虑<br>3. 现浇构件中固定位置的支撑钢筋、双层钢筋用的"铁马"在编制工程量清单时，如果设计未明确，其工程数量可为暂估量，结算时按现场签证数量计算 | | | |
| 先张法预应力钢筋 | t | 按设计图示钢筋长度乘以单位理论质量计算 | | | |
| 后张法预应力钢筋、钢丝、钢绞线 | t | 低合金钢筋 | 两端螺杆 | 减0.35 m | |
| | | | 一端螺杆、一端镦头插片 | 按孔道长度 | |
| | | | 一端帮条、一端镦头插片 | 加0.15 m | |
| | | | 两端帮条 | 加0.3 m | |
| | | | 后张自锚时 | 加0.35 m | |
| | | 碳素钢丝 | JM、XM、QM型锚具 | 孔道长度<20 m，钢筋长度增加1 m | 孔道长度>20 m，钢筋长度增加1.8 m |
| | | | 采用锥形锚具 | | |
| | | | 采用镦头锚具 | 增加0.35 m | |

# 项目七 金属工程

## 任务一 金属工程定额计算规则

3.7金属工程

【任务目标】

计算各类金属工程的定额量。

【任务知识】

### 一、工程量定额计算规则

金属结构构件制作包括工厂化制作和现场制作两部分,工程量应分别计算。

(1) 金属结构构件制作、安装、运输工程量按设计尺寸以 t 计算,不扣除孔眼、切角质量。所需焊条、螺栓等质量,已包括在定额内,不另计算。在计算不规则或多边形钢板质量时均以其最大对角线乘以最大宽度的矩形面积计算,型钢则以最大长度计算。

(2) 柱上的牛腿及悬臂梁应计入柱身主材质量内。

(3) 制动梁的制作、运输、安装工程量包括制动梁、制动桁架、制动板质量。

(4) 墙架制作运输、安装工程量包括墙架柱、墙架梁及连接杆质量。

(5) 金属结构工程,设计要求进行无损探伤检验者,按设计要求检验项目计算。

(6) 金属结构构件按表3-25分类。

表3-25 金属结构构件类别

| 构件类别 | 构 件 名 称 |
|---|---|
| Ⅰ类 | 钢柱、屋架、托架梁、防风桁架 |
| Ⅱ类 | 梁、钢天沟、型钢檩条、钢支撑、爬梯、平台、操作台、走道休息台、扶梯、钢吊车梯台、零星构件、集中加工的铁件 |
| Ⅲ类 | 墙架、挡风架、天窗架、檩条、轻型屋架、管道架、网架 |

### 二、调整系数

(1) 金属结构构件制作定额是按普通碳钢焊接制定的,如用16锰钢主材,用506、507型焊条焊接时,其制作人工用量乘系数1.10。

(2) 钢柱安装在混凝土柱上时,定额项目的人工、机械用量乘系数1.43。

(3) 单层房屋屋盖系统构件必须在跨外安装时,将相应构件安装定额的人工、机械用量乘系数1.18;采用塔式起重机和卷扬机安装时不再调整。

### 三、说明

（1）工厂化制作金属构件的制作费用，应以工程造价管理机构适时发布的指导价格计算。

（2）金属结构构件制作项目中已包括清除微锈、轻锈的工料，若设计要求必须除中锈及重锈者，方可计算除锈费用，其工程量按除锈部位的制作工程量计算。

（3）金属结构构件安装定额是按汽车式起重机、塔式起重机分别编制的。

（4）金属结构构件安装是按机械起吊点中心回转半径 15 m 以内的距离制定的，如超出 15 m 时，应按构件运输定额计算。

（5）金属结构构件安装定额中为普通螺栓，若使用高强、化学及其他螺栓时，应换算材料费，人工费和机械费不变。拼装定额内未包括拼装所需的连接螺栓。

（6）屋架单榀质量在 1 t 以下者，按轻型屋架定额计算。

（7）屋架、天窗架安装定额中，不包括拼装工序；如需拼装时，应再计算拼装项目。

（8）弧形单轨吊车梁项目亦适用于环形单轨吊车梁。

（9）定额中缺项的金属结构构件，除另有规定者外，单件质量在 20 kg 以上的小型构件，按零星构件定额计算；单件质量在 20 kg 以内的小型构件，按铁件定额计算。

（10）金属结构构件运输定额适用于由构件堆放场地或构件加工厂至施工现场 50 km 以内的运输，超过 50 km 的另行计算。

（11）定额中已包括起重机械、运输机械行驶道路的修整铺垫工作的人工，如采用材料铺筑时，另按有关规定计算。

（12）金属结构工程，设计要求必须采用喷砂除锈者，方可计算喷砂除锈费用，其工程量按除锈部位的制作工程量计算。

（13）型钢混凝土组合结构中的梁、柱安装按本章相应定额项目计算。

## 任务二　金属工程清单计算规则与定额计算规则对比

【任务目标】
(1) 区分定额计算规则与清单计算规则的不同。
(2) 计算金属工程的清单工程量。

【任务知识】
金属工程清单计算规则见表 3-26。

表 3-26　金属工程清单计算规则

| 项目名称 | 计量单位 | 计 算 规 则 |
|---|---|---|
| 钢网架 | t | 在报价中应考虑金属构件的切边、不规则及多边形钢板发生的损耗 |

模块三 工程量计算

表 3-26（续）

| 项目名称 | 计量单位 | 计 算 规 则 |
|---|---|---|
| 钢屋架 | 榀、t | 按设计图示数量计算，或按设计图示尺寸以质量计算 |
| 钢托架、钢桁架、钢架桥 | t | 按设计图示尺寸以质量计算 |
| 实腹柱、空腹柱 | t | 1. 依附在钢柱上的牛腿及悬臂梁等并入钢柱工程量内<br>2. 实腹钢柱类型指十字、T、L、H形等；空腹钢柱类型指箱形、格构等 |
| 钢管柱 | t | 1. 钢管柱上的节点板、加强环、内衬管、牛腿等并入钢管柱工程量内<br>2. 型钢混凝土柱浇筑钢筋混凝土，其混凝土和钢筋应按混凝土及钢筋混凝土工程中相关项目编码列项 |
| 钢梁、钢吊车梁 | t | 1. 制动梁、制动板、制动桁架、车挡并入钢吊车梁工程量内<br>2. 型钢混凝土梁浇筑钢筋混凝土，其混凝土和钢筋应按混凝土及钢筋混凝土工程中相关项目编码列项 |
| 钢支撑、钢拉条、钢檩条、钢天窗架、钢挡风架、钢墙架、钢平台、钢走道、钢梯、钢栏杆、钢支架、零星钢构件 | t | 1. 钢墙架项目包括墙架柱、墙架梁和连接杆件<br>2. 加工铁件等小型构件，应按零星钢构件项目编码列项 |
| 钢漏斗、钢板天沟 | t | 依附漏斗的型钢并入漏斗或天沟工程量内 |
| 压型钢板楼板 | m² | 按设计图示尺寸以铺设水平投影面积计算，不扣除单个面积≤0.3 m²的柱垛及孔洞所占面积 |
| 压型钢板墙板 | m² | 按设计图示尺寸以铺挂面积计算，不扣除单个面积≤0.3 m²的梁、孔洞所占面积，包角、包边、窗台泛水等不另加面积 |
| 成品空调金属百页护栏、成品栅栏、金属网 | m² | 按设计图示尺寸以框外围展开面积计算 |
| 成品雨篷 | m、m² | 按设计图示接触边以长度计算，或按设计图示尺寸以展开面积计算 |
| 砌块墙钢丝网加固、后浇带金属网 | m² | 按设计图示尺寸以面积计算 |

# 项目八 木结构工程

## 任务一 木结构工程定额计算规则

3.8木结构

【任务目标】

计算各类木结构工程的定额量。

▶ 建筑工程定额与预算

【任务知识】

## 一、工程量定额计算规则

（1）木屋架和檩条的工程量按竣工木料体积以 $m^3$ 计算，附属于其上的木夹板、垫木、风撑、挑檐木、檩条三角条均按竣工木料体积并入屋架、檩条工程量内。单独挑檐木并入檩条工程量内。檩托木、檩垫木已包括在定额项目内，不再另行计算。

（2）圆木屋架上的挑檐木、风撑等设计规定为方木时，应将方木竣工木料体积乘以系数 1.7 折合成圆木并入圆木屋架工程量内。

（3）简支檩木长度设计无规定时，按相邻屋架或山墙中距增加 0.20 m 接头计算，两端出山檩条算至搏风板；连续檩的长度按设计长度增加 5% 的接头长度计算。

（4）需要刨光的屋架、檩条、屋面板等在计算竣工木料体积时，应加刨光损耗。方木按一面刨光加 3 mm 计算，两面刨光加 5 mm 计算；圆木刨光按每 $m^3$ 竣工木料体积增加 $0.05\ m^3$ 计算；板按一面刨光加 2 mm 计算，两面刨光加 3.5 mm 计算。

（5）椽子、屋面板、挂瓦条、竹帘子工程量按屋面斜面积以 $m^2$ 计算，屋面烟囱、人孔及斜沟所占面积不扣除。

（6）封檐板工程量按设计图示檐口外围长度以 m 计算。搏风板按斜长度计算，每个大刀头增加长度 0.50 m。

（7）带气楼的屋架，其气楼屋架并入所依附屋架工程量内计算。

（8）屋架的马尾、折角和正交部分半屋架，并入相连屋架工程量内计算。

（9）钢木屋架工程量按屋架的竣工木料体积以 $m^3$ 计算，定额内已包括钢构件的用量，不再另行计算。

## 二、说明

（1）定额中木材木种是综合取定的，木种不同时，不再调整。

（2）屋架的跨度是指屋架两端上、下弦中心线交点之间的长度。

（3）支撑屋架的混凝土垫块，应按混凝土工程中相应定额项目计算。

（4）木屋架、钢木屋架定额项目中的钢板、型钢、圆钢用量与设计不同时，按设计数量另加 6% 损耗进行换算，其他不再调整。

## 任务二　木结构工程清单计算规则与定额计算规则对比

【任务目标】

（1）区分定额计算规则与清单计算规则的不同。

（2）计算木结构工程的清单工程量。

【任务知识】

木结构工程清单计算规则见表 3-27。

表3-27 木结构工程清单计算规则

| 项目名称 | 计量单位 | 计算规则 |
| --- | --- | --- |
| 木屋架 | 榀、$m^3$ | 按设计图示数量计算,或按设计图示的规格尺寸以体积计算。带气楼的屋架和马尾、折角以及正交部分的半屋架,应按相关屋架项目编码列项 |
| 钢木屋架 | 榀 | 按设计图示数量计算。钢拉杆、受拉腹杆、钢夹板、连接螺栓应包括在报价内 |
| 木柱、木梁 | $m^3$ | 按设计图示尺寸以体积计算 |
| 木檩条 | $m^3$、m | 按设计图示尺寸以体积计算,或按设计图示尺寸以长度计算 |
| 木楼梯 | $m^2$ | 按设计图示尺寸以水平投影面积计算,不扣除宽度小于或等于300 mm的楼梯井,伸入墙内部分不计算。木楼梯的栏杆(栏板)、扶手,应按其他装饰工程中的相关项目编码列项 |
| 其他木构件 | $m^3$、m | 按设计图示尺寸以体积或长度计算 |

# 项目九 门 窗 工 程

## 任务一 门窗工程定额计算规则

【任务目标】
(1) 计算门窗工程的定额量。
(2) 计算门窗工程各项定额工程量与清单工程量。

3.9门窗工程

【任务知识】

### 一、工程量定额计算规则

(1) 各类门窗工程量按设计洞口尺寸以 $m^2$ 计算,无框者按扇外围尺寸计算。

(2) 纱窗扇安装工程量按扇外围尺寸以 $m^2$ 计算。

(3) 防火卷帘门工程量按楼面或地面距端板顶点的高度乘门的宽度以 $m^2$ 计算。

(4) 卷帘门安装工程量按门洞口高度增加 0.60 m 乘以门洞宽度以 $m^2$ 计算。电动装置安装以套计算,活动小门以个计算。

(5) 电子感应门、旋转门、电子刷卡智能门的安装按樘计算,电动伸缩门按 m 计算,电动装置安装以套计算。

(6) 门连窗应分别计算工程量。窗的宽度应计算至门框外边。

(7) 不锈钢格栅门、防盗门窗工程量按设计洞口尺寸以 $m^2$ 计算。

(8) 防盗栅栏按展开面积以 $m^2$ 计算。

▶ 建筑工程定额与预算

（9）飘窗按外边框展开面积以 $m^2$ 计算。

（10）钢木大门安装工程量按扇外围面积以 $m^2$ 计算。

（11）钢板大门、铁栅门安装工程量按质量以 t 计算。

## 二、说明

（1）门窗安装所用的小五金（普通合页、螺丝）费用已包括在相应定额项目内，不再另行计算。其他五金配件按门窗配套装饰及其他相应定额项目计算。

（2）顶橱门、壁柜门定额项目中已包括橱内的隔断、格板、地板、挂衣架等工料，不再另行计算。

（3）木门窗中的玻璃门适用于木框玻璃门，全玻璃门窗中的有框全玻门适用于钢框、不锈框玻璃门。

（4）无框、有框全玻门包括不锈钢板门夹、拉手、地弹簧等。

（5）附框的材质、规格实际使用与定额不同时，可进行换算。

## 任务二　门窗工程清单计算规则与定额计算规则对比

【任务目标】

(1) 区分定额计算规则与清单计算规则的不同。

(2) 计算门窗工程的清单工程量。

【任务知识】

门窗工程清单计算规则见表3-28。

表3-28　门窗工程清单计算规则

| 项目名称 | 计量单位 | 计 算 规 则 |
|---|---|---|
| 木质门<br>木质门带套<br>木质连窗门<br>木质防火门 | 樘、$m^2$ | 按设计图示数量计算，项目特征必须描述洞口尺寸；或按设计图示洞口尺寸以面积计算，项目特征可不描述洞口尺寸。相关规定：<br>1. 木门五金应包括：折页、插销、门碰珠、弓背拉手、搭机、木螺丝、弹簧折页（自动门）、管子拉手（自由门、地弹门）、地弹簧（地弹门）、角铁、门轧头（地弹门、自由门）等<br>2. 木质门带套计量按洞口尺寸以面积计算，不包括门套的面积，但门套应计算在综合单价中 |
| 木门框 | 樘、m | 按设计图示数量计算，或按设计图示框的中心线以延长米来计算。木门框项目特征除了描述门代号及洞口尺寸、防护材料的种类外，还需描述框截面尺寸 |
| 门锁安装 | 个、套 | 按设计图示数量计算 |

## 模块三 工程量计算

表3-28（续）

| 项目名称 | 计量单位 | 计 算 规 则 |
|---|---|---|
| 金属门 | 樘、m² | 按设计图示数量计算，项目特征必须描述洞口尺寸，没有洞口尺寸必须描述门框或扇外圈尺寸；或按设计图示洞口尺寸以面积计算（无设计图示洞口尺寸，按门框、扇外围面积计算），项目特征可不描述洞口尺寸及框、扇的外围尺寸。包括：金属（塑钢）门、彩板门、钢质防火门、防盗门 |
| 金属卷帘（闸）门 | 樘、m² | 工程量按设计图示数量计算，项目特征必须描述洞口尺寸；或按设计图示洞口尺寸以面积计算，项目特征可不描述洞口尺寸。包括：金属卷帘（闸）门、防火卷帘（闸）门 |
| 厂库房大门 | 樘、m² | 工程量按设计图示数量计算，项目特征必须描述洞口尺寸，没有洞口尺寸必须描述门框或扇外围尺寸。工程量以 m² 计算，无设计图示洞口尺寸，按门框、扇外围以面积计算，项目特征可不描述洞口尺寸及框、扇的外围尺寸 |
| 木板大门<br>钢木大门<br>全钢板大门 | 樘、m² | 工程量按设计图示数量计算，项目特征必须描述洞口尺寸，没有洞口尺寸必须描述门框或扇外围尺寸；或按设计图示洞口尺寸以面积计算 |
| 金属格栅门 | 樘、m² | 工程量按设计图示数量计算，项目特征必须描述洞口尺寸，没有洞口尺寸必须描述门框或扇外围尺寸；或按设计图示洞口尺寸以面积计算 |
| 特种门 | 樘、m² | 工程量按设计图示数量计算，项目特征必须描述洞口尺寸，没有洞口尺寸必须描述门框或扇外围尺寸；或按设计图示洞口尺寸以面积计算 |
| 钢质花饰大门 | 樘、m² | 工程量按设计图示数量计算，项目特征必须描述洞口尺寸，没有洞口尺寸必须描述门框或扇外围尺寸；或按设计图示洞口尺寸以面积计算 |
| 防护铁丝门 | 樘、m² | 工程量按设计图示数量计算，项目特征必须描述洞口尺寸，没有洞口尺寸必须描述门框或扇外围尺寸；或按设计图示洞口尺寸以面积计算 |
| 木飘（凸）窗<br>木橱窗 | 樘、m² | 工程量按设计图示数量计算，或按设计图示尺寸以框外围展开面积计算 |
| 木纱窗 | 樘、m² | 工程量按设计图示数量计算，或按框的外围尺寸以面积计算 |
| 金属窗 | 樘、m² | 对于金属橱窗、飘（凸）窗以樘计量，项目特征必须描述框外围展开面积。在工程量计算时，当以 "m²" 计量，无设计图示洞口尺寸，按窗框外围以面积计算 |
| 金属（塑钢、断桥）窗<br>金属防火窗<br>金属百叶窗 | 樘、m² | 工程量按设计图示数量计算，或按设计图示洞口尺寸以面积计算 |

表3-28（续）

| 项目名称 | 计量单位 | 计算规则 |
|---|---|---|
| 金属纱窗 | 樘、m² | 工程量按设计图示数量计算，或按设计图示尺寸以框外围面积计算 |
| 金属（塑钢、断桥）橱窗<br>金属（塑钢、断桥）飘（凸）窗 | 樘、m² | 工程量按设计图示数量计算，或按设计图示尺寸以框外围展开面积计算 |
| 彩板窗<br>复合材料窗 | 樘、m² | 工程量按设计图示数量计算，或按设计图示洞口尺寸或框外围以面积计算 |
| 木门窗套 | 樘、m²、m | 工程量按设计图示数量计算，或按设计图示尺寸以展开面积计算，或按设计图示中心以延长米计算。包括：木筒子板、饰面夹板筒子板、金属门窗套、石材门窗套、成品木门窗套 |
| 门窗贴脸 | 樘、m | 工程量按设计图示数量计算，或按设计图示尺寸以延长米计算 |
| 窗台板 | m² | 按设计图示尺寸以展开面积计算。包括：木窗台板、铝塑窗台板、石材窗台板、金属窗台板 |
| 窗帘 | m、m² | 按设计图示尺寸以成活后长度计算，项目特征必须描述窗帘高度和宽；或按图示尺寸以成活后展开面积计算。<br>在项目特征描述中，窗帘若是双层，项目特征必须描述每层材质 |
| 木窗帘盒 | m | 按设计图示尺寸以长度计算。包括：饰面夹板、塑料窗帘盒、铝合金窗帘盒、窗帘轨 |

# 项目十 屋面与防水工程

## 任务一 屋面与防水工程定额计算规则

3.10屋面与防水工程

【任务目标】

说出防水弯起部分的工程量。

【任务知识】

### 一、工程量定额计算规则

1. 屋面

（1）瓦屋面、波纹瓦屋面、型材屋面、玻璃钢瓦屋面、卷材屋面、涂膜屋面（包括挑檐部分）工程量按设计图示尺寸的水平投影面积乘以屋面坡度系数表中的屋面延尺系数以 m² 计算（表3-29），不扣除屋面上烟囱、风帽底座、屋面小气窗、斜沟及 0.3 m² 以内孔洞所占面积，屋面小气窗出檐与屋面重叠部分的面积亦不增加。

表3-29 屋面坡度系数

| 坡 度 | | | 延迟系数 $C$ ($A=1$) | 隅延尺系数 $D$ ($A=1$) |
|---|---|---|---|---|
| $B$ ($A=1$) | $B/2A$ | 角度 $\theta$ | | |
| 1.000 | 1/2 | 45° | 1.4142 | 1.7320 |
| 0.750 | — | 36°52′ | 1.2500 | 1.6088 |
| 0.700 | — | 35° | 1.2207 | 1.5780 |
| 0.660 | 1/3 | 33°40′ | 1.2015 | 1.5632 |
| 0.650 | — | 33°01′ | 1.1927 | 1.5564 |
| 0.600 | — | 30°58′ | 1.1662 | 1.5362 |
| 0.577 | — | 30° | 1.1545 | 1.5274 |
| 0.550 | — | 28°49′ | 1.1413 | 1.5174 |
| 0.500 | 1/4 | 26°34′ | 1.1180 | 1.5000 |
| 0.450 | — | 24°14′ | 1.0966 | 1.4841 |
| 0.400 | 1/5 | 21°48′ | 1.0770 | 1.4697 |
| 0.350 | — | 19°47′ | 1.0595 | 1.4569 |
| 0.300 | — | 16°42′ | 1.0440 | 1.4457 |
| 0.250 | 1/8 | 14°02′ | 1.0308 | 1.4361 |
| 0.200 | 1/10 | 11°19′ | 1.0198 | 1.4283 |
| 0.150 | — | 8°32′ | 1.0112 | 1.4221 |
| 0.125 | 1/16 | 7°8′ | 1.0078 | 1.4197 |
| 0.100 | 1/20 | 5°42′ | 1.0050 | 1.4177 |
| 0.083 | 1/24 | 4°45′ | 1.0035 | 1.4166 |
| 0.066 | 1/30 | 3°49′ | 1.0022 | 1.4157 |

（2）天窗出檐与屋面重叠部分的面积，并入相应屋面工程量内计算。瓦屋面出檐口的尺寸应按设计规定计算；如设计无规定时，除了小青瓦按 5 cm 计算外，其他瓦应按 7 cm 计算。

（3）卷材、涂膜屋面中弯起部分按设计规定计算；如设计无规定时，变形缝、女儿墙应按弯起 30 cm 计算；天窗部分应按弯起 50 cm 计算，并入相应屋面工程量内。

（4）涂膜屋面的油膏嵌缝、玻璃布盖缝、屋面分格缝以延长米计算。

（5）铁皮落水管、檐沟、泛水、水斗、雨水口等排水构件以设计尺寸按展开面积计算。如设计图无尺寸时，可按铁皮排水单体零件工程量折算表（表3-30）计算。落水管的长度应按水斗下口以下的长度计算。

表3-30 铁皮排水单体零件工程量折算

| 名称 | 单位 | 铁皮排水/m² | |
|---|---|---|---|
| | | 带铁件部分<br>落水管、檐沟、漏斗、水斗、下水口 | 不带铁件部分<br>天沟、斜沟、天窗台泛水、天窗侧面泛水、烟囱泛水、通气管泛水、滴水檐头 |
| 落水管 | m | 0.32 | |
| 檐沟 | m | 0.30 | |
| 漏斗 | 个 | 0.40 | |
| 水斗 | 个 | 0.16 | |
| 下水口 | 个 | 0.45 | |
| 天沟 | m | | 1.30 |
| 斜沟、天窗台泛水 | m | | 0.50 |
| 天窗侧面泛水 | m | | 0.70 |
| 烟囱泛水 | m | | 0.80 |
| 通气管泛水 | m | | 0.22 |
| 滴水檐头 | m | | 0.24 |
| 滴水 | m | | 0.11 |

（6）铸铁落水管应区别不同管径按设计尺寸以延长米计算。雨水口、水斗、弯头所占位置不扣除，另按个计算。

（7）塑料落水管（PVC）应区别不同管径按设计尺寸以延长米计算。塑料雨水口、弯头（PVC）所占位置不扣除，应另按个计算。

（8）不锈钢落水管按设计尺寸以延长米计算。

2. 防水防潮工程

防水防潮层工程量均按设计图示尺寸以 m² 计算。应扣除凸出地面的构筑物、设备基础等所占的面积，不扣除附墙柱、垛、附墙烟囱及单个面积在 0.3 m² 以内的孔洞所占面积。平面与立面连接处高在 30 cm 以内者按其展开面积计算，并入相应平面定额项目工程量内；超过 30 cm 时，按相应立面定额项目计算。

3. 变形缝

（1）嵌缝工程量按不同材料的嵌缝体积以 m³ 计算。

（2）卷材、油毡、胶合板、铁皮、木板、橡胶板等盖缝均按设计的展开面积以 $m^2$ 计算。彩钢板、铝塑板盖缝按长度以延长米计算。变形缝木压条、止水带以缝的中心线长度以延长米计算。钢板盖缝按金属结构工程铁件安装项目计算。

## 二、调整系数

（1）小青瓦的规格与定额不同时，除瓦的数量可以换算外，其他工料不再调整。

（2）小青瓦屋面是按搭接三分之二计算的，搭接不同时，可调整瓦的数量，其他工料不再调整。

（3）波纹瓦屋面板是按 75 cm 宽度考虑的，如宽度不同时，波纹瓦可以换算，人工、机械及其他材料不变。

## 三、说明

（1）各种瓦屋面的脊雨出线（抹梢头灰）的工料已包括在定额内，不再另行计算。

（2）黏土瓦、水泥瓦屋面的屋脊以脊瓦作法为准，其他作法不再调整。

（3）卷材屋面及卷材防水的附加层、收头、接缝等工料均已包括在定额内，不再另行计算。

（4）普通卷材屋面及卷材防水均包括刷冷底子油一遍的工料，不再另行计算。

（5）铁皮落水管、檐沟及泛水定额项目内均已包括铁皮咬口和搭接的工料，不再另行计算。

（6）"一布二涂"或"二布三涂"项目，其"二涂""三涂"是指涂料构成防水层的层数，不是指涂刷的遍数。

（7）变形缝和止水带材料与设计不同时可进行换算。

（8）挑檐、檐口、雨篷、阳台等埋设的排水钢管按金属结构工程中的铁件安装定额项目计算。

（9）改性沥青屋面和墙、地面防水 6 mm、7 mm、8 mm 厚双层铺贴时，按基层处理子目扣减一遍基础处理工料。

## 任务二　屋面与防水工程清单计算规则与定额计算规则对比

【任务目标】

（1）区分定额计算规则与清单计算规则的不同。

（2）计算屋面与防水工程的清单工程量。

【任务知识】

（1）屋面工程清单计算规则见表 3-31。

（2）屋面防水工程清单计算规则见表 3-32。

（3）墙面防水、防潮工程清单计算规则见表 3-33。

表3-31 屋面工程清单计算规则

| 项目名称 | 计量单位 | 计算规则 |
| --- | --- | --- |
| 瓦、型材屋面 | m² | 注意：型材屋面、阳光板屋面、玻璃钢屋面的柱、梁、屋架，按金属结构工程、木结构工程中相关项目编码列项 |
| 阳光板玻璃钢屋面 | m² | 按设计图示尺寸以斜面积计算。不扣除屋面面积≤0.3 m²孔洞所占面积 |
| 膜结构屋面 | m² | 按设计图示尺寸以需要覆盖的水平投影面积计算 |

表3-32 屋面防水工程清单计算规则

| 项目名称 | 计量单位 | 计算规则 |
| --- | --- | --- |
| 屋面卷材防水 屋面涂膜防水 | m² | 按设计图示尺寸以面积计算。相关规定：<br>1. 斜屋顶（不包括平屋顶找坡）按斜面积计算<br>2. 平屋顶按水平投影面积计算。其中，不扣除：房上烟囱、风帽底座、风道、屋面小气窗和斜沟所占面积；屋面的女儿墙、伸缩缝和天窗等处的弯起部分并入屋面工程量内<br>3. 屋面找平层按楼地面装饰工程平面砂浆找平层项目编码列项<br>4. 屋面防水搭接及附加层用量不另行计算，在综合单价中考虑 |
| 屋面刚性防水 | m² | 按设计图示尺寸以面积计算，不扣除房上烟囱、风帽底座、风道等所占面积 |
| 屋面排水管 | m | 按设计图示尺寸以长度计算。设计未标注尺寸，以檐口至设计室外散水上表面垂直距离计算 |
| 屋面排（透）气管 | m | 按设计图示尺寸以长度计算 |
| 屋面（廊、阳台）泄（吐）水管 | 根、个 | 按设计图示数量计算 |
| 屋面天沟、檐沟 | m² | 按设计图示尺寸以展开面积计算 |
| 屋面变形缝 | m | 按设计图示尺寸以长度计算 |

表3-33 墙面防水、防潮工程清单计算规则

| 项目名称 | 计量单位 | 计算规则 |
| --- | --- | --- |
| 墙面卷材防水 | m² | 按设计图示尺寸以面积计算。包括：墙面涂膜防水、墙面砂浆防水（潮） |
| 墙面变形缝 | m | 按设计图示尺寸以长度计算。墙面变形缝，若做双面，工程量乘系数2 |
| 楼（地）面卷材防水 | m² | 按设计图示尺寸以面积计算。楼（地）面防水搭接及附加层用量不另行计算，按主墙间净空面积计算。相关规定：<br>1. 扣除凸出地面的构筑物、设备基础等所占面积<br>2. 不扣除间壁墙及单个面积≤0.3 m²的柱、垛、烟囱和孔洞所占面积，反边高度≤300 mm算作地面防水，反边高度>300 mm按墙面防水计算 |
| 楼（地）面变形缝 | m | 按设计图示尺寸以长度计算 |

## 项目十一　保温、隔热、防腐、防火工程

### 任务一　保温、隔热、防腐、防火工程定额计算规则

【任务目标】

说出保温隔热工程量定额计算规则。

【任务知识】

#### 一、工程量定额计算规则

（1）保温隔热层工程量除岩棉板保温、金属波纹拱形屋盖聚氨酯喷涂保温、石膏板保温、保温彩钢板、单面钢丝网聚苯乙烯保温板、聚苯颗粒保温砂浆、泡沫玻璃、酚醛保温板、膨胀硅酸盐水泥保温板、保温装饰一体板、耐碱玻璃纤维网格布、外墙水平防火隔离带按设计图示尺寸的不同厚度以 $m^2$ 计算外，其他均按设计图示尺寸以 $m^3$ 计算。

（2）保温隔热层的厚度按隔热材料（不包括胶结材料）净厚度计算。

（3）地坪隔热层工程量按围护结构墙体间净面积乘设计厚度以 $m^3$ 计算，不扣除柱、垛及单个面积在 $0.30\ m^2$ 以内孔洞所占体积。

（4）墙面隔热层工程量依据设计图示尺寸，外墙按隔热层中心线长度，内墙按隔热层净长度乘高度及厚度以 $m^3$ 计算。应扣除门窗洞口、管道穿墙洞口及单个面积在 $0.30\ m^2$ 以外孔洞所占的体积。独立墙体及混凝土板下铺贴隔热层，不扣除木框架、木龙骨及单个面积在 $0.30\ m^2$ 以内孔洞所占体积。

（5）柱保温隔热层工程量，按设计图示柱的隔热层中心线的展开长度乘以设计图示尺寸高度及厚度以 $m^3$ 计算。

（6）池槽隔热层工程量按池槽保温隔热层的实体积以 $m^3$ 计算。池壁按墙面定额项目计算，池底按地面定额项目计算。

（7）门窗洞口侧壁周围的保温隔热层工程量，并入墙面的保温隔热工程量内。

（8）梁头、连系梁等其他零星保温隔热工程量，并入墙面的保温隔热工程量内。

（9）柱帽保温隔热层工程量，并入天棚保温隔热层工程量内。

（10）防腐工程面层工程量均按设计图示尺寸以 $m^2$ 计算。平面防腐：扣除凸出地面的构筑物、设备基础以及单个面积在 $0.30\ m^2$ 以外的孔洞、柱、垛等所占的面积，门洞、空圈、暖气包槽、壁龛的开口部分不增加面积；立面防腐：扣除门、窗、洞口以及单个面积在 $0.30\ m^2$ 以外的孔洞、梁所占面积，门、窗洞口侧壁、垛突出部分按展开面积并入墙面面积内。

（11）踢脚板工程量按设计图示尺寸的长度乘高度以 $m^2$ 计算，应扣除门洞所占面积，

并相应增加侧壁展开面积。

（12）防腐卷材接缝、附加层、收头的工料已包括在定额中，不再另行计算。

（13）环氧自流平洁净地面工程量按设计图示尺寸面积以 $m^2$ 计算，应扣除凸出地面的构筑物、设备基础的面积。

（14）金属结构油漆防腐，其重量换算面积按构件实际展开面积进行计算或参考表3-34计算；混凝土面及抹灰面油漆防腐按设计图示尺寸以 $m^2$ 计算。

表3-34　金属结构油漆防腐重量面积换算

| 序号 | 金属制品名称 | 展开面积/$(m^2 \cdot t^{-1})$ | 序号 | 金属制品名称 | 展开面积/$(m^2 \cdot t^{-1})$ |
|---|---|---|---|---|---|
| 1 | 半截百叶钢窗 | 150 | 16 | 钢梁 | 27 |
| 2 | 钢折叠门 | 138 | 17 | 车挡 | 24 |
| 3 | 平开门、推拉门钢骨架 | 52 | 18 | 钢屋架、钢桁架（型钢为主） | 30 |
| 4 | 间壁 | 37 | 19 | 钢屋架、钢桁架（圆钢为主） | 42 |
| 5 | 钢柱 | 24 | 20 | 钢屋架、钢桁架（钢管为主） | 38 |
| 6 | 吊车梁 | 24 | 21 | 天窗架、挡风架 | 35 |
| 7 | 花式梁柱 | 24 | 22 | 墙架（实腹式） | 19 |
| 8 | 空花构件 | 24 | 23 | 墙架（格板式） | 31 |
| 9 | 操作台、走台、制动梁 | 27 | 24 | 屋架梁 | 27 |
| 10 | 支撑、拉杆 | 40 | 25 | 轻型屋架 | 54 |
| 11 | 型钢檩条 | 39 | 26 | 踏步式钢扶梯 | 40 |
| 12 | 轻钢檩条 | 86 | 27 | 金属脚手架 | 46 |
| 13 | 钢爬梯 | 45 | 28 | H型钢 | 22 |
| 14 | 钢栅栏门 | 65 | 29 | 零星铁件 | 50 |
| 15 | 钢栏杆窗栅 | 65 | | | |

（15）金属结构涂刷防火涂料工程量按质量以 t 计算。

## 二、调整系数

（1）弧形墙保温隔热墙面按直形墙定额项目人工乘系数1.10。

（2）各种胶泥、砂浆、混凝土配合比以及各种整体面层的厚度，如与设计不符时，可进行换算。各种块料面层的结合层、胶结料厚度及灰缝宽度不得调整。

（3）耐酸胶泥、砂浆、混凝土的粉料，如与设计不同时，可进行换算。

（4）花岗岩面层以六面剁斧的块料为准，结合层厚度为15 mm。如板底为毛面时，其结合层胶结料量可按设计厚度进行调整。

(5) 整体面层踢脚板按整体面层相应定额项目计算；块料面层踢脚板按立面砌块料面层相应定额项目计算，其人工乘系数1.20。

(6) 环氧自流平洁净地面中间层（刮腻子）按每层1 m厚度考虑，如设计要求施工厚度不同时，可按相应遍数进行调整。

(7) 金属结构的防火涂料厚度不同时，可进行换算。

(8) 金属结构涂料防腐定额按刷涂考虑，如设计要求为喷涂时，按相应定额项目人工乘系数0.50，材料乘系数1.07，机械乘系数2.20。

## 三、说明

(1) 保温工程中若采用轻骨料混凝土，按混凝土工程中相应定额项目计算。

(2) 石灰矿渣、石灰炉渣、水泥石灰矿渣、水泥石灰炉渣等平面保温，按普通楼地面相应定额项目计算。

(3) 保温层的保温材料配合比、材质、厚度与设计不同时，可进行换算。

(4) 抗裂保护层工程要求增加用塑料膨胀螺栓固定时，定额项目每 $m^2$ 增加：塑料膨胀螺栓6.12套，人工0.03工日，其他机械费0.05元。

(5) 墙面岩棉板保温及聚苯乙烯板保温项目如使用钢托架，钢托架按金属结构工程相应定额项目计算。

(6) 零星保温执行线条保温项目。

(7) 钢屑砂浆整体面层不包括水泥砂浆找平层，如设计要求有找平层者，按普通楼地面工程相应项目另行计算。

## 任务二　保温、隔热、防腐、防火工程清单计算规则与定额计算规则对比

【任务目标】

(1) 区分定额计算规则与清单计算规则的不同。

(2) 计算保温、隔热、防腐、防火工程的清单工程量。

【任务知识】

保温、隔热、防腐、防火工程清单计算规则见表3-35。

表3-35　保温、隔热、防腐、防火工程清单计算规则

| 项目名称 | 计量单位 | 计 算 规 则 |
|---|---|---|
| 保温隔热屋面 | $m^2$ | 按设计图示尺寸以面积计算。扣除面积>0.3 $m^2$ 孔洞所占面积 |
| 保温隔热天棚 | $m^2$ | 扣除面积>0.3 $m^2$ 孔洞，与天棚连接的梁按展开面积并入计算 |
| 保温隔热墙面 | $m^2$ | 扣除门窗洞口及面积>0.3 $m^2$ 孔洞，门窗洞口的侧壁与柱并入计算 |

表 3-35（续）

| 项目名称 | 计量单位 | 计算规则 | |
|---|---|---|---|
| 保温柱 | m² | 中心线展开长度×高度以 m² 计算，扣除面积＞0.3 m² 梁所占面积 | 适用于不与墙、天棚连接的独立柱、梁 |
| 保温梁 | m² | 中心线展开长度×长度以 m² 计算 | |
| 保温隔热楼地面 | m² | 扣除面积＞0.3 m² 孔洞 | |
| 平面防腐 | m² | 扣除：突出地面构筑物、设备基础及面积＞0.3 m² 孔洞。<br>不增加：门洞、空圈、暖气包槽、壁龛开口部分 | |
| 立面防腐 | m² | 扣除：门窗洞口及面积＞0.3 m 孔洞等面积。<br>按展开面积计算：门、窗、洞口侧壁、垛突出部分 | |
| 池、槽块料防腐 | m² | 按展开面积计算 | |
| 砌筑沥青浸渍砖 | m³ | 按体积计算 | |

# 项目十二　楼 地 面 工 程

## 任务一　楼地面工程定额计算规则

3.12 楼地面工程

【任务目标】

（1）区分整体面层与块料面层工程。

（2）计算整体面层与块料面层工程的定额工程量。

【任务知识】

### 一、工程量定额计算规则

（1）地面垫层工程量除原土夯卵石按主墙间设计尺寸的面积以 m² 计算外，其他均按主墙间设计尺寸的面积乘设计厚度以 m³ 计算，相应扣除凸出地面的构筑物、设备基础、室内铁道、地沟等所占体积，不扣除柱、墙垛、间壁墙、附墙烟囱及面积在 0.3 m² 以内孔洞所占面积或体积。

（2）基础、地沟垫层按设计规定放坡后的断面积乘长度以 m³ 计算，不放坡按设计断面尺寸乘长度以 m³ 计算。混凝土垫层按设计图示尺寸以 m³ 计算。

（3）地面整体面层、找平层工程量按主墙间图示尺寸的面积以 m² 计算，应扣除凸出地面的构筑物、设备基础、室内铁道、地沟等所占面积，不扣除附墙柱、墙垛、间壁墙、附墙烟囱及面积在 0.3 m² 以内孔洞所占面积，门洞、空圈、暖气包槽、壁龛开口部分的面积亦不增加。

(4) 楼梯面层工程量按水平投影面积以 m² 计算，包括踏步、平台、楼层连接梁及宽度 500 mm 以内的楼梯井。

(5) 台阶、防滑坡道面层工程量（不包括翼墙、花池和侧面）按最上层踏步外沿加 0.3 m 水平投影面积计算。

(6) 踢脚线工程量按延长米计算，洞口、空圈长度不予扣除，洞口、空圈、墙垛、附墙烟囱等侧壁长度亦不增加。

(7) 阳台地面的面层，并入相应楼地面工程量内计算。

(8) 楼地面块料面层、橡胶板、塑胶板、聚氨酯弹性安全地砖及球场面层、木地板（龙骨、基层、面层）、防静电地板、地毯工程量按设计图示的实铺面积以 m² 计算。

(9) 楼地面水磨石、浇筑式塑胶、水泥复合浆工程量按设计图示尺寸的面积以 m² 计算。应扣除凸出地面的构筑物、设备基础、室内铁道、地沟等所占面积，不扣除柱、墙垛、间壁墙、附墙烟囱及面积在 0.30 m² 以内孔洞所占面积，门洞、空圈、暖气包槽、壁龛开口部分的面积亦不增加。

(10) 楼梯面层工程量（包括踏步、休息平台、宽度 500 mm 以内楼梯井）按楼梯最上一层踏步外沿加 300 mm 以水平投影面积计算。

(11) 台阶面层工程量按最上层踏步外沿加 300 mm 以水平投影面积计算（不包括翼墙、花池和侧面）

(12) 踢脚板：①块料面层踢脚板工程量按设计图示实贴面积以 m² 计算；②橡胶板、塑胶板、成品踢脚板工程量按设计图示实贴长度以延长米计算；③水磨石踢脚板工程量按延长米计算，洞口、空圈长度不予扣除，洞口、空圈、墙垛、附墙烟囱等侧壁长度亦不增加。

(13) 点缀块料面层按个计算，楼地面块料面层计算工程量时不扣除点缀所占的面积。

(14) 防滑条、嵌条工程量按设计长度以 m 计算；楼梯、台阶踏步及坡道防滑条长度设计未注明时，按楼梯、台阶踏步及坡道两端长度距离减 300 mm 以延长米计算。

(15) 梯级拦水线按设计图示长度以 m 计算。

(16) 楼梯踏步地毯配件，按配件设计图示数量以长度或套计算。

## 二、调整系数

(1) 采用螺旋形楼梯时，应将相应面层的楼梯定额人工用量乘系数 1.2，整体面层材料用量乘系数 1.05；采用剪刀楼梯时，应将相应面层的楼梯定额人工用量乘系数 1.15，整体面层材料用量乘系数 1.15；楼梯踏步带三角形的按相应定额项目人工、材料、机械用量乘系数 1.5。

(2) 踢脚线定额内，踢脚板的高度是按 15 cm 计算的，设计规定高度与定额计算高度不同时，定额内的材料用量可进行换算，人工和机械用量不再调整。

(3) 地面块料斜拼,人工、块料消耗量乘系数 1.15。

(4) 楼梯、台阶大理石、花岗岩刷养护液、保护液时,按相应定额子目乘如下系数:楼梯 1.36,台阶 1.48。

(5) 使用螺旋楼梯时,应将相应面层的楼梯定额人工消耗量乘系数 1.2。

(6) 阶梯教室、休育看台等装饰,梯级平面部分套相应楼地面定额子目,人工、材料消耗量乘系数 1.05;立面部分按高度划分:300 mm 以内的套踢脚板定额子目,300 mm 以上的套墙面定额子目。

(7) 楼梯踢脚板按相应定额项目乘系数 1.25 计算。

(8) 拼花地毯,人工、材料消耗量乘系数 1.2。

## 三、说明

(1) 整体面层的楼地面定额项目及楼梯定额项目内,均不包括踢脚板工料。

(2) 楼梯定额项目内不包括楼梯板底抹灰,应按天棚抹灰项目另行计算。

(3) 楼梯踏步、台阶设计有防滑条时,应按装饰楼地面工程相应项目计算。

(4) 定额中的水泥砂浆、普通水泥白石子、白水泥石子浆等配合比,如设计规定与定额不同时,可进行换算。

(5) 大理石、花岗岩楼地面拼花按成品考虑。

(6) 水磨石面层包括找平层;其余楼地面定额项目不包括找平层,设计有找平层时按找平层相应项目计算。

(7) 现浇水磨石定额项目已包括楼地面酸洗打蜡,其余项目不包括。

(8) 楼梯面层不包括踢脚板、楼梯侧面及底板,应另行计算。

(9) 铺贴面积在 0.015 $m^2$ 以内的块料面层执行点缀定额。

(10) 定额中零星项目适用于楼梯侧面、台阶的牵边、小便池、蹲台、池槽以及单个面积在 1 $m^2$ 以内的装饰项目。

(11) 铜条厚度不同时可以换算。

(12) 白水泥彩色石子水磨石项目中,无加颜料内容,设计要求加颜料者,颜料费用应另行计算,定额中人工、机械消耗量不变。

(13) 面层材料的规格、材质与定额不同时,可以换算。

## 任务二 楼地面工程清单计算规则与定额计算规则对比

【任务目标】

(1) 区分定额计算规则与清单计算规则的不同。

(2) 计算楼地面工程的清单工程量。

【任务知识】

楼地面工程清单计算规则见表 3-36。

表3-36 楼地面工程清单计算规则

| 项目名称 | 计量单位 | 计 算 规 则 |
|---|---|---|
| 整体面层 | m² | 按设计图示尺寸以面积计算。<br>扣除：凸出地面构筑物、设备基础、室内铁道、地沟等所占面积。<br>不扣除：间壁墙和<0.3 m² 柱、垛、附墙烟囱及孔洞面积。<br>不增加：门洞、空圈、暖气包槽、壁龛的开口部分 |
| 块料面层<br>橡塑面层<br>其他面层 | m² | 按设计图示尺寸以面积计算。<br>并入：门洞、空圈、暖气包槽、壁龛的开口部分 |
| 踢脚线 | m²、m | 1. 工程量以"m²"计量，按设计图示长度乘高度以面积计算<br>2. 以"m"计量，按延长米计算 |
| 楼梯 | m² | 1. 按设计图示尺寸以楼梯（包括踏步、休息平台及≤500 mm的楼梯井）水平投影面积计算<br>2. 楼梯与楼地面相连时，算至梯口梁内侧边沿<br>3. 无梯口梁者，算至最上一层踏步边沿加300 mm |
| 台阶装饰 | m² | 按设计图示尺寸以台阶（包括最上层踏步边沿加300 mm）水平投影面积计算 |
| 零星装饰项目 | m² | 按设计图示尺寸以面积计算。楼梯、台阶侧面装饰，不大于0.5 m²少量分散的楼地面装修，应按零星装饰项目编码列项 |

# 项目十三 墙柱面装饰工程

## 任务一 墙柱面装饰工程定额计算规则

3.13墙柱面装饰工程

【任务目标】

计算墙柱面装饰工程的定额工程量。

【任务知识】

### 一、工程量定额计算规则

（一）抹灰工程

1. 内墙、柱抹灰

（1）内墙面抹灰工程量按内墙设计结构尺寸的抹灰面积以 m² 计算，应扣除门窗洞口和空圈所占的面积，不扣除踢脚板、挂镜线、0.3 m² 以内的孔洞和墙与构件交接处的面积，洞口侧壁、顶面、墙垛和附墙烟囱侧壁的面积应并入相应墙面抹灰工程量内。

(2) 内墙面和内墙裙抹灰长度以墙体间结构尺寸长度计算。

(3) 内墙面抹灰高度无墙裙时,其高度按室内地面或楼面至天棚底面的高度计算;有墙裙时,其高度按墙裙顶面至天棚底面的高度计算;有钉板天棚时,按室内地面或楼面至天棚底面另加 0.1 m 计算。内墙裙的高度以室内地面或楼面至墙裙顶面计算。

(4) 砖墙中嵌入的混凝土梁、柱面抹灰,并入砖墙面抹灰工程量内计算。

(5) 独立柱和单梁抹灰工程量按设计结构尺寸的展开面积以 $m^2$ 计算。

(6) 零星项目抹灰工程量按设计结构尺寸的展开面积以 $m^2$ 计算。

(7) 线条展开宽度在 0.3 m 以内按设计结构尺寸以延长米计算,展开宽度在 0.3 m 以外按设计结构尺寸的展开面积以 $m^2$ 计算。

2. 外墙、柱抹灰

(1) 外墙面抹灰工程量按外墙设计结构尺寸的抹灰面积以 $m^2$ 计算。应扣除门窗洞口、外墙裙和大于 0.3 $m^2$ 孔洞所占面积,洞口侧壁、顶面面积、附墙垛、梁、柱侧面抹灰面积并入外墙面抹灰工程量内计算。

(2) 外墙裙抹灰工程量按其长度乘高度以 $m^2$ 计算。扣除门窗洞口和大于 0.3 $m^2$ 孔洞所占面积,门窗洞口及孔洞的侧壁并入外墙抹灰面积。

(3) 零星抹灰定额项目按设计结构尺寸的展开面积以 $m^2$ 计算。

(4) 柱脚、柱帽抹线脚者,柱帽以设计结构尺寸的展开面积按天棚装饰线定额项目以 $m^2$ 计算;柱脚以设计结构尺寸的展开面积按墙柱抹灰的装饰线条定额项目以 $m^2$ 计算。其长度均以柱脚、柱帽最外层的线脚长度计算。

(5) 勾缝工程量按墙面垂直投影面积以 $m^2$ 计算,应扣除墙裙、墙面抹灰的面积,不扣除门窗洞口门窗套及腰线等零星抹灰所占的面积,附墙柱和门窗洞口侧壁的勾缝面积亦不增加。独立柱、房上烟筒勾缝,按图示尺寸以 $m^2$ 计算。

(6) 墙面分格按分格范围的墙面垂直投影面积以 $m^2$ 计算。

(7) 线条展开宽度在 0.3 m 以内按设计结构尺寸以延长米计算,展开宽度在 0.3 m 以外按设计结构尺寸的展开面积以 $m^2$ 计算。

(二) 墙柱面装饰工程

(1) 墙、柱面块料面层工程量按设计图示的实贴面积以 $m^2$ 计算。带龙骨的墙、柱面块料面层按饰面外围尺寸的实贴面积以 $m^2$ 计算。

(2) 干挂石材钢骨架按设计图示尺寸乘以单位理论质量以 t 计算。

(3) 后置预埋件按数量以个计算。

(4) 墙、柱(梁)龙骨、基层、面层均按设计图示尺寸的面层外围展开面积以 $m^2$ 计算。

(5) 零星项目块料面层工程量按设计图示的实贴面积以 $m^2$ 计算。

(6) 花岗岩、大理石柱墩、柱帽工程量按最大外围周长以 m 计算。

(7) 隔断、隔墙、屏风工程量按设计图示尺寸以 $m^2$ 计算。应扣除门窗洞口面积和大于 0.30 m² 以内的孔洞所占面积。

（8）墙面灯槽按设计图示尺寸以 m 计算。

（9）幕墙工程量按设计图示尺寸的外围面积以 m² 计算。①幕墙上悬窗增加费，按窗扇设计图示尺寸的外围面积以 m² 计算；②幕墙防火层按设计图示尺寸以幕墙镀锌铁皮的展开面积以 m² 计算；③通风器按设计图示尺寸以 m² 计算。

## 二、调整系数

（1）抹灰定额是按手工操作和机械喷涂综合制定的，操作方法不同时不再另行调整。

（2）计算圆形、锯齿形、不规则形的墙面抹灰，应将相应定额项目的人工乘系数 1.15。

（3）横孔连锁混凝土空心砌块墙，墙面抹灰按不同砂浆的混凝土墙面定额项目乘系数 1.15。

（4）洞口侧壁、顶面的抹灰工程量按设计结构尺寸的抹灰面积乘系数 0.7。

（5）计算圆弧形、锯齿形等不规则的墙、柱面装饰抹灰及镶贴块料项目时，应将相应定额的人工消耗量乘系数 1.15。

（6）弧形幕墙人工消耗量乘系数 1.10，材料弯弧费另行计算。

## 三、说明

（1）墙、柱面抹灰定额中包括护角线工料用量。

（2）一般抹灰项目中的"零星项目"适用于屋面构架、栏板、空调板、飘窗板、装饰性阳台、挑檐、天沟、通风道口、窗台线、门窗套、压顶、栏板、扶手、遮阳板、雨篷周边、楼梯边梁、各种壁柜、碗柜、过人洞、暖气壁、池槽、花台、展开宽度 0.3 m 以外的线条等以及 1 m² 以内的零星抹灰。

（3）线条抹灰适用于内外墙抹灰面展开宽度 0.3 m 以内的竖、横线条抹灰及腰线、宣传板边框等。

（4）抹灰厚度增加 10 mm 定额项目，是适用于设计梁宽与空心砖、多孔砖砌体规格不一致时，如设计要求梁、墙面抹灰为同一平面，除按各抹灰定额项目计算外，另按抹灰厚度增加 10 mm 定额项目计算。

（5）装饰抹灰工程量应按普通抹灰工程规定的工程量计算规则进行计算。

（6）饰面材料的规格、材质与定额不同时，可以换算。

（7）零星项目适用于挑檐、天沟、腰线、窗台线、门窗套、压顶、扶手、遮阳板、雨篷周边及面积小于 0.5 m² 以内的项目。

（8）石材幕墙定额消耗量内已综合考虑骨架制作安装，不再另行计算。

（9）干挂石材的钢骨架制作安装，按金属结构工程相应定额计算。

（10）主龙骨为 50 mm×100 mm 及以上规格的钢方管时，按石材幕墙定额项目计算；

主龙骨为其他型材时,按干挂石材定额项目计算。

(11) 墙面石材设计要求刷石材保护液的,按楼地面工程相应定额项目计算。

## 任务二 墙柱面装饰工程清单计算规则与定额计算规则对比

【任务目标】

(1) 区分定额计算规则与清单计算规则的不同。

(2) 计算墙柱面装饰工程的清单工程量。

【任务知识】

墙柱面装饰工程清单计算规则见表3-37。

表3-37 墙柱面装饰工程清单计算规则

| 项目名称 | 计量单位 | 计 算 规 则 |
| --- | --- | --- |
| 抹灰 | $m^2$ | 按设计图示尺寸以面积计算。<br>扣除:墙裙、门窗洞口及单个>0.3 $m^2$孔洞面积。<br>不扣除:踢脚线、挂镜线和墙与构件交接处的面积。<br>不增加:门窗洞口和孔洞的侧壁及顶面。<br>并入:附墙柱、梁、垛、烟囱侧壁并入相应的墙面面积内;飘窗突出外墙的抹灰并入外墙工程量 |
| 外墙抹灰面积 | $m^2$ | 按外墙垂直投影面积计算 |
| 外墙裙抹灰面积 | $m^2$ | 按其长度乘以高度计算 |
| 内墙抹灰面积 | $m^2$ | 按主墙间的净长乘以高度计算。<br>1. 无墙裙的内墙高度按室内楼地面至天棚底面计算<br>2. 有墙裙的内墙高度按墙裙顶至天棚底面计算<br>3. 有吊顶天棚抹灰,高度算至天棚底,但有吊天棚的内墙面抹灰,抹至吊顶以上部分在综合单价中考虑 |
| 内墙裙抹灰面积 | $m^2$ | 按内墙净长乘以高度计算 |
| 柱(梁)面抹灰 | $m^2$ | 按设计图示柱(梁)断面周长乘以高度以面积计算。<br>1. 柱(梁)面抹石灰砂浆、水泥砂浆、混合砂浆、聚合物水泥砂浆、麻刀石灰浆、石膏灰浆等按本表中柱(梁)面一般抹灰编码列项<br>2. 柱(梁)面水刷石、斩假石、干粘石、假面砖等按本表中柱(梁)面装饰抹灰项目编码列项。包括柱(梁)面一般抹灰、柱(梁)面装饰抹灰、柱(梁)面砂浆找平层、柱面勾缝 |
| 零星抹灰 | $m^2$ | 按设计图示尺寸以面积计算。墙、柱(梁)面≤0.5 $m^2$的少量分散的抹灰按零星抹灰项目编码列项。包括零星项目一般抹灰、零星项目装饰抹灰、零星砂浆找平层 |
| 镶贴块料 | $m^2$、t | 按设计图示尺寸以镶贴表面积计算。干挂石材钢骨架按设计图示尺寸以质量计算 |

模块三 工程量计算

表3-37（续）

| 项目名称 | 计量单位 | 计 算 规 则 | |
|---|---|---|---|
| 墙饰面 | m² | 墙净长线×净高＝m²计算。<br>扣除：门窗洞口及单个>0.3 m²孔洞面积 | |
| 墙面装饰浮雕 | m² | 按设计图示尺寸以面积计算 | |
| 柱梁饰面 | m² | 柱帽、柱墩并入相应柱饰面工程量内 | |
| 幕墙 | m² | 带骨架幕墙 | 按设计图示框外围尺寸以面积计算，与幕墙同种材质的窗所占面积不扣除 |
| | | 全玻（无框玻璃幕墙） | 按设计图示尺寸以面积计算，带肋全玻幕墙按展开面积计算 |
| 木隔断<br>金属隔断 | m² | 按设计图示框外围尺寸以面积计算。<br>1. 不扣除单个≤0.3 m²孔洞所占面积<br>2. 浴厕门的材质与隔断相同时，门的面积并入隔断面积内 | |
| 玻璃隔断<br>塑料隔断 | m² | 按设计图示框外围尺寸以面积计算。不扣除单个≤0.3 m²孔洞所占面积 | |
| 成品隔断 | m²、间 | 按设计图示框外围尺寸以面积计算，或按设计间的数量以"间"计算 | |

# 项目十四 天 棚 工 程

## 任务一 天棚工程定额计算规则

3.14天棚工程

【任务目标】

计算天棚工程的定额工程量。

【任务知识】

### 一、工程量定额计算规则

1. 天棚抹灰

（1）天棚抹灰工程量按设计结构尺寸的抹灰面积以m²计算，应扣除独立柱及与天棚相连窗帘盒的面积，不扣除间壁墙、墙垛、附墙烟囱、检查口和管道所占的面积。带梁天棚、梁两侧抹灰面积，并入天棚抹灰工程量内计算。斜天棚按斜长乘宽度以m²计算。

（2）天棚抹灰如带有装饰线时，按延长米计算，线数以阳角的道数计算。

（3）檐口、阳台及雨篷的天棚抹灰，并入相应的天棚抹灰工程量内计算。

（4）天棚中的折线、灯槽线、圆弧形线、拱形线等艺术形式的抹灰，按展开面积以m²计算。

2. 天棚装饰

▶建筑工程定额与预算

（1）天棚龙骨工程量按主墙间设计图示尺寸以 $m^2$ 计算。不扣除隔断、墙垛、附墙烟囱、检查口和管道所占的面积。

（2）天棚面层和基层工程量按主墙间设计图示尺寸的实铺展开面积以 $m^2$ 计算。不扣除隔断、墙垛、附墙烟囱、检查口和管道所占的面积；扣除独立柱、灯槽和天棚相连的窗帘盒及大于 $0.30\ m^2$ 孔洞所占的面积。

（3）其他天棚按设计图示尺寸水平投影面积以 $m^2$ 计算。

（4）采光棚、雨篷工程量按设计图示尺寸以 $m^2$ 计算。

（5）灯槽按延长米计算。

（6）天棚铺设的保温吸音层分不同厚度按实铺面积以 $m^2$ 计算。

（7）送（回）风口安装按设计图示数量以个计算。

（8）灯具开孔按个计算。

（9）雨篷拉杆按设计图示长度以 m 计算。

## 二、调整系数

（1）跌级天棚基层、面层人工消耗量乘系数 1.1。

（2）天棚基层为两层时，应分别计算工程量，并套用相应基层定额项目，第二基层的人工消耗量乘系数 0.8。

## 三、说明

（1）平面天棚、造型天棚按龙骨、基层、面层分别编制，其他天棚综合考虑。

（2）天棚龙骨的种类、间距、规格及基层、面层的材料品种、规格与设计要求不同时可进行调整。

（3）平面天棚不包括灯槽制作安装。造型天棚已包括灯槽制作。

（4）天棚龙骨、基层、面层均不包括防火处理，如设计有要求时，应按油漆涂料裱糊工程相应定额项目计算。

（5）天棚检查口已包括在相应定额项目内，不再另行计算。

（6）天棚木龙骨按单层双向考虑，设计规格与定额规定不同时，可进行换算。

（7）天棚中吊杆长度是按 800 mm 以内综合考虑的，若设计长度与定额规定不同时，可进行换算。

（8）天棚面层在同一标高者为平面天棚，天棚面层不在同一标高但在同一空间者为跌级天棚。

## 任务二　天棚工程清单计算规则与定额计算规则对比

【任务目标】

（1）区分定额计算规则与清单计算规则的不同。

(2) 计算天棚工程的清单工程量。

【任务知识】

天棚工程清单计算规则见表3-38。

表3-38 天棚工程清单计算规则

| 项目名称 | 计量单位 | 计算规则 | |
|---|---|---|---|
| 天棚抹灰 | m² | 按设计图示尺寸以水平投影面积计算。<br>不扣除：间壁墙、垛、柱、附墙烟囱、检查口、管道所占面积。<br>并入：带梁天棚、梁两侧抹灰面积 | |
| | | 楼梯 | 板式楼梯底面抹灰，按斜面积计算 |
| | | | 锯齿形楼梯，按展开面积计算 |
| 天棚吊顶 | m² | 按设计图示尺寸以水平投影面积计算。<br>扣除：>0.3 m孔洞、独立柱及与天棚相连的窗帘盒。<br>不扣除：间壁墙、检查口、附墙烟囱、柱、垛和管道。<br>不增加：灯槽及跌级、锯齿形、吊挂式、藻井式天棚面积 | |
| 采光天棚骨架 | m² | 按框外围展开面积计算 | |
| 灯带（槽） | m² | 按设计图示尺寸以框外围面积计算 | |
| 送风口、回风口 | 个 | 按设计图示数量计算 | |

# 项目十五　油漆、涂料、裱糊工程

## 任务一　油漆、涂料、裱糊工程定额计算规则

3.15油漆、涂料、裱糊工程

【任务目标】

计算油漆、涂料、裱糊工程的定额工程量。

【任务知识】

### 一、工程量定额计算规则

(1) 楼地面、天棚面、墙柱梁面等喷刷涂料、抹灰面油漆及裱糊工程量按表3-39的相应工程量计算规则计算。

(2) 金属面油漆工程量按不同构件理论质量乘表3-40规定的换算系数以 m² 计算。

(3) 木材面油漆工程量以单层木门、单层木窗、木扶手、其他木材面为基数乘表3-41~表3-44规定系数计算。

### 建筑工程定额与预算

表3-39 抹灰面油漆、涂料、裱糊工程量系数

| 项 目 名 称 | 系数 | 工程量计算规则 |
|---|---|---|
| 亭顶棚 | 1.00 | 按设计图示尺寸的斜面以 m² 计算 |
| 楼地面、天棚、墙、柱梁面、混凝土梯底（梁式） | 1.00 | 按设计图示尺寸展开面积以 m² 计算 |
| 混凝土梯底（板式） | 1.30 | 按设计图示尺寸的水平投影面积以 m² 计算 |
| 混凝土花格窗、栏杆花饰 | 1.82 | 按设计图示尺寸的单面外围面积以 m² 计算 |

表3-40 金属结构油漆重量与面积换算

| 项目（金属制品）名称 | 每吨展开面积/m² | 项目（金属制品）名称 | 每吨展开面积/m² |
|---|---|---|---|
| 半截百叶钢窗 | 150 | 钢梁 | 27 |
| 钢折叠门 | 138 | 车挡 | 24 |
| 平开门、推拉门钢骨架 | 52 | 钢屋架（型钢为主） | 30 |
| 间壁 | 37 | 钢屋架（圆钢为主） | 42 |
| 钢柱 | 24 | 钢屋架（圆管为主） | 38 |
| 吊车梁 | 24 | 天窗架、挡风架 | 35 |
| 花式梁柱 | 24 | 墙架（实腹式） | 19 |
| 空花构件 | 24 | 墙架（格板式） | 31 |
| 操作台、走台、制动梁 | 27 | 屋架梁 | 27 |
| 支撑、拉杆 | 40 | 轻型屋架 | 54 |
| 檩条 | 39 | 踏步式钢扶梯 | 40 |
| 钢爬梯 | 45 | 金属脚手架 | 46 |
| 钢栅栏门 | 65 | H型钢 | 22 |
| 钢栏杆窗栅 | 65 | 零星铁件 | 50 |
| 钢梁柱檩条 | 29 | | |

表3-41 单层木门工程量系数

| 项目名称 | 系数 | 工程量计算规则 |
|---|---|---|
| 夹板门 | 1.00 | |
| 镶板门 | 1.14 | |
| 实木装饰木门（现场油漆） | 1.35 | 按设计图示洞口尺寸以 m² 计算 |
| 单层半截玻璃门 | 0.98 | |
| 单层全玻璃门 | 0.83 | |
| 厂库木大门 | 1.10 | |

表3-42 单层木窗工程量系数

| 项目名称 | 系数 | 工程量计算规则 |
| --- | --- | --- |
| 单层玻璃窗 | 1.00 | 按设计图示洞口尺寸以 $m^2$ 计算 |
| 双层玻璃窗 | 2.00 | |
| 一玻一纱窗 | 1.36 | |

表3-43 木扶手工程量系数

| 项目名称 | 系数 | 工程量计算规则 |
| --- | --- | --- |
| 木扶手 | 1.00 | 按设计图示长度以 m 计算 |
| 窗帘盒 | 2.04 | |
| 封檐板、顺水板、博风板 | 1.74 | |
| 生活园地框、挂镜线,装饰线条、压条宽度 30 mm 以内 | 0.35 | |
| 挂衣板、黑板框,装饰线条、压条宽度 30 mm 以外 | 0.52 | |

表3-44 其他木材面工程量系数

| 项目名称 | 系数 | 工程量计算规则 |
| --- | --- | --- |
| 木板、胶合板(单面)、顶面 | 1.00 | 按设计图示尺寸以 $m^2$ 计算 |
| 门窗套(含收口线条) | 1.10 | 按设计图示尺寸油漆部分展开面积以 $m^2$ 计算 |
| 清水板条天棚、檐口 | 1.07 | 按设计图示尺寸以 $m^2$ 计算 |
| 木方格吊顶天棚 | 1.20 | |
| 吸音板墙面、天棚面 | 0.87 | |
| 屋面板(带檩条) | 1.11 | |
| 木间壁、木隔断 | 1.90 | 按设计图示尺寸单面外围面积以 $m^2$ 计算 |
| 玻璃间壁露明墙筋 | 1.65 | |
| 木栅栏、木栏杆(带扶手) | 1.82 | |
| 零星木装修 | 1.10 | 按设计图示尺寸油漆部分展开面积以 $m^2$ 计算 |
| 木屋架 | 1.79 | 按二分之一设计图示跨度乘设计图示高度以 $m^2$ 计算 |
| 木楼梯(不带地板) | 2.30 | 按设计图示尺寸的水平投影面积以 $m^2$ 计算 |
| 木楼梯(带地板) | 1.30 | |

(4) 柜类油漆工程量按表3-45相应的工程量计算规则计算。

表3-45 柜类工程量系数

| 项目名称 | 系数 | 工程量计算方法 |
| --- | --- | --- |
| 不带门衣柜 | 5.04 | |
| 带木门衣柜 | 1.35 | |
| 不带门书柜 | 4.97 | |
| 带木门书柜 | 1.3 | |
| 带玻璃门书柜 | 5.28 | |
| 带玻璃门及抽屉书柜 | 5.82 | |
| 带木门厨房壁柜 | 1.47 | |
| 不带门厨房壁柜 | 4.41 | |
| 厨房吊柜 | 1.92 | |
| 带木门货架 | 1.37 | |
| 不带门货架 | 5.28 | 按设计图示尺寸的柜正立面投影面积计算 |
| 带玻璃门吧台背柜 | 1.72 | |
| 带抽屉吧台背柜 | 2.00 | |
| 酒柜 | 1.97 | |
| 存包柜 | 1.34 | |
| 资料柜 | 2.09 | |
| 鞋柜 | 2.00 | |
| 带木门电视柜 | 1.49 | |
| 不带门电视柜 | 6.35 | |
| 带抽屉床头柜 | 4.32 | |
| 不带抽屉床头柜 | 4.16 | |
| 行李柜 | 5.65 | |
| 梳妆台 | 2.70 | |
| 服务台 | 5.78 | 按设计图示尺寸以台面中心线长度计算 |
| 收银台 | 3.74 | |
| 试衣间 | 7.21 | 按设计图示数量以个计算 |

## 二、调整系数

(1) 定额中油漆、涂料除注明者外,均按手工操作考虑,如实际操作为喷涂时,油漆消耗量乘系数1.5,其他不增加。

(2) 单层木门油漆按双面刷油考虑。如采用单面油漆，按定额相应项目乘系数 0.53。

(3) 梁、柱及天棚面涂料按墙面定额人工乘系数 1.2，其他不变。

## 三、说明

(1) 油漆定额项目中，油漆的各种颜色已综合在定额内。设计为美术图案的，应另行计算。

(2) 壁柜门、顶橱门执行单层木门项目。

(3) 石膏板面乳胶漆执行抹灰面乳胶漆定额，板面补缝另行计算。

(4) 普通涂料按不批腻子考虑，如实际需要批腻子时，按相应定额项目计算。

(5) 板面补缝按长度以 m 计算。

(6) 壁纸定额内不含刮腻子，按相应定额项目计算。

(7) 金属面防腐及防火涂料按防腐及防火涂料工程相应定额项目计算。

(8) 壁纸基层处理采用壁纸基膜的，应取消壁纸定额项目中的酚醛清漆。

## 任务二　油漆、涂料、裱糊工程清单计算规则与定额计算规则对比

【任务目标】

(1) 区分定额计算规则与清单计算规则的不同。

(2) 计算油漆、涂料、裱糊工程各项定额工程量与清单工程量。

【任务知识】

油漆、涂料、裱糊工程清单计算规则见表 3-46。

表 3-46　油漆、涂料、裱糊工程清单计算规则

| 项目名称 | 计量单位 | 计 算 规 则 |
|---|---|---|
| 门、窗油漆 | 樘、$m^2$ | 以"樘"计量，按设计图示数量计量；或以"$m^2$"计量，按设计图示洞口尺寸以面积计算 |
| 木扶手及其他板条、线条油漆 | m | 按设计图示尺寸以长度计算 |
| 木护墙 | $m^2$ | 其工程量均按设计图示尺寸以面积计算 |
| 木间壁 | $m^2$ | 按设计图示尺寸以单面外围面积计算 |
| 衣柜、壁柜油漆 | $m^2$ | 按设计图示尺寸以油漆部分展开面积计算 |
| 木地板油漆、木地板烫硬蜡面 | $m^2$ | 按设计图示尺寸以面积计算 |
| 金属面油漆 | t、$m^2$ | 工程量可按设计图示尺寸以质量计算，或按设计展开面积计算 |
| 抹灰面油漆 | $m^2$ | 按设计图示尺寸以面积计算 |
| 满刮腻子 | $m^2$ | 按设计图示尺寸以面积计算 |

表 3-46（续）

| 项目名称 | 计量单位 | 计算规则 |
| --- | --- | --- |
| 抹灰线条油漆 | m | |
| 墙面喷刷涂料<br>天棚喷刷涂料 | m² | 按设计图示尺寸以面积计算 |
| 空花格、栏杆刷涂 | m² | 按设计图示尺寸以单面外围面积计算 |
| 线条刷涂料 | m² | 按设计图示尺寸以长度计算 |
| 金属构件喷刷防火涂料 | t、m² | 按设计图示尺寸以质量计算，或按设计展开面积计算 |
| 木材构件喷刷防火涂料 | m² | 工程量按设计图示尺寸以面积计算 |
| 裱糊 | m² | 按设计图示尺寸以面积计算。包括墙纸裱糊、织锦缎裱糊 |

# 项目十六 其他装饰工程

## 任务一 其他装饰工程定额计算规则

3.16其他装饰工程

【任务目标】
计算其他装饰工程的定额工程量。
【任务知识】

### 一、工程量定额计算规则

（1）柜类工程量按正立面设计图示尺寸投影面积以 m² 计算。

（2）各类台工程量按设计图示尺寸台面中心线长度以 m 计算。

（3）试衣间工程量按设计图示数量以个计算。

（4）大理石台面按设计图示尺寸的实贴面积以 m² 计算。

（5）门饰面工程量按设计图示尺寸的贴面面积以 m² 计算。

（6）门窗钉橡胶密封条工程量按门窗扇外围尺寸以 m 计算。

（7）木作门窗套、不锈钢门窗套及石材门窗套工程量按设计图示尺寸的展开面积以 m² 计算，成品门窗套按设计图示尺寸以 m 计算。

（8）窗台板工程量按设计图示尺寸的实铺面积以 m² 计算。

（9）门窗贴脸、窗帘盒、窗帘轨道工程量按设计图示尺寸以 m 计算。

（10）门窗五金按设计图示数量计算。

（11）钢栏杆按设计理论质量以 t 计算；其他各类栏杆、栏板及扶手工程量均按设计图示尺寸的长度以 m 计算，不扣除弯头所占的长度；弯头数量以个计算。

（12）各类装饰线条、石材磨边及开槽工程量按设计图示长度以 m 计算。

（13）暖气罩工程量按垂直投影面积以 $m^2$ 计算，扣除暖气百叶所占的面积；暖气百叶工程量按边框外围面积以 $m^2$ 计算。

（14）广告牌、灯箱：①平面广告牌基层工程量按正立面投影面积以 $m^2$ 计算；②墙柱面灯箱基层工程量按设计图示尺寸的展开面积以 $m^2$ 计算；③广告牌、灯箱面层工程量按设计图示展开面积以 $m^2$ 计算。

（15）美术字安装（除注明者外）均按字体的最大外围矩形面积以个计算。

（16）开孔、钻孔工程量按设计图示数量以个计算。

（17）大理石洗漱台按设计图示尺寸的展开面积以 $m^2$ 计算，不扣除台面开孔所占的面积。

（18）盥洗室镜面玻璃按面积以 $m^2$ 计算。

（19）不锈钢旗杆按长度以 m 计算。

（20）GRC 罗马柱按不同直径以延长米计算。

（21）五金配件按设计数量以套计算。

（22）不锈钢帘子杆按设计图示长度以 m 计算。

## 二、调整系数

定额消耗量根据常规取定，与实际不同时，材料按实调整，机械不变，人工按下列规定调整：

（1）胶合板总量每增减 30% 时，人工增减 10%。

（2）抽屉数量每增减一个抽屉，人工增减 0.1 工日。

（3）按平方米计量的柜类，当单个柜类正立面投影面积在 1 $m^2$ 以内时，人工乘系数 1.10。

（4）按米计量的柜类，当单件柜类长度在 1 m 以内时，人工乘系数 1.10。

（5）弧形面柜类，人工乘系数 1.10。

（6）装饰线条项目是按墙面直线安装编制的，实际施工不同时，可按下列规定进行调整：①墙面安装圆形曲线装饰线条，其相应定额人工消耗量乘系数 1.34，材料消耗量乘系数 1.10；②天棚安装直线装饰线条，其相应定额人工消耗量乘系数 1.34；③天棚安装圆形曲线装饰线条，其相应人工消耗量乘系数 1.60，材料消耗量乘系数 1.10；④装饰线条做艺术图案，其相应人工消耗量乘系数 1.80，材料消耗量乘系数 1.10。

（7）广告牌基层以附墙式考虑，如设计为独立式的，其人工消耗量乘系数 1.10；基层材料如设计与定额不同时，可进行调整。

## 三、说明

（1）本任务适用于施工现场制作的柜类工程。

(2) 柜类构造做法如下：①柜类结构以木工板为主。柜的开间立板、水平隔层板、上下封面板按 15 mm 胶合板考虑，柜的抽屉板按 12 mm 胶合板考虑，柜门内结构骨架按 9 mm 胶合板考虑，柜的背板、柜门的结构面板及柜的抽屉底板按 5 mm 胶合板考虑。②内外饰面按宝丽板、榉木胶合板、防火板等考虑。

(3) 柜按内外不同构成、不同材料，分别设置定额项目。同一个柜有带门和不带门时，应分别计算工程量，并套用相应带门定额项目和不带门定额项目。

(4) 内外装饰面板、封边线与实际不同时，可进行换算。

(5) 本任务不含柜类饰面油漆，饰面油漆按油漆、涂料、裱糊工程相应定额项目计算。

(6) 本任务未考虑面板拼花及饰面板上贴其他材料（如花饰、艺术造型等），发生时另行计算。

(7) 定额项目材料品种、规格与设计要求或实际施工选用不同时，可进行换算。

(8) 门窗套及窗台板项目不包括装饰线条，另按线条相应定额项目计算。

(9) 各类装饰线条均按成品编制。

(10) 不锈钢矮栏杆高度是按 400 mm 以内综合考虑的，若设计高度与定额规定不同时，可进行换算。

(11) 突出箱外的灯饰、艺术装潢等均另行计算。

(12) 旗杆基座应另行计算，套用相应定额。

(13) 本任务定额不含饰面油漆，饰面油漆按油漆、涂料、裱糊工程相应定额项目计算。

## 任务二　其他装饰工程清单计算规则与定额计算规则对比

【任务目标】

(1) 区分定额计算规则与清单计算规则的不同。

(2) 计算其他装饰工程各项定额工程量与清单工程量。

【任务知识】

其他装饰工程清单计算规则见表 3-47。

表 3-47　其他装饰工程清单计算规则

| 项目名称 | 计量单位 | 计 算 规 则 |
| --- | --- | --- |
| 柜类、货架 | 个、m、m³ | 工程量以"个"计量，按设计图示数量计量；以"m"计量，按设计图示尺寸以延长米计算；以"m³"计量，按设计图示尺寸以体积计算 |
| 装饰线 | m | 按设计图示尺寸以长度计算 |
| 扶手、栏杆、栏板装饰 | m | 按设计图示尺寸以扶手中心线长度（包括弯头长度）计算 |

模块三 工程量计算

表3-47（续）

| 项目名称 | 计量单位 | 计 算 规 则 |
|---|---|---|
| 暖气罩 | m² | 按设计图示尺寸以垂直投影面积（不展开）计算 |
| 洗漱台 | m² | 按设计图示尺寸以台面外接矩形面积计算。不扣除孔洞、挖弯、削角所占面积，挡板、吊沿板面积并入台面面积内 |
| 晒衣架 | 个 | 按设计图示数量计算。包括：帘子杆、浴缸拉手、卫生间扶手、毛巾杆（架）、毛巾环、卫生纸盒、肥皂盒、镜箱 |
| 镜面玻璃 | m² | 按设计图示尺寸以边框外围面积计算 |
| 雨篷吊挂饰面 | m² | 按设计图示尺寸以水平投影面积计算。包括玻璃雨篷 |
| 金属旗杆 | 根 | 按设计图示数量计算 |
| 平面、箱式招牌 | m² | 按设计图示尺寸以正立面边框外围面积计算。复杂形的凸凹造型部分不增加面积 |
| 竖式标箱 | 个 | 按设计图示数量计算。包括：灯箱、信报箱 |
| 美术字 | 个 | 按设计图示数量计算 |

# 项目十七 措 施 项 目

## 任务一 模 板 工 程

3.17措施工程

【任务目标】
（1）区分定额计算规则与清单计算规则的不同。
（2）计算模板工程的定额工程量与清单工程量。
【任务知识】

### 一、工程量定额计算规则

1. 工程量计算规则

（1）现浇构件模板工程量除注明外，均按模板与混凝土接触面积以 m² 计算，不扣除柱与梁、梁与梁连接重叠部分和后浇带的面积，后浇带侧面积不增加。

（2）现浇混凝土墙及板上单孔面积在 0.30 m² 以内时，不扣除孔洞所占模板面积，孔洞侧壁模板也不增加，单孔面积在 0.30 m² 以外时，应扣除孔洞所占模板面积，孔洞侧壁模板应并入墙、板模板面积内计算。

（3）现浇混凝土楼梯模板工程量（包括踏步、休息平台、楼梯与楼层连接梁；不扣除宽度500 mm 以内的楼梯井）按设计图示尺寸水平投影面积以 m² 计算。梁式楼梯的模板应扣除斜梁的水平投影面积，其斜梁另按矩形单梁定额项目计算。

（4）现浇混凝土悬挑板及台阶的模板工程量均按水平投影面积以 m² 计算。台阶与平台连接时，其投影面积应以最上层踏步外沿加 0.30 m 计算。

（5）无梁楼板的柱帽模板并入楼板模板内计算。

（6）构造柱的模板按下列规定分别计算：①凡嵌入墙内的构造柱，其混凝土与砌体间竖向缝隙的宽度在 5 cm 以内者，按构造柱的支模高度以 m 计算；②构造柱混凝土有一面、二面、三面露明者，或混凝土与砌体间竖向缝隙的宽度在 5 cm 以外者，应以混凝土与模板接触面积按矩形柱模板定额计算。

（7）大钢模板工程量按墙长乘墙高以 m² 计算，不扣除门窗洞口所占模板面积，侧壁也不增加。

（8）地沟模板不分沟底、沟壁均以模板与混凝土接触面积合并计算。

（9）现浇混凝土柱、梁、板、墙的支撑高度（即室外地坪至板底或板面至板底之间的高度）以 3.60 m 以内为准，超过 3.60 m 以外时，应另按增加支撑项目，其工程量按超过部分的模板面积计算。当支撑高度超过 3.60 m 且不足 1 m 时，仍按相应每增加 1 m 定额执行。

（10）混凝土线条展开宽度 30 cm 以内模板以延长米计算，30 cm 以外模板按面积以 m² 计算。

（11）现浇混凝土水塔塔身、水塔水箱、贮水池及化粪池的模板，均按混凝土实体积计算。

（12）液压滑升钢模板施工的烟囱筒身、水塔塔身及贮仓圆形筒仓的模板，均按混凝土实体积以 m³ 计算。贮仓的顶板、隔层板及非滑模施工的仓壁模板按模板与混凝土的接触面积以 m² 计算。

（13）预制混凝土构件模板工程量均按构件实体积以 m³ 计算。

（14）后浇带模板增加费按延长米计算。

（15）混凝土扶手模板工程量按延长米计算。

（16）砖平碹、砖过梁模板工程量按门窗洞口宽度乘砖平碹、砖过梁宽度以 m² 计算。

（17）分格缝模板工程量按单面接触面积以 m² 计算。

2. 调整系数

（1）预制带肋底板混凝土叠合楼板不计算模板费用，当标志跨度大于或等于 4.50 m 时，在跨中设置的一道临时支撑执行措施项目模板定额，以板支撑高度超过 3.60 m 每增加 1 m 定额项目乘系数 2。

(2) 型钢混凝土组合结构采用模板，应按相应定额项目乘系数 1.2。

3. 说明

(1) 混凝土散水及垫层的模板按垫层模板计算。

(2) 井桩模板用于井口以上外露桩身模板。

(3) 砖胎膜按砌体工程的零星砖砌体项目计算。

(4) 地下部分剪力墙模板定额中不包括对拉止水螺栓，发生时应另行计算。

(5) 施工实际使用模板与定额不同时，不得调整。

(6) 砖平碹、砖过梁模板套用小型构件模板项目计算。

(7) 滑模定额项目内已包括了提升支撑杆的用量，设计规定利用支撑杆代替结构钢筋时，应在计算钢筋用量时扣除支撑杆的重量，需要拔出支撑杆时，其拔杆费用和支撑杆回收费用均不计算。支撑杆的定额用量可按实调整。

## 二、工程量清单计算规则

模板工程清单计算规则见表 3-48。

表 3-48 模板工程清单计算规则

| 项目名称 | 计量单位 | 计 算 规 则 | |
|---|---|---|---|
| 混凝土模板及支架（按模板与构件的接触面积计算）（图 3-14） | m² | 混凝土基础：原槽浇灌的混凝土基础不计算 | |
| | | 梁、板支撑高度 >3.6 m：项目特征应描述支撑高度 | |
| | | 现浇钢筋混凝土墙、板 | 不扣除：单孔面积 ≤0.3 m² 孔洞，洞侧壁模板不增加 |
| | | | 扣除：单孔面积 >0.3 m² 孔洞，洞侧壁模板并入 |
| | | 现浇框架 | 附墙柱、暗梁、暗柱并入墙内 |
| | | 柱、梁、墙、板重叠部分 | 不计算模板面积 |
| | | 构造柱 | 按图示外露部分计算模板面积 |
| | | 楼梯 | 按水平投影面积计算 |
| | | | 不扣除：宽度 ≤500 mm 的楼梯井所占面积 |
| | | | 不另计楼梯踏步、踏步板、平台梁侧模 |
| | | | 不增加：伸入墙内部分 |
| | | 雨篷、悬挑板、阳台板 | 按外挑部分水平投影面积计算 |
| | | | 不计算：挑出墙外的悬臂梁及板边 |

## 建筑工程定额与预算

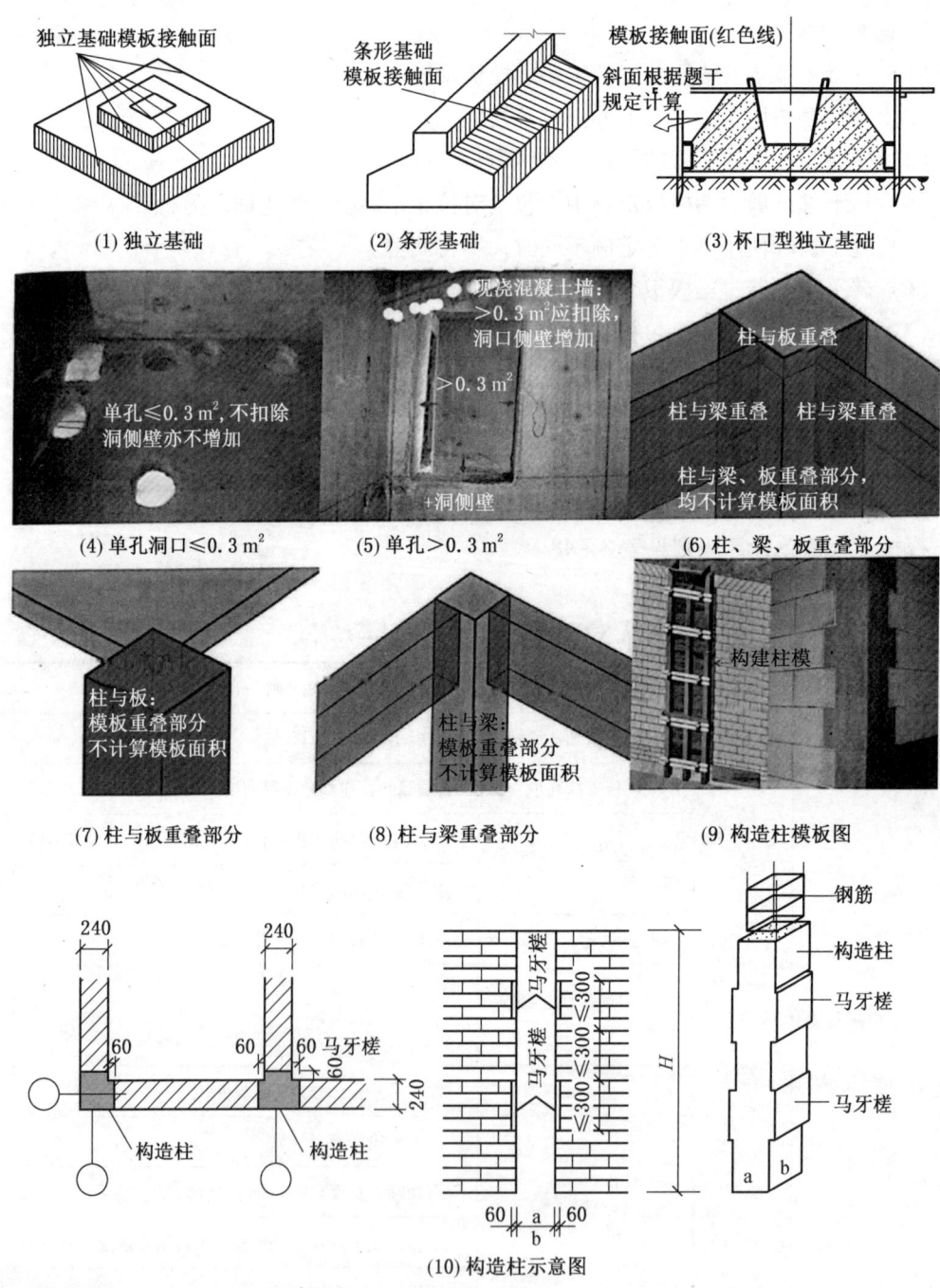

说明：构造柱按图示外露部分的最大宽度乘以柱高计算模板面积。构造柱与墙接触面不计算模板面积。

图 3-14 各构件模板示意图

# 任务二 脚手架工程

【任务目标】
(1) 区分定额计算规则与清单计算规则的不同。
(2) 计算脚手架工程的定额工程量与清单工程量。

【任务知识】

## 一、工程量定额计算规则

1. 工程量计算规则

1) 综合脚手架

凡能计算建筑面积的，执行综合脚手架定额。

(1) 综合脚手架工程量，按建筑物的总建筑面积以 $m^2$ 计算。

(2) 建筑物层高超过 4.50 m 时，可按建筑面积另行计算综合脚手架增加费。

2) 单项脚手架

凡不能计算建筑面积的，执行单项脚手架定额。

(1) 外脚手架、吊篮脚手架工程量按外墙外边线长度乘以设计室外地坪至外墙顶的高度以 $m^2$ 计算，不扣除门窗洞口、空圈等所占的面积。突出墙外而宽度在 24 cm 以内的墙垛、附墙烟囱等不展开计算，宽度超过 24 cm 以外时按图示尺寸展开计算，并入外脚手架工程量之内。同一建筑物各墙面的高度不同，且不在同一定额步距内时，应分别计算工程量。

(2) 里脚手架工程量按墙面垂直投影面积以 $m^2$ 计算。

(3) 独立柱按单排外脚手架定额项目计算，其工程量按图示柱结构外围周长另加 3.60 m 乘高度以 $m^2$ 计算。

(4) 室内天棚装饰面距设计室内地坪在 3.60 m 以上时，应计算满堂脚手架，计算满堂脚手架后，墙面装饰工程则不再计算脚手架费用。满堂脚手架工程量按室内净面积以 $m^2$ 计算，其高度在 3.60~5.20 m 时，计算基本层，超过 5.20 m 时，每增加 1.20 m 按增加一层计算；不足 0.60 m 的不作为一个增加层计算，如图 3-15 所示。

增加层计算式如下：

$$满堂脚手架增加层数 = \frac{室内净高度 - 5.20 \text{ m}}{1.20 \text{ m}}$$

(5) 架空通道工程量按搭设长度以延长米计算。

(6) 悬空脚手架工程量按搭设水平投影面积以 $m^2$ 计算。

(7) 斜道工程量按不同高度以座计算。

(8) 烟囱及水塔脚手架工程量按筒径和高度以座计算。

(9) 电梯井脚手架工程量按单孔以座计算。

满堂脚手架

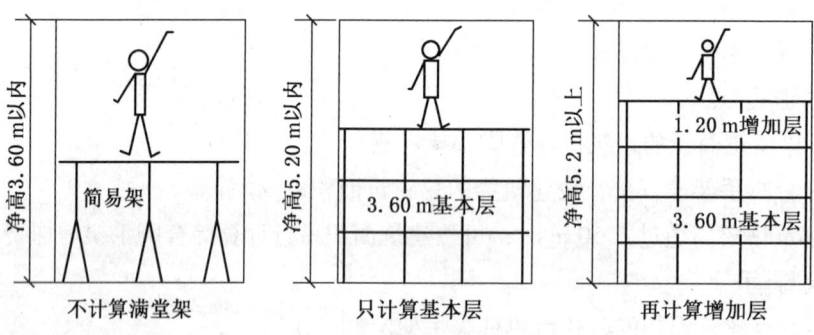

图3-15 脚手架示意图

(10) 悬挑脚手架工程量按搭设面积以 $m^2$ 计算。

(11) 内墙面粉饰脚手架,均按内墙面垂直投影面积以 $m^2$ 计算,不扣门窗洞口面积。

(12) 外墙电动吊篮、电动桥式、升降式、盘销式脚手架工程量按外墙垂直投影面积以 $m^2$ 计算。

(13) 独立柱装饰脚手架,按柱周长加 3.60 m 乘高度以 $m^2$ 计算。

(14) 悬挑脚手架工程量按搭设长度以延长米计算。

2. 调整系数

(1) 水塔脚手架按相应的烟囱脚手架计算,其中人工乘系数 1.11,其他不再调整。

(2) 架空通道,以架宽 2 m 为准,如架宽超过 2 m 时,应按定额项目乘系数 1.20;超过 3 m 时,应按定额项目乘系数 1.50。

3. 说明

(1) 同一建筑物高度不同时,应按不同高度分别计算。

(2) 外脚手架单排、双排按以下规则取定:①砌筑高度在 15 m 以下的按单排脚手架计算;②砌筑高度在 15 m 以上的或砌筑高度虽不足 15 m,但外墙门窗及装饰面积超过外墙表面积的 60% 时,应按双排脚手架计算。

(3) 外脚手架定额中综合了上料平台、护卫栏杆等。

(4) 烟囱脚手架综合了垂直运输架、斜道、缆风绳、地锚等。

(5) 滑升模板施工的钢筋混凝土烟囱筒身,水塔塔身及筒仓,不得再计算脚手架。

(6) 砌筑贮仓,按双排外脚手架计算。

(7) 贮水(油)池池壁高度超过1.20 m时,应按里脚手架计算;水池内池顶及池壁抹面应按满堂脚手架计算,其池壁抹面不得再计算脚手架。

(8) 钢结构工程脚手架按单项脚手架计算。

(9) 护坡脚手架按双排脚手架计算。

(10) 墙、柱、天棚高度在3.60 m以下时套用活动脚手架定额项目。

(11) 内墙面有装饰饰面层时,其脚手架按单项脚手架相应定额项目计算。

(12) 适用于单承包装饰工程需重新搭设的脚手架按单项脚手架相应定额项目计算。

## 二、工程量清单计算规则

脚手架清单计算规则见表4-49。

表4-49 脚手架清单计算规则

| 项目名称 | 计量单位 | 计算方式 |
| --- | --- | --- |
| 综合脚手架 | m² | S=建筑面积 |
| 外脚手架 | m² | S=所服务对象的垂直投影面积 |
| 里脚手架 | | |
| 整体提升架 | | |
| 外装饰吊篮 | | |
| 悬空脚手架 | m² | S=搭设的水平投影建筑面积 |
| 满堂脚手架 | m² | S=室内净长度×室内净宽度 |
| 挑脚手架 | m | L=搭设长度×搭设层数 |

注:1. 用综合脚手架时,不再使用外脚手架、里脚手架等单项脚手架。①适用于能够按"建筑面积计算规则"计算建筑面积的建筑工程脚手架;②不适用于房屋加层、构筑物及附属工程脚手架。

2. 脚手架按垂直投影面积计算工程时,不应扣除门窗洞口、空圈等所占面积。工作内容中包括上料平台的,在综合单价中考虑不单独编码列项。

3. 满堂脚手架,计算室内净面积时,不扣除柱、垛所占面积。已计算满堂脚手架后,室内墙壁面装饰不再计算墙面装饰脚手架。

## 任务三 垂直运输工程

【任务目标】

(1) 区分定额计算规则与清单计算规则的不同。

(2) 计算垂直运输工程的定额工程量与清单工程量。

▶ 建筑工程定额与预算

【任务知识】

## 一、工程量定额计算规则

1. 工程量计算规则

（1）住宅、教学及办公用房、医院、宾馆、图书馆、影剧院、商场、厂房、科研用房及其他、综合楼等建筑物的垂直运输工程量，按建筑面积以 $m^2$ 计算。

（2）烟囱、水塔、筒仓的垂直运输工程量按不同高度以座计算。

（3）装饰楼面（包括楼层所有装饰工程量），按不同的垂直运输高度（单层建筑物系檐口高度）的装饰楼层工程的定额工日，分别计算。

2. 调整系数

（1）由一个施工单位总承包的单位工程均应执行本任务垂直运输定额。有若干个施工单位分别承包建筑工程和装饰工程时，其装饰工程垂直运输工程量按装饰工程措施费定额项目执行，其建筑垂直运输工程量则按表 3-50~表 3-53 调整。

表 3-50 檐高 20 m 及以下卷扬机施工

| | 结 构 类 型 | 混合结构 | 框架结构 | 预制排架 |
|---|---|---|---|---|
| 调整系数/% | 住宅 | 74.68 | 80.68 | |
| | 教学及办公用房 | 75.62 | 79.59 | |
| | 医院、宾馆、图书馆 | 76.85 | 80.39 | |
| | 影剧院 | 83.74 | 84.37 | |
| | 商场 | 66.99 | 67.50 | |
| | 多层厂房 | 76.85 | 85.34 | |
| | 科研用房及其他 | 77.35 | 78.17 | |
| | 单层厂房 | 75.44 | 80.89 | 80.79 |

表 3-51 檐高 20 m 以上 30 m 以下卷扬机施工

| | 结 构 类 型 | 混合结构 | 框架结构 |
|---|---|---|---|
| 调整系数/% | 住宅 | 80.40 | 79.94 |
| | 教学及办公用房 | 81.13 | 80.38 |
| | 医院、宾馆、图书馆 | 79.08 | 81.08 |
| | 影剧院 | 83.74 | 84.37 |
| | 商场 | 69.37 | 68.44 |
| | 多层厂房 | 80.62 | 79.43 |
| | 科研用房及其他 | 76.25 | 81.98 |

表3-52 檐高20m及以下塔式起重机施工

| 结构类型 | | 混合结构 | 框架结构 | 其他结构 |
|---|---|---|---|---|
| 调整系数/% | 住宅 | 74.68 | 80.68 | 71.43 |
| | 教学及办公用房 | 75.62 | 79.59 | 74.36 |
| | 医院、宾馆、图书馆 | 76.85 | 80.39 | 79.31 |
| | 影剧院 | 83.74 | 84.37 | |
| | 商场 | 66.99 | 67.50 | 63.45 |
| | 多层厂房 | 76.85 | 85.34 | 86.84 |
| | 科研用房及其他 | 77.35 | 78.17 | 77.78 |

表3-53 檐高20m以上塔式起重机施工

| 结构类型 | | 框架及框剪结构 | 剪力墙结构 | 框架及剪力墙结构 | 其他结构 |
|---|---|---|---|---|---|
| 调整系数/% | 住宅 | 79.73 | 70.46 | | 75.87 |
| | 教学及办公用房 | 78.99 | | | 74.01 |
| | 医院、宾馆、图书馆 | 80.91 | 77.25 | | 80.99 |
| | 影剧院 | 86.26 | | | |
| | 商场 | 69.01 | | | 64.79 |
| | 多层厂房 | 78.52 | | | 84.50 |
| | 科研用房及其他 | 80.47 | | | 80.16 |
| | 综合楼 | 76.29 | | 72.58 | |

（2）本定额中框架结构系指柱、梁全部为现浇的钢筋混凝土框架结构。柱、梁及楼板全部现浇时，按框架结构定额乘系数1.04；柱、梁部分现浇时按框架结构定额乘系数0.96。

（3）本定额是按Ⅰ类厂房为准编制的，Ⅱ类厂房按厂房定额乘系数1.09。厂房分类如下：

Ⅰ类：机加工、机修、五金缝纫、一般纺织（粗纺、制条、洗毛等）及无特殊要求的车间。

Ⅱ类：厂房内设备基础及工艺要求较复杂，建筑设备标准较高的车间，如铸造、锻压、电镀、酸碱、电子、仪表、手表、电视、医药、食品等车间。

3. 说明

（1）钢筋混凝土柱、钢屋架的单层厂房按排架定额计算。

（2）垂直运输定额项目是在合理工期内完成全部工程项目所需的垂直运输机械台班。

（3）同一建筑物多种用途或多种结构，按不同用途或结构分别计算。

(4) 服务用房系指城镇、街道、居民区具有较小规模综合服务功能的设施,其建筑面积不超过 1000 $m^2$,层数不超过三层的建筑,如副食、百货、饮食店等。

(5) 室外地坪至檐口标高 3.60 m 以内的单层建筑,不计算垂直运输。

(6) 垂直运输定额项目划分是以建筑物的檐高及层数两个指标界定的,凡檐高达到上限而层数未达到时,以檐高为准;如层数达到上限而檐高未达到时以层数为准。

(7) 构筑物高度超过定额规定高度时,再按每增高 1 m 定额项目计算,其高度不足 1 m 时,亦按 1 m 计算。

(8) 垂直运输定额是按泵送混凝土编制的,实际采用现场搅拌混凝土不泵送时,应按相应定额项目乘表 3-54 系数计算。

表 3-54 现场搅拌混凝土非泵送系数

| 结 构 形 式 | 系数 | 结 构 形 式 | 系数 |
|---|---|---|---|
| 砌体结构 | 1.09 | 其他结构 | 1.03 |
| 框架(剪)结构、剪力墙结构 | 1.15 | | |

(9) 装饰工程一层地下室层高超过 3.6 m,或地下室超过两层时,可计取垂直运输费。

(10) 原有建筑二次装饰可以利用原有建筑物电梯时,其垂直运输按实计算。

## 二、工程量清单计算规则

垂直运输清单计算规则见表 3-55。

表 3-55 垂直运输清单计算规则

| 项目名称 | 计量单位 | 计 算 规 则 |
|---|---|---|
| 垂直运输 | $m^2$、天 | 可以按建筑面积计算,也可以按施工工期日历天数计算 |

# 任务四 超高施工增加工程

【任务目标】
(1) 区分定额计算规则与清单计算规则的不同。
(2) 计算超高施工增加工程的定额工程量与清单工程量。

【任务知识】

## 一、工程量定额计算规则

1. 工程量计算规则

（1）建筑工程超高费应以建筑物高度 20 m 以上部分的建筑面积计算。当建筑物高度在 20 m 以上，且至屋面檐口顶面或屋面女儿墙、栏杆及栏板顶面以下的高度大于 1 m 以内没楼层，无建筑面积可算时，按顶层建筑面积计算。

（2）建筑工程以设计室外地坪至屋面檐口顶面或屋面女儿墙、栏杆及栏板顶面的高度超高 20 m（不包括 20 m）时，方可计算建筑工程超高费。突出屋面的楼梯间、电梯间、水箱间、塔楼及瞭望台等不作为超高高度计算。

（3）超高部分有高有低时，应按不同高度划分建筑面积，当高度超过 20 m 时，套用相应子目计算。

（4）装饰工程超高费应以人工、机械降效系数进行计算，其人工、机械降效按装饰工程直接工程费的人工费、机械费之和乘定额系数计算。不包括各项脚手架和垂直运输中的人工费、机械费。

（5）装饰工程建筑物施工用水加压增加的水泵台班，按 ±0.000 以上的建筑面积以 $m^2$ 计算。

2. 说明

（1）超高增加费定额项目适用于建筑物檐高 20 m 以上的工程。

（2）建筑工程超高费包括人工降效、脚手架使用期延长增加摊销量、脚手架超高加固和超高加压水泵台班等全部所需的费用。

（3）建筑物高度在 20 m 以上至屋面檐口顶面或屋面女儿墙、栏杆及栏板顶面以下的高度小于 1 m 时不计算超高费。

（4）同一建筑物檐高不同时，按不同檐高的建筑面积，分别按相应项目计算。

（5）计算超高费用时，包括建筑物的全部工程项目，不包括各类构件的水平运输、措施项目中的垂直运输及各项脚手架。

（6）建筑超高增加费所发生的停滞台班费，要计算停滞台班。

## 二、工程量清单计算规则

超高施工增加工程清单计算规则见表 3-56。

表 3-56 超高施工增加工程清单计算规则

| 项目名称 | 计量单位 | 计 算 规 则 |
| --- | --- | --- |
| 超高施工增加 | $m^2$、天 | 工程量计算按建筑物超高部分的建筑面积计算。单层建筑物檐口高度超过 20 m，多层建筑物超过 6 层时（不包括地下室层数），可按超高部分的建筑面积计算超高施工增加。<br>1. 同一建筑物有不同檐高时，可按不同高度的建筑面积分别计算建筑面积，以不同檐高分别编码列项。<br>2. 工作内容包括：①由超高引起的人工工效降低以及由于人工工效降低引起的机械降效；②高层施工用水加压水泵的安装、拆除及工作台班；③通信联络设备的使用及摊销。工程量按使用机械设备的数量计算。<br>$S$ = 超高部分建筑面积 |

## 任务五　施工排水、降水工程

【任务目标】
(1) 区分定额计算规则与清单计算规则的不同。
(2) 计算施工排水、降水工程的定额工程量与清单工程量。

【任务知识】

### 一、工程量定额计算规则

1. 工程量计算规则

(1) 抽水降水分不同深度按槽底面积以 $m^2$ 计算。
(2) 管井降水以每口井为单位计算，使用按每昼夜计算。
(3) 管井深度以 7.5 m 为准计算；小于 7.5 m 或大于 7.5 m 时，小于部分或大于部分按每增减 2.5 m 为单位计算。

2. 说明

(1) 每昼夜以 24 h 为一天计算，使用天数按施工组织设计的天数计算，工程结算时，按实调整。
(2) 降水管井是按钢筋混凝土管编制的，实际采用不同时可进行换算。
(3) 管井成孔的土壤类别是综合确定的，无论实际是几类土壤，仍按定额执行。

### 二、工程量清单计算规则

施工排水、降水清单计算规则见表 3-57。

表 3-57　施工排水、降水清单计算规则

| 项目名称 | 计量单位 | 计 算 规 则 |
| --- | --- | --- |
| 成井 | m | 按设计图示尺寸以钻孔深度计算 |
| 排水、降水 | 昼夜 | 按排水、降水日历天数计算 |

## 任务六　大型机械设备进出场安拆工程

【任务目标】
(1) 区分定额计算规则与清单计算规则的不同。
(2) 计算大型机械设备进出场安拆工程的定额工程量与清单工程量。

【任务知识】

大型机械设备进出场安拆清单计算规则见表 3-58。

表 3-58 大型机械设备进出场安拆清单计算规则

| 项目名称 | 计量单位 | 计 算 规 则 |
|---|---|---|
| 大型机械设备进出场安拆 | 台次 | 工程量按使用机械设备的数量计算。<br>1. 安拆费包括施工机械、设备在现场进行安装拆卸所需人工、材料、机械和试运转费用,以及机械辅助设施的折旧、搭设、拆除等费用<br>2. 进出场费包括施工机械、设备整体或分体自停放地点运至施工现场或由一施工地点运至另一施工地点所发生的运输、装卸、辅助材料等费用 |

注：大型机械设备进出场及安拆需要单独编码列项，与一般中小型机械不同。一般中小型机械的进出场、安拆的费用已经计入机械台班单价，不应独立编码列项。

【模块习题】

一、选择题

工程量计算

1. 下列关于施工排水、降水费说法中，正确的是（　　）。
   A. 连接试抽费用包含在排水、降水的费用中
   B. 成井费用按照图示尺寸以钻孔直径和深度按 $m^3$ 计算
   C. 施工排水、降水费由成井和排水、降水两个独立的费用项目组成
   D. 施工排水、降水费按施工工期日历天数以天为单位计算

2. 下列关于措施项目及费用的说法中，错误的是（　　）。
   A. 施工排水、降水费由成井和排水、降水两个独立的费用项目组成
   B. 行走式垂直运输机械的垂直运输费包括其轨道的铺设、拆除、摊销费
   C. 多层建筑物超过 6 层时，可计算超高施工增加费
   D. 超高施工增加费通常按照建筑物的建筑面积以 $m^2$ 为单位计算

3. 根据我国现行建筑安全工程费用项目组成的规定，下列关于措施项目费用的说法中正确的是（　　）。
   A. 冬雨季施工费是冬雨季施工增加的临时设施、防滑处理、雨雪排除等费用
   B. 施工排水、降水费由排水和降水两个独立的费用项目组成
   C. 当单层建筑物檐口高度超过 15 m 时，可计算超高施工增加费
   D. 已完工程及设备保护费是指分部工程或结构部位验收前，对已完工程及设备采取必要保护措施所发生的费用

4. 在计算钢筋工程量时，钢筋的容重（$kg/m^3$）可取（　　）。
   A. 7580　　　　　B. 7800　　　　　C. 7850　　　　　D. 8750

5. 综合脚手架的项目特征必须要描述（　　）。
   A. 建筑面积　　B. 檐口高度　　C. 场内外材料搬运　　D. 脚手架的木质

6. 根据《房屋建筑与装饰工程工程量计算规范》(GB 50854—2013)，某建筑物首层建筑面积为 2000 $m^2$，场地内有部分 150 mm 以内的挖土用 6.5 t 自卸汽车（斗容量 4.5 $m^3$）

▶ 建筑工程定额与预算

运土，弃土共计 20 车，运距 150 m，则平整场地的工程量应为（    ）。

A. 69.2 m³　　　B. 83.3 m³　　　C. 90 m³　　　D. 2000 m³

7. 根据《房屋建筑与装饰工程工程量计算规范》（GB 50854—2013），当建筑物外墙砖基础垫层底宽为 850 mm，基槽挖土深度为 1600 mm，设计中心线长为 40000 mm，土层为三类土，放坡系数为 1:0.33 时，此外墙基础人工挖沟槽工程量应为（    ）。

A. 34 m³　　　B. 54.4 m³　　　C. 88.2 m³　　　D. 113.8 m³

8. 根据《房屋建筑与装饰工程工程量计算规范》（GB 50854—2013），当土方开挖底长≤3 倍底宽，且底面积≤150 m²，开挖深度为 0.8 m 时，清单项目应列为（    ）。

A. 平整场地　　B. 挖一般土方　　C. 挖沟槽土方　　D. 挖基坑土方

9. 根据《房屋建筑与装饰工程量计算规范》（GB 50854—2013），关于砖砌体工程量计算的说法，正确的是（    ）。

A. 空斗墙按设计尺寸墙体外形体积计算，其中门窗洞口过边的实砌部分不计入

B. 空花墙按设计尺寸以墙体外形体积计算，其中空洞部分体积应予以扣除

C. 实心砖柱按设计尺寸以柱体积计算，钢筋混凝土梁垫、梁头所占体积应予以扣除

D. 空心砖围墙中心线长乘以高以面积计算

10. 根据《房屋建筑与装饰工程工程量计算规范》（GB 50854—2013），关于石砌体工程量计算的说法，正确的是（    ）。

A. 石台阶按设计图示水平投影面积计算

B. 石坡道按水平投影面积乘以平均高度以体积计算

C. 石地沟、明沟按设计尺寸水平投影面积计算

D. 一般石栏杆按设计图示尺寸以长度计算

11. 根据《房屋建筑与装饰工程工程量计算规范》（GB 50854—2013），关于现浇混凝土梁工程量计算的说法，正确的是（    ）。

A. 圈梁区分不同断面按设计中心线长度计算

B. 过梁工程不单独计算，并入墙体工程量计算

C. 异形梁按设计图示尺寸以体积计算

D. 拱形梁按设计拱形轴线长度计算

12. 根据《房屋建筑与装饰工程工程量计算规范》（GB 50854—2013），关于现浇混凝土板工程量计算的说法，正确的是（    ）。

A. 空心板按图示尺寸以体积计算，扣除空心所占体积

B. 雨棚板从外墙内侧算至雨棚板结构外边线按面积计算

C. 阳台板按墙体中心线以外部图示面积计算

D. 天沟板按设计图示尺寸中心线长度计算

13. 根据《房屋建筑与装饰工程工程量计算规范》（GB 50854—2013），关于管沟土方工程量计算的说法，正确的有（    ）。

A. 按管沟宽乘以深度再乘以管道中心线长度计算

B. 按设计管道中心线长度计算

C. 按设计管底垫层面积乘以深度计算

D. 按管道外径水平投影面积乘以深度计算

E. 按管沟开挖断面乘以管道中心线长度计算

14. 根据《房屋建筑与装饰工程工程量计算规范》(GB 50854—2013)，关于油漆工程量计算的说法，正确的有（    ）。

A. 金属门油漆按设计图示洞口尺寸以面积计算

B. 封檐板油漆按设计图示尺寸以面积计算

C. 门窗套油漆按设计图示尺寸以面积计算

D. 木隔断油漆按设计图示尺寸以单面外围面积计算

E. 窗帘盒油漆按设计图示尺寸以面积计算

15. 根据《房屋建筑与装饰工程工程量计算规范》(GB 50854—2013)，下列脚手架中以 $m^2$ 为计算单位的有（    ）。

A. 整体提升架　　　B. 外装饰吊篮　　　C. 挑脚手架　　　D. 悬空脚手架

E. 满堂脚手架

16. 某建筑首层建筑面积为 500 $m^2$，场地较为平整，其自然地面标高为 +87.5 m，设计室外地面标高为 +87.15 m，则其场地土方清单列项和工程量分别是（    ）。

A. 按平整场地列项：500 $m^2$　　　　　B. 按一般土方列项：500 $m^2$

C. 按平整场地列项：175 $m^3$　　　　　D. 按一般土方列项：175 $m^3$

17. 某建筑工程挖土方工程量需要通过现场签证核定，已知斗容量为 1.5 $m^3$ 的轮胎式装载机运土 500 车，则挖土工程量为（    ）。

A. 501.92 $m^3$　　　B. 576.92 $m^3$　　　C. 635 $m^3$　　　D. 750 $m^3$

18. 根据《房屋建筑与装饰工程工程量计算规范》(GB 50854—2013) 规定，关于现浇混凝土柱工程量计算，说法正确的是（    ）。

A. 有梁板矩形独立柱工程量按柱设计截面积乘以自柱基底面至板面高度以体积计算

B. 无梁板矩形柱工程量按柱设计截面积乘以自楼板上表面至柱帽上表面高度以体积计算

C. 框架柱工程量按柱设计截面积乘以自柱基底面至柱顶面高度以体积计算

D. 构造柱按设计尺寸自柱底面至顶面全高以体积计算

19. 已知某现浇钢筋混凝土梁长 6400 mm，截面为 800 mm×1200 mm，设计用 Φ12 mm 箍筋，单位理论重量为 0.888 kg/m，单根箍筋两个弯钩增加长度共 160 mm，钢筋保护层厚为 25 mm，箍筋间距为 200 mm，则 10 根梁的箍筋工程量为（    ）

A. 1.112 t　　　B. 1.117 t　　　C. 1.146 t　　　D. 1.193 t

20. 根据《房屋建筑与装饰工程工程量计算规范》(GB 50854—2013) 规定，关于预

> 建筑工程定额与预算

制混凝土构件工程量计算,说法正确的是(　　)。

　　A. 预制组合屋架,按设计图示尺寸以体积计算,不扣除预埋铁件所占体积

　　B. 预制网架板,按设计图示尺寸以体积计算,不扣除孔洞所占体积

　　C. 预制空心板,按设计图示尺寸以体积计算,不扣除空心板孔洞所占体积

　　D. 预制混凝土楼梯按设计图示尺寸以体积计算,不扣除空心踏步板所占体积

21. 根据《房屋建筑与装饰工程工程量计算规范》(GB 50854—2013)规定,关于金属结构工程量计算,说法正确的是(　　)。

　　A. 钢管柱牛腿工程量列入其他项目中

　　B. 钢网架按设计图示尺寸以质量计算

　　C. 金属结构工程量应扣除孔眼、切边质量

　　D. 金属结构工程量应增加铆钉、螺栓质量

22. 根据《房屋建筑与装饰工程工程量计算规范》(GB 50854—2013)规定,有关木结构工程量计算,说法正确的是(　　)。

　　A. 木屋架的跨度应按与墙或柱的支撑点间的距离计算

　　B. 木屋架的马尾、折角工程量不予计算

　　C. 钢木屋架钢拉杆、连接螺栓不单独列项计算

　　D. 木柱区分不同规格以高度计算

23. 根据《房屋建筑与装饰工程工程量计算规范》(GB 50854—2013)规定,关于厂库房大门工程量计算,说法正确的是(　　)。

　　A. 防护铁丝门按设计数量以质量计算

　　B. 金属格栅门按设计图示门框以面积计算

　　C. 钢制花饰大门按设计图示数量以质量计算

　　D. 全钢板大门按设计图示洞口尺寸以面积计算

24. 根据《房屋建筑与装饰工程工程量计算规范》(GB 50854—2013)规定,关于金属窗工程量计算,说法正确的是(　　)。

　　A. 彩板钢窗按设计图示尺寸以框外围展开面积计算

　　B. 金属纱窗按框外围尺寸以面积计算

　　C. 金属百叶窗按框外围尺寸以面积计算

　　D. 金属橱窗按设计图示洞口尺寸以面积计算

25. 根据《房屋建筑与装饰工程工程量计算规范》(GB 50854—2013)规定,有关防腐工程量计算,说法正确的是(　　)。

　　A. 隔离层平面防腐,门洞开口部分按图示面积计入

　　B. 隔离层立面防腐,门洞口侧壁部分不计算

　　C. 砌筑沥青浸渍砖,按图示水平投影面积计算

　　D. 立面防腐涂料,门洞侧壁按展开面积并入墙面积内

26. 根据《房屋建筑与装饰工程工程量计算规范》(GB 50854—2013)规定，有关保温、隔热工程量计算，说法正确的是（　　）。

A. 与天棚相连的梁的保温工程量并入天棚工程量

B. 与墙相连的柱的保温工程量按柱工程量计算

C. 门窗洞口侧壁的保温工程量不计算

D. 梁保温工程量按设计图示尺寸以梁的中心线长度计算

27. 根据《房屋建筑与装饰工程工程量计算规范》(GB 50854—2013)规定，关于屋面防水工程量计算，说法正确的是（　　）。

A. 斜屋面卷材防水按水平投影面积计算

B. 女儿墙、伸缩缝等处卷材防水弯起部分不计算

C. 屋面排水管按设计图示数量以根计算

D. 屋面变形缝卷材防水按设计图示尺寸以长度计算

28. 根据《房屋建筑与装饰工程工程量计算规范》(GB 50854—2013)规定，关于天棚装饰工程量计算，说法正确的是（　　）。

A. 灯带（槽）按设计图示尺寸以框外围面积计算

B. 灯带（槽）按设计图示尺寸以延长米计算

C. 送风口按设计图示尺寸以结构内边线面积计算

D. 回风口按设计图示尺寸以面积计算

29. 根据《房屋建筑与装饰工程工程量计算规范》(GB 50854—2013)规定，有关拆除工程工程量计算正确的是（　　）。

A. 砖砌体拆除以其立面投影面积计算　　B. 墙柱面龙骨及饰面拆除按延长米计算

C. 窗台板拆除以水平投影面积计算　　D. 栏杆、栏板拆除按拆除部位面积计算

30. 某工程石方清单为暂估项目，施工过程中需要通过现场签证确认实际完成工作量，挖方全部外运。已知开挖范围为底长25 m，底宽9 m，使用斗容量为10 m³的汽车平装外运55车，则关于石方清单列项和工程量，说法正确的有（　　）。

A. 按挖一般石方列项　　　　　　B. 按挖沟槽石方列项

C. 按挖基坑石方列项　　　　　　D. 工程量357.14 m³

E. 工程量550.00 m³

31. 关于现浇混凝土墙工程量计算，说法正确的有（　　）。

A. 一般的短肢剪力墙，按设计图示尺寸以体积计算

B. 直形墙、挡土墙按设计图示尺寸以体积计算

C. 弧形墙按墙厚不同以展开面积计算

D. 墙体工程量应扣除预埋铁件所占体积

E. 墙垛及突出墙面部分的体积不计算

32. 根据《房屋建筑与装饰工程工程量计算规范》(GB 50854—2013)规定，以下关

▶ 建筑工程定额与预算

于措施项目工程量计算,说法正确的有( )。

A. 垂直运输费用,按施工工期日历天数计算

B. 大型机械设备出场及安拆,按使用数量计算

C. 施工降水成井,按设计图示尺寸以孔深度计算

D. 超高施工增加,按建筑物总建筑面积计算

E. 雨篷混凝土模板及支架,按外挑部分水平投影面积计算

33. 根据《建筑工程建筑面积计算规范》(GB/T 50353—2013)规定,关于土方的项目列项或工程量计算正确的为( )。

A. 建筑物场地厚度为 350 mm 的挖土应按平整场地项目列项

B. 挖一般土方的工程量通常按开挖虚方体积计算

C. 基础土方开挖需区分沟槽、基坑和一般土方项目分别列项

D. 冻土开挖工程量按虚方体积计算

34. 某管沟工程,设计管底垫层宽度为 2000 mm,开挖深度为 2.00 m,管径为 1200 mm,工作面宽为 400 mm,管道中心线长为 180 m,管沟土方工程量计量正确的为( )。

A. 432 m³   B. 576 m²   C. 720 m²   D. 1008 m²

35. 根据《建筑工程建筑面积计算规范》(GB/T 50353—2013)规定,关于石方的项目列项或工程量计算正确的为( )。

A. 山坡凿石按一般石方列项

B. 考虑石方运输,石方体积需折算为虚方体积计算

C. 管沟石方均按一般石方列项

D. 基坑底面积超过 120 m² 的按一般石方列项

36. 对某建筑地基设计要求强夯处理,处理范围为 40.0 m×56.0 m,需要铺设 400 mm 厚土工合成材料,并进行机械压实,根据《房屋建筑与装饰工程工程量计算规范》(GB 50854—2013)规定,正确的项目列项或工程量计算是( )。

A. 铺设土工合成材料的工程量为 896 m³   B. 铺设土工合成材料的工程量为 2240 m²

C. 强夯地基工程量按一般土方项目列项   D. 强夯地基工程量为 896 m³

37. 根据《房屋建筑与装饰工程工程量计算规范》(GB 50854—2013)规定,关于地基处理工程量计算正确的是( )。

A. 振冲桩(填料)按设计图示处理范围以面积计算

B. 砂石桩按设计图示尺寸以桩长(不包括桩尖)计算

C. 水泥粉煤灰碎石桩按设计图示尺寸以体积计算

D. 深层搅拌桩按设计图示尺寸以桩长计算

38. 根据《房屋建筑与装饰工程工程量计算规范》(GB 50854—2013)规定,关于基坑支护工程量计算正确的为( )。

A. 地下连续墙按设计图示墙中心线长度以 m 计算

B. 预制钢筋混凝土板桩按设计图示数量以根计算

C. 钢板桩按设计图示数量以根计算

D. 喷射混凝土按设计图示面积乘以喷层厚度以体积计算

39. 根据《房屋建筑与装饰工程工程量计算规范》（GB 50854—2013）规定，关于桩基础的项目列项或工程量计算正确的是（    ）。

   A. 预制钢筋混凝土管桩试验桩应在工程量清单中单独列项

   B. 预制钢筋混凝土方桩试验桩工程量应并入预制钢筋混凝土方桩项目

   C. 现场截凿桩头工程量不单独列项，并入桩工程量计算

   D. 挖孔桩土方按设计桩长（包括桩尖）以 m 计算

40. 根据《房屋建筑与装饰工程工程量计算规范》（GB 50854—2013）规定，关于砖砌工程量计算说法正确的是（    ）。

   A. 砖基础工程量中不含基础砂浆防潮层所占体积

   B. 使用同一种材料的基础与墙身以设计室内地面为分界

   C. 实心砖墙的工程量中不应计入凸出墙面的砖垛体积

   D. 坡屋面有屋架的外墙高由基础顶面算至屋架下弦底面

41. 根据《房屋建筑与装饰工程工程量计算规范》（GB 50854—2013）规定，关于砌体墙高度计算正确的为（    ）。

   A. 外墙从基础顶面算至平屋面板底面　　B. 女儿墙从屋面顶板面算至压顶顶面

   C. 围墙从基础顶面算至混凝土压顶上表面　　D. 外山墙从基础顶面算至山墙最高点

42. 根据《房屋建筑与装饰工程工程量计算规范》（GB 50854—2013）规定，关于石砌体工程量计算正确的为（    ）。

   A. 挡土墙按设计图示中心线长度计算

   B. 勒脚工程量按设计图示尺寸以延长米计算

   C. 石围墙内外地坪标高之差为挡土墙墙高时，墙身与基础以较低地坪标高为界

   D. 石护坡工程量按设计图示尺寸以体积计算

43. 根据《房屋建筑与装饰工程工程量计算规范》（GB 50854—2013）规定，关于现浇混凝土基础的项目列项工程量计算正确的为（    ）。

   A. 箱满堂基础中的墙按现浇混凝土墙列项

   B. 箱式满堂基础中的梁按满堂基础列项

   C. 框架式设备基础的基础部分按现浇混凝土墙列项

   D. 框架式设备基础的柱和梁按设备基础列项

44. 根据《房屋建筑与装饰工程工程量计算规范》（GB 50854—2013）规定，关于混凝柱的工程量计算正确的是（    ）。

   A. 有梁板的柱按设计图示截面积乘以柱基上表面或楼板上表面之上一层楼板底面之间的高度以体积计算

▶ 建筑工程定额与预算

B. 无梁板的柱按设计图示截面积乘以柱基上表面或楼板上表面至柱帽下表面之间的高度以体积计算

C. 框架柱按柱基上表层至柱顶高度以 m 计算

D. 构造柱按设计柱高以 m 计算

45. 根据《房屋建筑与装饰工程工程量计算规范》(GB 50854—2013)规定,关于现浇混凝土板的工程量正确的是(　　)。

A. 栏板按设计图示尺寸以面积计算　　B. 雨篷按设计外墙中心线图示体积计算

C. 阳台板按设计外墙中心线图示面积计算　D. 散水按设计图示尺寸以面积计算

46. 某坡地建筑基础,设计基底垫层宽为 8.0 m,基础中心线长为 22.0 m,开挖深度为 1.6 m,地基为中等风化软岩,根据《房屋建筑与装饰工程工程量计算规范》(GB 50854—2013)规定,关于基础石方的项目列项或工程量计算正确的为(　　)。

A. 按挖沟槽石方列项　　　　　　　B. 按挖基坑石方列项

C. 按挖一般石方列项　　　　　　　D. 工程量为 281.6 m³

E. 工程量为 22.0 m³

47. 根据《房屋建筑与装饰工程工程量计算规范》(GB 50854—2013)规定,关于现浇混凝土构件工程量计算正确的为(　　)。

A. 电缆沟、地沟按设计图示尺寸以面积计算

B. 台阶按设计图示尺寸以水平投影面积或体积计算

C. 压顶按设计图示尺寸以水平投影面积计算

D. 扶手按设计图示尺寸以体积计算

E. 检查井按设计图示尺寸以体积计算

48. 根据《房屋建筑与装饰工程工程量计算规范》(GB 50854—2013)规定,关于钢筋保护或工程量计算正确的为(　　)。

A. Φ20 mm 钢筋一个半圆弯钩的增加长度为 125 mm

B. Φ16 mm 钢筋一个 90°弯钩的增加长度为 56 mm

C. Φ20 mm 钢筋弯起 45°,弯起高度为 450 mm,一侧弯起增加的长度为 186.3 mm

D. 通常情况下混凝土板的钢筋保护层厚度不小于 15 mm

E. 箍筋根数=构件长度/箍筋间距+1

49. 根据《房屋建筑与装饰工程工程量计算规范》(GB 50854—2013)规定,关于金属结构工程量正确的是(　　)。

A. 钢吊车梁工程量应计入制动板、制动梁、制动桁架和车挡的工作量

B. 钢筋工程量中不计算铆钉、螺栓工程量

C. 压型钢板墙板工程量不计算包角、包边

D. 钢板天沟按设计图示尺寸以长度计算

E. 成品雨篷按设计图示尺寸以质量计算

50. 根据《房屋建筑与装饰工程工程量计算规范》(GB 50854—2013)，对以下措施项目详细列明了项目编码、项目特征、计量单位和计算规则的有（　　）。

　　A. 夜间施工　　　　　　　　　　B. 已完工程及设备保护

　　C. 超高施工增加　　　　　　　　D. 施工排水、降水

　　E. 混凝土模板及支架

51. 根据《房屋建筑与装饰工程工程量计算规范》(GB 50854—2013)，在三类土中挖基坑不放坡的坑深可以是（　　）。

　　A. 1.2 m　　　　B. 1.3 m　　　　C. 1.5 m　　　　D. 2.0 m

52. 根据《房屋建筑与装饰工程工程量计算规范》(GB 50854—2013)，若开挖设计长为 20 m、宽为 6 m、深度为 0.8 m 的土方工程，在清单中列项应为（　　）。

　　A. 平整场地　　　B. 挖沟槽　　　C. 挖基坑　　　D. 挖一般土方

53. 根据《房屋建筑与装饰工程工程量计算规范》(GB 50854—2013)，关于管沟石方工程量计算，说法正确的是（　　）。

　　A. 按设计图示尺寸以管道中心线长度计算

　　B. 按设计图示尺寸以截面积计算

　　C. 有管沟设计时按管底以上部分体积计算

　　D. 无管沟设计时按延长米计算

54. 根据《房屋建筑与装饰工程工程量计算规范》(GB 50854—2013)，关于土石方回填工程量计算，说法正确的是（　　）。

　　A. 回填土方项目特征应包括填方来源及运距

　　B. 室内回填应扣除间隔墙所占体积

　　C. 场地回填按设计回填尺寸以面积计算

　　D. 基础回填不扣除基本垫层所占体积

55. 根据《房屋建筑与装饰工程工程量计算规范》(GB 50854—2013)，关于地基处理，说法正确的是（　　）。

　　A. 铺设土工合成材料按设计长度计算

　　B. 强夯地基按设计图示处理范围乘以深度以体积计算

　　C. 填料振冲桩按设计图示尺寸以体积计算

　　D. 砂石桩按设计数量以根计算

56. 根据《房屋建筑与装饰工程工程量计算规范》(GB 50854—2013)，关于砌墙工程量计算，说法正确的是（　　）。

　　A. 扣除凹进墙内的管槽、暖气槽所占体积　　B. 扣除伸入墙内的梁头、板头所占体积

　　C. 扣除凸出墙面砖垛体积　　　　　　　　　D. 扣除檩头、垫木所占体积

57. 根据《房屋建筑与装饰工程工程量计算规范》(GB 50854—2013)，关于现浇混凝土柱高计算，说法正确的是（　　）。

▶ 建筑工程定额与预算

A. 有梁板的柱高自楼板上表面至上一层楼板下表面之间的高度计算
B. 无梁板的柱高自楼板上表面至上一层楼板上表面之间的高度计算
C. 框架柱的柱高自柱基上表面至柱顶高度减去各层板厚的高度计算
D. 构造柱按全高计算

58. 根据《房屋建筑与装饰工程工程量计算规范》（GB 50854—2013），关于预制混凝土构件工程量计算，说法正确的是（　　）。

A. 如以构件数量作为计量单位，特征描述中必须说明单件体积
B. 异形柱应扣除构件内预埋铁件所占体积，铁件另计
C. 大型板应扣除单个尺寸≤300 mm×300 mm 孔洞所占体积
D. 空心板不扣除空洞体积

59. 后张法施工预应力混凝土，孔道长度为 12.00 m，采用后张混凝土自锚低合金钢筋，钢筋工程量计算的每孔钢筋长度为（　　）。

A. 12.6 m　　　B. 12.15 m　　　C. 12.35 m　　　D. 13.00 m

60. 根据《房屋建筑与装饰工程工程量计算规范》（GB 50584—2013），某钢筋混凝土梁长为12000 mm，涉及保护层厚为 25 mm，钢筋为 A10@300，则该梁所配钢筋数量应为（　　）。

A. 40 根　　　B. 41 根　　　C. 42 根　　　D. 300 根

61. 根据《房屋建筑与装饰工程工程量计算规范》（GB 50584—2013），关于金属结构工程量计算，说法正确的是（　　）。

A. 钢桁架工程量应增加铆钉质量　　　B. 钢桁架工程量中应扣除切边部分质量
C. 钢屋架工程量中螺栓质量不另计算　　D. 钢屋架工程量中应扣除孔眼质量

62. 根据《房屋建筑与装饰工程工程量计算规范》（GB 50584—2013），关于门窗工程量计算，说法正确的是（　　）。

A. 木质门带套工程量应按套外围面积计算
B. 门窗工程量计量单位与项目特征描述无关
C. 门窗工程量按图示尺寸以面积为单位时，项目特征必须描述洞口尺寸
D. 门窗工程量以数量"樘"为单位时，项目特征必须描述洞口尺寸

63. 根据《房屋建筑与装饰工程工程量计算规范》（GB 50584—2013），屋面防水工程量计算，说法正确的是（　　）。

A. 斜屋面卷材防水，工程量按水平投影面积计算
B. 平屋面涂膜防水，工程量不扣除烟囱所占面积
C. 平屋面女儿墙弯起部分卷材防水不计工程量
D. 平屋面伸缩缝卷材防水不计工程量

64. 根据《房屋建筑与装饰工程工程量计算规范》（GB 50584—2013），关于抹灰工程量说法正确的是

A. 墙面抹灰工程量应扣除墙与构件交接处面积

B. 有墙裙的内墙抹灰按主墙间净长乘以墙裙顶至天棚底高度以面积计算

C. 内墙裙抹灰不单独计算

D. 外墙抹灰按外墙展开面积计算

65. 根据《房屋建筑与装饰工程工程量计算规范》(GB 50854—2013),关于工程量计算,说法正确的是( )。

A. 木材构件喷刷防火涂料按设计图示尺寸以面积计算

B. 金属构件刷防火涂料按构件单面外围面积计算

C. 空花格、栏杆刷涂料按设计图示尺寸以双面面积计算

D. 线条刷涂料按设计展开面积计算

66. 根据《房屋建筑与装饰工程工程量计算规范》(GB 50854—2013),关于土方工程量计算,说法正确的有( )。

A. 建筑物场地挖、填厚度≤±300 mm 的挖土应按一般土方项目编码列项计算

B. 平整场地工程量按设计图示尺寸以建筑物首层建筑面积计算

C. 挖一般土方应按设计图示尺寸以挖掘前天然密实体积计算

D. 挖沟槽土方工程量按沟槽设计图纸图示中心线长度计算

E. 挖基坑土方工程量按设计图示尺寸以体积计算

67. 根据《房屋建筑与装饰工程工程量计算规范》(GB 50854—2013),关于综合脚手架,说法正确的有( )。

A. 工程量按建筑面积计算

B. 用于屋顶加层时应说明加层高度

C. 项目特征应说明建筑结构形式和檐口高度

D. 同一建筑物有不同檐高时,分别按不同檐高列项

E. 项目特征必须说明脚手架材料

68. 根据《房屋建筑与装饰工程工程量计算规范》(GB 50854—2013),关于装饰工程量计算,说法正确的有( )。

A. 自流坪地面按图示尺寸以面积计算

B. 整体层按设计图示尺寸以面积计算

C. 块料踢脚线可按延长米计算

D. 石材台阶面装饰设计图示以台阶最上踏步外沿水平投影面积计算

E. 塑料板楼地面按设计图示尺寸以面积计算

69. 根据《房屋建筑与装饰工程工程量计算规范》(GB 50854—2013),某建筑物场地土方工程,设计基础长 27 m,宽 8 m,周边开挖深度均为 2 m,实际开挖后场内堆土量为 570 m³,则土方工程量为( )。

A. 平整场地 216 m²        B. 沟槽土方 655 m³

C. 基坑土方 528 m³    D. 一般土方 438 m³

## 二、应用题

独立基础 DJ-1 如图 3-16 所示，数量 1 个，室外地坪标高为 -0.3 m。施工方案为人工放坡开挖，根据定额的计算规则规定，工作面每边 300 mm，自垫层上表面开始放坡，坡度系数为 0.33，余土外运。请列式计算挖土方、回填方的清单工程量和定额工程量。

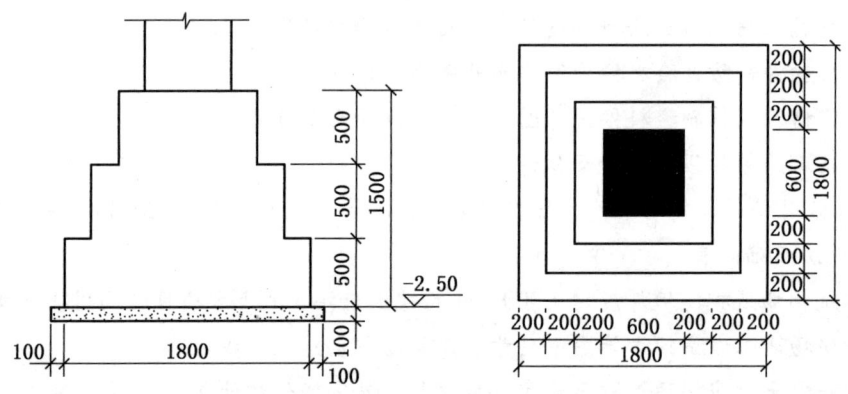

图 3-16 独立基础 DJ-1

# 模块四　施工图预算的编制

## 项目一　施工图预算编制概述

### 任务一　施工图预算的概念

【任务目标】
准确阐述施工图预算的含义及作用。

【任务知识】
施工图预算是指根据施工图、预算定额、各项取费标准、建设地区的自然及技术经济条件等资料编制的建筑安装工程预算造价文件。在我国，施工图预算是建筑企业和建设单位签订承包合同、实行工程预算包干、拨付工程款和办理工程结算的依据，也是建筑企业控制施工成本、实行经济核算和考核经营成果的依据。在实行招标承包制的情况下，是建设单位确定招标控制价和建筑企业投标报价的依据。施工图预算是关系建设单位和建筑企业经济利益的技术经济文件，如在执行过程中发生经济纠纷，应按合同经协商或仲裁机关仲裁，或按民事诉讼等其他法律规定的程序解决。

### 任务二　施工图预算的编制依据

【任务目标】
准确阐述施工图预算的编制依据。

【任务知识】
施工图预算的编制依据如下：

（1）施工图。施工图是计算工程量和套用预算定额的依据。广义上讲，施工图除了包括施工蓝图外，还包括标准施工图、图纸会审纪要和设计变更等资料。

（2）施工组织设计或施工方案。施工组织设计或施工方案是编制施工图预算过程中，计算工程量和套用预算定额时，确定土方类别、基础工作面大小、构件运输距离及运输方式等的依据。

（3）预算定额。预算定额是确定分项工程项目、计量单位，计算分项工程量、分项工程直接费和人工、材料、机械台班消耗量的依据。

（4）地区材料预算价格。地区材料预算价格或材料指导价是计算材料费和调整材料价差的依据。

（5）地区取费标准（或间接费定额）文件。按当地规定的费率及有关文件进行计算。费用定额和税率费用定额包括措施费、间接费、利润和税金的计算基础、费率、税率的规定。

（6）施工合同。施工合同是确定收取哪些费用，按多少收取的依据。

## 任务三　施工图预算文件的组成

**【任务目标】**

准确默写施工预算文件的组成内容。

**【任务知识】**

施工图预算是在施工图阶段，依据各专业设计的施工图和文字说明而编制的全部工程造价预算。编制中应采用现行的预算定额、地区材料构配件预算价格、各项费用标准和地区单位估价表，现行的设备原价及运杂费率及有关的其他工程费用定额。

预算文件应包括：预算编制说明、总预算书、单项工程综合预算书、单位工程预算书、主要材料表及补充单位估价表。

# 项目二　施工图预算的编制过程

## 任务一　准　备　工　作

**【任务目标】**

在编制施工图预算前，做好相关准备。

**【任务知识】**

施工图预算编制的主要内容包括：①列出分项工程项目（简称列项）；②计算工程量；③套用预算定额及定额基价换算；④工料分析及汇总；⑤计算直接费；⑥材料价差调整；⑦计算间接费；⑧计算利润；⑨计算税金；⑩汇总为工程造价。

## 任务二　施工图预算的编制方法及步骤

**【任务目标】**

准确阐述施工图预算的编制方法及步骤。

**【任务知识】**

以房屋建筑工程为例，单位工程施工图预算包括建筑工程费、安装工程费和设备及工器具购置费。建筑安装工程费常用计算方法有实物量法和单价法，其中单价法分为工料单价法和全费用综合单价法。

实物量法是依据施工图纸和预算定额的项目划分及工程量计算规则，先计算出分项工程量，然后套用预算定额（或企业定额）来编制施工图预算的方法。工料单价法是用事先编制好的分项工程的单位估价表来编制施工图预算的方法。全费用综合单价法是指根据招标人按照国家统一的工程量计算规则提供的工程数量，采用全费用综合单价的形式计算工程造价的方法。在单价法中，使用较多的是工料单价法。

目前，我国以政府投资为主的工程项目，例如电力、铁路、公路等工程，仍主要采用定额计价的方法编制施工图预算，不同行业对施工图预算编制均有具体的规定，但基本原理和方法较为接近，本任务以房屋建筑工程为例，介绍实物量法和工料单价法。

## 一、实物量法

用实物量法编制单位工程施工图预算，就是根据施工图计算的各分项工程量分别乘以预算定额（或企业定额）中人工、材料、施工机具台班的定额消耗量，分类汇总得出该单位工程所需的全部人工、材料、施工机具台班消耗数量，然后再乘以当时当地人工工日单价、各种材料单价、施工机械台班单价、施工仪器仪表台班单价，求出相应的直接费。在此基础上，通过取费的方式计算企业管理费、利润、规费和税金等费用。

实物量法编制施工图预算的公式如下：

$$单位工程直接费 = 综合工日消耗量 \times 综合工日单价 + \sum（各种材料消耗量 \times 相应材料单价） + \sum（各种施工机械消耗量 \times 相应施工机械台班单价） + \sum（各施工仪器仪表消耗量 \times 相应施工仪器仪表台班单价）$$

$$单位工程预算造价 = 单位工程直接费 + 企业管理费 + 利润 + 规费 + 税金$$

1. 准备资料、熟悉施工图纸

（1）收集编制施工图预算的编制依据。包括预算定额或企业定额，取费标准，当时当地人工、材料、施工机具市场价格等。

（2）熟悉施工图等基础资料。熟悉施工图纸、有关的通用标准图、图纸会审记录、设计变更通知等资料，并检查施工图纸是否齐全、尺寸是否清楚，了解设计意图，掌握工程全貌。

（3）了解施工组织设计和施工现场情况。全面分析各分项工程，充分了解施工组织设计和施工方案，如工程进度、施工方法、人员使用、材料消耗、施工机械、技术措施等内容，注意影响费用的关键因素；核实施工现场情况，包括工程所在地地质、地形、地貌等情况，工程实地情况、当地气象资料、当地材料供应地点及运距等情况；了解工程布置、地形条件、施工条件、料场开采条件、场内外交通运输条件等。

2. 列项并计算工程量

按照预算定额（或企业定额）子目将单位工程划分为若干分项工程，按照施工图纸尺寸和定额规定的工程量计算规则进行工程量计算。一般借助工程计价软件，通过建模方式

▶ 建筑工程定额与预算

由软件系统自动计算工程量,点选适合的定额,以确保软件系统对工程的计量是按预算定额中规定的工程量计算规则进行;计量单位应与定额中相应的分项工程的计量单位保持一致;输入系统的原始数据应以施工图纸上的设计尺寸及有关数据为准,注意分项子目不能重复列项计算,也不能漏项少算。

3. 套用预算定额(或企业定额),计算人工、材料、机具台班消耗量

根据预算定额(或企业定额)所列单位分项工程人工工日、材料、施工机具台班的消耗数量,分别乘以各分项工程的工程量,统计汇总出完成各分项工程所需消耗的各类人工工日、各类材料和各类施工机具台班数量。此步骤也可通过计价软件进行统计计算。

4. 计算并汇总直接费

调用当时当地人工工资单价、材料预算单价、施工机械台班单价、施工仪器仪表台班单价,分别乘以人工、材料、机具台班消耗量,汇总即得到单位工程直接费。

5. 计算其他各项费用,汇总造价

根据规定的税率、费率和相应的计取基础,分别计算企业管理费、利润、规费和税金。将上述所有费用汇总即可得到单位工程预算造价。与此同时,计算工程的技术经济指标,如单方造价等。费率标准可在计价软件中设定,上述计算过程由系统自动完成。

6. 复核、填写封面、编制说明

检查人工、材料、机具台班的消耗量计算是否准确,有无漏算、重算或多算;检查采用的人工、材料、机具台班实际价格是否合理。封面应写明工程编号、工程名称、预算总造价和单方造价等,撰写编制说明,将封面、编制说明、预算费用汇总表、人材机实物量汇总表、工程预算分析表等按顺序编排并装订成册,便完成了单位施工图预算的编制工作。

## 二、工料单价法

工料单价法采用的分项工程单价为工料单价,将各分项工程量乘以对应分项工程单价后的合计值汇总后,再计取企业管理费、利润、规费和税金,汇总各项费用得到单位工程的施工图预算造价。工料单价法中的单价一般采用单位估价表中的各分项工程工料单价(定额基价)。工料单价法计算公式如下:

$$单位工程预算造价 = \left(\sum 分项工程量 \times 分项工程工料单价\right) + 企业管理费 + 利润 + 规费 + 税金$$

1. 准备工作

本步骤与实物量法基本相同,不同的是需要收集适用的单位估价表,定额中已含有定额基价的则无须单位估价表。

2. 列项并计算工程量

本步骤与实物量法相同。

3. 套用定额单价,计算直接费

核对工程量计算结果后,套用单位估价表中的工料单价(或定额基价),用工料单价乘以工程量得出合价,汇总合价得到单位工程直接费。套用工料单价时,若分项工程的主要材料品种与单位估价表(或预算定额)中所列材料不一致,需要按实际使用材料价格换算工料单价后再套用,分项工程施工工艺条件与单位估价表(或定额)不一致而造成人工、机具的数量增减时,需要调整用量后再套用。上述工作同样可通过计价软件进行套用和计算。

4. 编制工料分析表

依据单位估价表(或定额),将各分项工程对应的定额项目表中每项材料和人工的定额消耗量分别乘以该分项工程工程量,得到该分项工程工料消耗量,将各分项工程工料消耗量按类别加以汇总,得出单位工程人工、材料的消耗数量。借助计价软件可完成工料分析统计工作,分项工程工料分析表。

5. 计算主材费并调整直接费

许多定额项目基价为不完全价格,即未包括主材费用在内。因此还应单独计算出主材费,计算完成后将主材费的价差并入人材机费用合计。主材费按当时当地的市场价格计取。由于工料单价法采用的是事先编制好的单位估价表,其价格水平不能代表预算编制时的价格水平,一般需采用调价系数或指数进行调价,将价差并入直接费费用合计。

6. 按计价程序计取其他费用,并汇总造价

本步骤与实物量法相同。

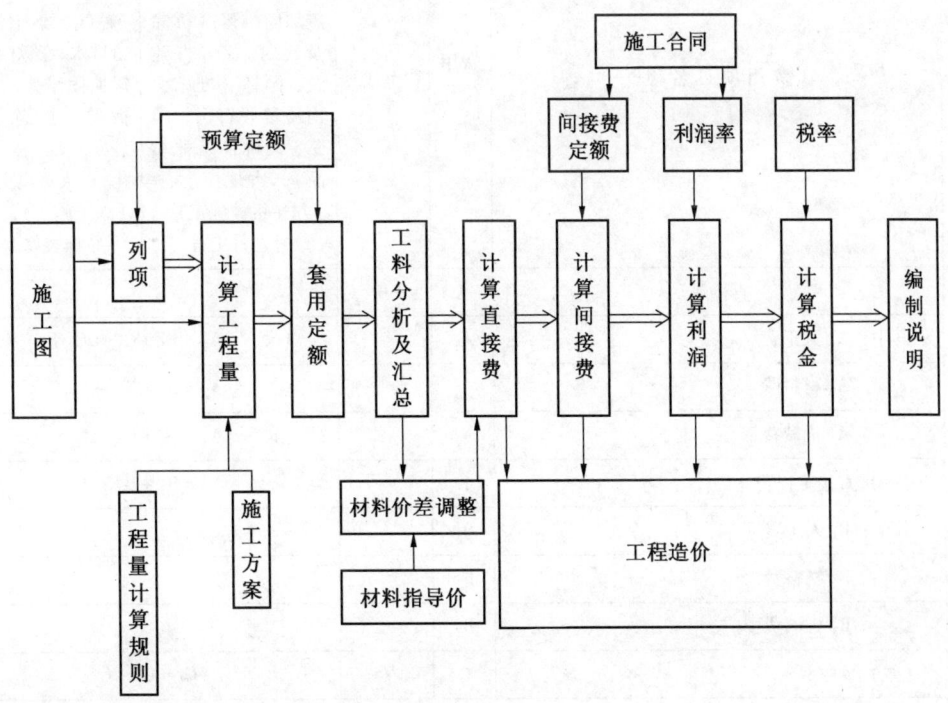

图 4-1 施工图预算编制步骤

▶ 建筑工程定额与预算

**7. 复核，填写封面、编制说明**

本步骤与实物量法相同。

工料单价法与实物量法首尾部分的步骤基本相同，所不同的主要是中间两个步骤，即：①实物量法套用的是预算定额（或企业定额）人工工日、材料、施工机具台班消耗量，工料单价法套用的是单位估价表工料单价或定额基价；②实物量法采用的是当时当地的各类人工工日、材料、施工机具台班的实际单价，工料单价法采用的是单位估价表或定额编制时期的各类人工工日、材料、施工机具台班单价，需要用调价系数或指数进行调整。

施工图预算编制步骤如图 4-1 所示。

## 任务三　甘肃省工程造价计价程序

【任务目标】

默写出定额计价法与清单计价法。

【任务知识】

### 一、采用定额计价法

| 序号 | 费用项目名称 | 费用代号 | 费率代号 | 计算式 一般建筑，市政（道路、桥涵），抗震加固维修（拆除及建筑），仿古建筑、园林（堆砌假山及塑假石山、园路、园桥及园林小品），大规模土石方（机械施工），外购件工程 | 计算式 一般安装工程，包工不包料，市政（燃气、集中供热、给排水、路灯），抗震加固维修（单独拆除、拆除及安装），园林（绿化），大规模土石方（人工施工），建筑装饰装修工程 |
|---|---|---|---|---|---|
| 一 | 直接费 | A | | $A = B + C$ | |
| | 其中：$A_1$ 人工费 | $A_1$ | | $A_1 = B_1 + C_{1a} + C_{2a}$ | |
| | $A_2$ 材料费 | $A_2$ | | $A_2 = B_2 + C_{1b} + C_{2b}$ | |
| | $A_3$ 机械费 | $A_3$ | | $A_3 = B_3 + C_{1c} + C_{2c}$ | |
| | （一）直接工程费 | B | | $B = B_1 + B_2 + B_3$ | |
| | 其中：$B_1$ 人工费 | $B_1$ | | | |
| | $B_2$ 材料费 | $B_2$ | | | |
| | $B_3$ 机械费 | $B_3$ | | | |
| | （二）措施费 | C | | $C = C_1 + C_2$ | |
| | 1. 费率措施费（包括人 $C_{1a}$、材 $C_{1b}$、机 $C_{1c}$） | $C_1$ | c | $C_1 = (B_1 + B_3) \times c$ | $C_1 = B_1 \times c$ |
| | 2. 定额措施费 | $C_2$ | | $C_2 = C_{2a} + C_{2b} + C_{2C}$ | |

（续）

| 序号 | 费用项目名称 | | 费用代号 | 费率代号 | 计 算 式 | |
|---|---|---|---|---|---|---|
| | | | | | 一般建筑，市政（道路、桥涵），抗震加固维修（拆除及建筑），仿古建筑、园林（堆砌假山及塑假石山、园路、园桥及园林小品），大规模土石方（机械施工），外购件工程 | 一般安装工程，包工不包料，市政（燃气、集中供热、给排水、路灯），抗震加固维修（单独拆除、拆除及安装），园林（绿化），大规模土石方（人工施工），建筑装饰装修工程 |
| 一 | 其中：$C_{2a}$人工费 | | $C_{2a}$ | | | |
| | $C_{2b}$材料费 | | $C_{2b}$ | | | |
| | $C_{2c}$机械费 | | $C_{2c}$ | | | |
| 二 | 间接费（企业管理费） | | D | d | $D=(A_1+A_3)\times d$ | $D=A_1\times d$ |
| 三 | 利润 | | E | e | $E=(A_1+A_3)\times e$ | $E=A_1\times e$ |
| 四 | 价差调整 | 人工费调整 | F | f | $F=A_1\times f$ | |
| | | 材料价差 | G | | $G=G_1+G_2$ | |
| | | 其中：一类材料 | $G_1$ | | 按实物法调差规定计算 | |
| | | 二类材料 | $G_2$ | $g_2$ | $G_2=A_2\times g_2$ | |
| | | 机械费调整 | H | h | $H=A_3\times h$ | |
| 五 | 规费 | | J | | $J=J_1+J_2+J_3+J_4+J_5$ | |
| | 1. 社会保障费 | | $J_1$ | | 注：社会保障费、住房公积金按照"甘肃省建设工程费用标准证书"中核定的标准计取 | |
| | 2. 住房公积金 | | $J_2$ | | | |
| | 3. 工程排污费 | | $J_3$ | $j_3$ | $J_3=(A_1+A_3)\times j_3$ | $J_3=A_1\times j_3$ |
| | 4. 危险作业意外伤害保险 | | $J_4$ | $j_4$ | $J_4=(A_1+A_3)\times j_4$ | $J_4=A_1\times j_4$ |
| | 5. 企业可持续发展基金 | | $J_5$ | $j_5$ | $J_5=(A_1+A_3)\times j_5$ | $J_5=A_1\times j_5$ |
| 六 | 税金 | | M | m | $M=(A+D+E+F+G+H+J)\times m$ | |
| 七 | 工程造价 | | N | | $N=A+D+E+F+G+H+J+M$ | |

## 二、采用工程量清单计价法

应按《甘肃省建设工程工程量清单计价管理办法》的规定计价。

### 任务四　甘肃省建筑工程费用标准

【任务目标】

▶ 建筑工程定额与预算

会查找并分辨各类工程的取费标准。

【任务知识】

## 一、措施项目费取费标准

(1) 一般建筑,抗震加固维修(拆除及建筑),大规模土石方(机械施工)工程;市政(道路、桥涵);仿古建筑,园林绿化(堆砌假山及塑假石山、园路、园桥及园林小品)工程;外购件工程。

| 序号 | 费用项目名称 | | 计算基础 | 一般建筑,抗震加固维修(拆除及建筑),大规模土石方(机械施工)工程/% | 市政(道路、桥涵);仿古建筑,园林绿化(堆砌假山及塑假石山、园路、园桥及园林小品)工程/% | 外购件工程/% |
|---|---|---|---|---|---|---|
| 1 | 环境保护费 | | $B_1 + B_3$ | 1.31 | 1.45 | 0.36 |
| 2 | 文明施工费 | | | 2.10 | 1.98 | 0.55 |
| 3 | 安全施工费 | | | 11.70 | 9.35 | 5.70 |
| 4 | 临时设施费 | | | 7.05 | 4.15 | 3.35 |
| 5 | 夜间施工费 | | | 3.15 | 3.05 | 1.36 |
| 6 | 二次搬运费 | | | 4.15 | 4.15 | 4.12 |
| 7 | 冬雨季施工费 | | | 4.15 | 4.05 | 1.95 |
| 8 | 生产工具用具使用费 | | | 2.83 | 2.75 | 1.35 |
| 9 | 工程定位复测、工程点交、场地清理费 | | | 0.85 | 0.78 | 0.44 |
| 10 | 已完工程及设备保护费 | | | 0.17 | 0.16 | 0.17 |
| 11 | 施工因素增加费 | | | — | 3.14 | |
| 12 | 缩短工期措施费 | 缩短工期10%~20% | | 4.15 | — | |
| | | 缩短工期20%~30% | | 7.25 | — | |
| | | 缩短工期30% | | 10.35 | — | |
| 13 | 特殊地区增加费 | 沙漠及边缘地区 | | 12.00 | | |
| | | 高原2001~3000 m | | 8.30 | | |
| | | 高原3001~4000 m | | 24.50 | | |

(2) 一般安装工程,抗震加固维修(单独拆除、拆除及安装)、大规模土石方(人工施工)、包工不包料工程,市政(集中供热、燃气、给排水、路灯)、园林绿化(绿化)工程,建筑装饰装修工程。

## 模块四 施工图预算的编制

| 序号 | 费用项目名称 | | 计算基础 | 一般安装工程/% | 抗震加固维修（单独拆除、拆除及安装）、大规模土石方（人工施工）、包工不包料工程/% | 市政（集中供热、燃气、给排水、路灯）、园林绿化（绿化）工程/% | 建筑装饰装修工程/% |
|---|---|---|---|---|---|---|---|
| 1 | 环境保护费 | | | 2.16 | 2.09 | 2.35 | 1.55 |
| 2 | 文明施工费 | | | 3.50 | 3.35 | 3.40 | 2.05 |
| 3 | 安全施工费 | | | 15.66 | 12.46 | 12.55 | 13.82 |
| 4 | 临时设施费 | | | 13.60 | 10.50 | 8.05 | 9.35 |
| 5 | 夜间施工费 | | | 5.25 | 5.00 | 5.15 | 4.65 |
| 6 | 二次搬运费 | | | 1.80 | 0.00 | 0.00 | 1.15 |
| 7 | 冬雨季施工费 | | | 6.95 | 6.60 | 6.85 | 4.95 |
| 8 | 生产工具用具使用费 | | | 4.80 | 4.55 | 4.65 | 3.40 |
| 9 | 工程定位复测、工程点交、场地清理费 | | $B_1$ | 1.50 | 1.40 | 1.30 | 1.05 |
| 10 | 已完工程及设备保护费 | | | 0.30 | 0.07 | 0.15 | 0.25 |
| 11 | 施工因素增加费 | | | — | — | 5.05 | 0.00 |
| 12 | 缩短工期措施费 | 缩短工期10%~20% | | 6.90 | 土石方：1.10 | — | 4.50 |
| | | 缩短工期20%~30% | | 12.00 | 土石方：1.65 | — | 6.85 |
| | | 缩短工期30% | | 17.25 | 土石方：2.20 | — | 9.10 |
| 13 | 特殊地区增加费 | 沙漠及边缘地区 | | 13.65 | | | |
| | | 高原2001~3000 m | | 13.80 | | | |
| | | 高原3001~4000 m | | 41.40 | | | |

（3）以上未列的措施项目按《甘肃省建设工程措施项目费定额》及有关规定计算。

## 二、间接费（企业管理费）计取标准

| 序号 | 工程项目 | 计算基础 | 工程类别 | | | |
|---|---|---|---|---|---|---|
| | | | 一类 | 二类 | 三类 | 四类 |
| | | | 取费标准/% | | | |
| 1 | 一般建筑工程 | $A_1 + A_3$ | 38.70 | 35.26 | 33.56 | 29.66 |
| 2 | 一般安装工程 | $A_1$ | 46.32 | 41.77 | 39.12 | 34.57 |
| 3 | 大规模土石方（机械施工）工程 | $A_1 + A_3$ | 10.91 | 9.90 | 9.01 | 7.51 |
| 4 | 大规模土石方（人工施工）工程 | $A_1$ | 29.47 | 18.17 | 16.87 | 9.02 |

▶ **建筑工程定额与预算**

(续)

| 序号 | 工程项目 | | 计算基础 | 工程类别 | | | |
|---|---|---|---|---|---|---|---|
| | | | | 一类 | 二类 | 三类 | 四类 |
| | | | | 取费标准/% | | | |
| 5 | 抗震加固维修工程 | 单独拆除 | $A_1$ | 18.82 | 14.92 | 13.57 | 12.27 |
| | | 拆除及安装 | $A_1$ | 43.02 | 39.12 | 35.82 | 31.22 |
| | | 拆除及建筑 | $A_1+A_3$ | 33.91 | 30.71 | 29.06 | 25.21 |
| 6 | 市政工程 | 道路、桥涵 | $A_1+A_3$ | 34.71 | 31.51 | 29.91 | 23.51 |
| | | 集中供热、燃气、给排水、路灯 | $A_1$ | 44.32 | 40.42 | 37.15 | 30.57 |
| 7 | 园林绿化工程 | 绿化工程 | $A_1$ | 32.57 | 28.62 | — | — |
| | | 堆砌假山及塑假石山、园路、园桥及园林小品工程 | $A_1+A_3$ | 25.06 | 22.71 | — | — |
| 8 | 仿古建筑工程 | | $A_1+A_3$ | 28.21 | 25.06 | 23.04 | |
| 9 | 包工不包料工程 | | $A_1$ | 19.42 | 15.52 | 14.22 | 12.93 |
| 10 | 外构件工程 | | $A_1+A_3$ | 18.56 | 16.21 | 15.06 | 14.21 |
| 11 | 建筑装饰装修工程 | | $A_1$ | 31.27 | 28.62 | 26.67 | 22.77 |

## 三、利润计取标准

| 序号 | 工程项目 | 计算基础 | 工程类别 | | | |
|---|---|---|---|---|---|---|
| | | | 一类 | 二类 | 三类 | 四类 |
| | | | 取费标准/% | | | |
| 1 | 一般建筑,抗震加固维修(拆除及建筑)工程 | $A_1+A_3$ | 15.85 | 12.55 | 9.00 | 6.85 |
| 2 | 一般安装工程,抗震加固维修(单独拆除、拆除及安装)、大规模土石方(人工施工)、包工不包料工程 | $A_1$ | 28.45 | 23.20 | 15.35 | 12.00 |
| 3 | 市政工程(道路、桥涵) | $A_1+A_3$ | 12.85 | 9.25 | 7.15 | 4.00 |
| 4 | 市政工程(集中供热、燃气、给排水、路灯) | $A_1$ | 26.55 | 18.70 | 13.10 | 7.50 |
| 5 | 仿古建筑工程 | $A_1+A_3$ | 12.50 | 6.90 | 4.00 | — |
| 6 | 园林绿化工程(绿化工程) | $A_1$ | 17.95 | 7.48 | — | — |
| 7 | 园林绿化(堆砌假山及塑假石山、园路、园桥及园林小品)工程 | $A_1+A_3$ | 8.60 | 3.80 | — | — |
| 8 | 大规模土石方(机械施工)工程 | $A_1+A_3$ | 4.85 | 3.85 | 2.75 | 2.10 |
| 9 | 大规模土石方(人工施工)工程 | $A_1$ | 28.40 | 23.20 | 15.35 | 11.95 |
| 10 | 建筑装饰装修工程 | $A_1$ | 17.95 | 14.60 | 9.75 | 7.88 |

注:外购件工程不得计取利润率。

## 四、规费计取标准

(1) 一般建筑、抗震加固维修(拆除及建筑)、大规模土石方(机械施工)工程,市政(道路、桥涵)、仿古建筑、园林绿化(堆砌假山及塑假石山、园路、园桥及园林小品)工程,外购件工程。

| 序号 | 规费名称 | 计算基础 | 取费标准/% |
|---|---|---|---|
| 1 | 社会保障费 | $A_1$ | 核定标准 |
| 2 | 住房公积金 | | 核定标准 |
| 3 | 工程排污费 | $A_1 + A_3$ | 0.22 |
| 4 | 危险作业意外伤害保险 | | 0.40 |
| 5 | 企业可持续发展基金 | 见"企业可持续发展基金计取标准" | |

(2) 一般安装工程,抗震加固维修(单独拆除、拆除及安装)、大规模土石方(人工施工)、包工不包料工程,市政(集中供热、燃气、给排水、路灯)、园林绿化(绿化)工程,建筑装饰装修工程。

| 序号 | 规费名称 | 计算基础 | 取费标准/% |
|---|---|---|---|
| 1 | 社会保障费 | $A_1$ | 核定标准 |
| 2 | 住房公积金 | | 核定标准 |
| 3 | 工程排污费 | | 0.28 |
| 4 | 危险作业意外伤害保险 | | 0.52 |
| 5 | 企业可持续发展基金 | 见"企业可持续发展基金计取标准" | |

(3) 社会保障费、住房公积金按"甘肃省建设工程费用标准证书"中核定的标准计取。

(4) 企业可持续发展基金计取标准。

| 序号 | 工程项目 | 计算基础 | 工程类别 | | | |
|---|---|---|---|---|---|---|
| | | | 一类 | 二类 | 三类 | 四类 |
| | | | 取费标准/% | | | |
| 1 | 一般建筑,抗震加固维修(拆除及建筑)工程 | $A_1 + A_3$ | 11.90 | 9.40 | 6.75 | 5.15 |
| 2 | 一般安装工程,抗震加固维修(单独拆除、拆除及安装)、大规模土石方(人工施工)、包工不包料工程 | $A_1$ | 21.30 | 17.40 | 11.50 | 9.00 |
| 3 | 市政工程(道路、桥涵) | $A_1 + A_3$ | 9.75 | 6.90 | 5.35 | 3.00 |
| 4 | 市政工程(集中供热、燃气、给排水、路灯) | $A_1$ | 19.90 | 14.00 | 9.85 | 5.60 |

▶ 建筑工程定额与预算

(续)

| 序号 | 工程项目 | 计算基础 | 工程类别 ||||
|---|---|---|---|---|---|---|
| | | | 一类 | 二类 | 三类 | 四类 |
| | | | 取费标准/% ||||
| 5 | 仿古建筑工程 | $A_1 + A_3$ | 9.25 | 5.20 | 3.00 | — |
| 6 | 园林绿化工程（绿化工程） | $A_1$ | 13.45 | 5.60 | — | — |
| 7 | 园林绿化（堆砌假山及塑假石山、园路、园桥及园林小品）工程 | $A_1 + A_3$ | 6.45 | 2.85 | — | — |
| 8 | 大规模土石方（机械施工）工程 | $A_1 + A_3$ | 3.65 | 2.85 | 2.05 | 1.55 |
| 9 | 大规模土石方（人工施工）工程 | $A_1$ | 21.30 | 17.35 | 11.50 | 8.95 |
| 10 | 外购件工程 | $A_1 + A_3$ | 10.50 | 8.30 | 6.00 | 4.55 |
| 11 | 建筑装饰装修工程 | $A_1$ | 13.45 | 10.95 | 7.30 | 5.90 |

(5) 社会保障费、住房公积金在标准招标控制价（或最高限价）时参照如下标准。

| 序号 | 规费名称 | 计算基础 | 一般建筑，市政（道路、桥涵），抗震加固维修（拆除及建筑），仿古建筑、园林（堆砌假山及塑假石山、园路、园桥及园林小品），大规模土石方（机械施工），外购件工程 | 一般安装工程，包工不包料，市政（集中供热、燃气、给排水、路灯），抗震加固维修（单独拆除、拆除及安装），园林（绿化）大规模土石方（人工施工）工程，建筑装饰装修工程 |
|---|---|---|---|---|
| | | | 取费标准/% ||
| 1 | 社会保障费（含养老、失业、医疗、工伤、生育保险费和劳动保险补助费) | $A_1$ | 20.00 | 20.00 |
| 2 | 住房公积金 | | 8.00 | 8.00 |

## 五、税金计取标准

| 序号 | 纳税地点 | 计算基础 | 税率/% |
|---|---|---|---|
| 1 | 在市区 | $A+D+E+F+G+H+J$ | 3.41 |
| 2 | 在县城、镇 | | 3.35 |
| 3 | 不在市区、县城或镇 | | 3.22 |

注：税金系营业税、城市建设维护税、教育费附加三项。

## 任务五 甘肃省建筑工程类别划分及说明

【任务目标】
会准确查找并划分甘肃省建筑工程类别。

【任务知识】

### 一、一般建筑工程

| 工程类型 | | | 单位 | 工程类别划分标准 | | | |
|---|---|---|---|---|---|---|---|
| | | | | 一类 | 二类 | 三类 | 四类 |
| 工业建筑 | 单层厂房 | 檐口高度 | m | >24 | >18 | >12 | ≤12 |
| | | 跨度 | m | >30 | >24 | >18 | ≤18 |
| | 多层厂房 | 檐口高度 | m | >27 | >15 | >9 | ≤9 |
| | | 建筑面积 | m² | >6000 | >4000 | >1200 | ≤1200 |
| 民用建筑 | 住宅 | 层数 | 层 | >12 | >9 | >6 | ≤6 |
| | 其他工程 | 檐口高度 | m | >36 | >24 | >15 | ≤15 |
| | | 跨度 | m | >36 | >24 | >15 | ≤15 |
| | | 建筑面积 | m² | >8000 | >6000 | >4000 | ≤4000 |
| 构筑物 | 钢筋混凝土烟囱 | 高度 | m | >120 | >90 | >60 | ≤60 |
| | 砖烟囱 | 高度 | m | >80 | >50 | >30 | ≤30 |
| | 水塔 | 高度 | m | >100 | >50 | >30 | ≤30 |
| | 水池 | 容积 | m³ | >1000 | >500 | >300 | ≤300 |

### 二、一般安装工程

| | |
|---|---|
| 一类工程 | 1. 一类建筑工程的电气、采暖、通风、空调、给排水、消防、安防、燃气等安装工程<br>2. 机械设备及各类工业的工艺设备安装，工业管道，自动化控制及仪表，工艺金属结构（跨度24 m以上，建筑面积6000 m²以上的钢结构制作、安装工程）及静置设备制作安装，热力设备，独立承担110 kV·A以上的变配送电装置安装，单炉蒸发量达到10 t/h以上的锅炉及附属设备等安装工程 |
| 二类工程 | 1. 二类建筑工程的电气、采暖、通风、空调、给排水、消防、安防、燃气等安装工程<br>2. 一般性的工艺金属结构制作安装（跨度24 m以下，建筑面积6000 m²以下的一般钢结构制作、安装工程），独立承担110 kV·A以内的变配送电装置安装，单炉蒸发量6 t/h以上的锅炉及附属设备等安装工程 |
| 三类工程 | 1. 三类建筑工程的电气、采暖、通风、给排水、煤气等安装工程<br>2. 独立承担35 kV·A以内的变配送电装置安装，单炉蒸发量4 t/h以内的锅炉及附属设备等安装工程 |
| 四类工程 | 一、二、三类工程以外的安装工程 |

## 三、炉窑砌筑工程

| 一类工程 | 专业炉窑工程 |
|---|---|
| 二类工程 | 15 m³ 以上的一般工业炉窑 |
| 三类工程 | 15 m³ 以内的一般工业炉窑 |

## 四、市政工程

| 一类工程 | 主次干道、支路水泥混凝土路面、沥青路面的道路工程，单跨 20 m 以上桥梁工程，涵洞工程，$\phi$600 以上的给水工程，$\phi$800 以上的排水工程，污水厂处理及净水厂工程，10 万 t 以上的给水厂工程，燃气、热力管道工程及主干道路灯工程 |
|---|---|
| 二类工程 | 主次干道、支路黑色碎石路面、沥青表面处理、沥青贯入式路面的道路工程，单跨 10 m 以上的桥梁工程，涵洞工程，$\phi$400 以上的给水工程，$\phi$600 以上的排水工程，次干道路灯工程 |
| 三类工程 | 主次干道、支路大中修、返修、扩建的道路工程，单跨在 6 m 以内的桥梁工程，涵洞工程，$\phi$400 以内的给水工程，$\phi$600 以内的排水工程及支路路灯工程 |
| 四类工程 | 街区、巷道的路面及路灯工程 |

## 五、抗震加固维修工程

| 一类工程 | 一类建筑安装工程的拆除、维修、抗震加固 |
|---|---|
| 二类工程 | 二类建筑安装工程的拆除、维修、抗震加固 |
| 三类工程 | 三类建筑安装工程的拆除、维修、抗震加固 |
| 四类工程 | 四类建筑安装工程的拆除、维修、抗震加固 |

## 六、园林工程

| 一类工程 | 堆砌假山、塑假石山、园林小品工程 |
|---|---|
| 二类工程 | 园林绿化工程，园路及园桥等工程 |

## 七、仿古建筑工程

| 一类工程 | 建筑面积在 400 m² 以上的单体仿古建筑工程，官式两层或多层仿古建筑，官式重檐单层仿古建筑，官式带二踩以上斗拱的单层仿古建筑，二步弓子的仿古亭子建筑（兰州作法），两柱或四柱三楼以上带三踩以上斗拱、有翼角的牌楼、砖雕分仿、檩、椽、瓦、花雕的砖砌影壁 |
|---|---|
| 二类工程 | 建筑面积在 100 m² 以上的单体仿古建筑工程，官式无斗拱的单层仿古建筑，垂花门仿古建筑，一步弓子的仿古亭子建筑（兰州作法），其他形式的牌楼、琉璃影壁，石雕分仿、檩、椽、瓦、花雕的石牌楼 |
| 三类工程 | 结构简易的其他仿古建筑、石雕栏板、望柱安装 |

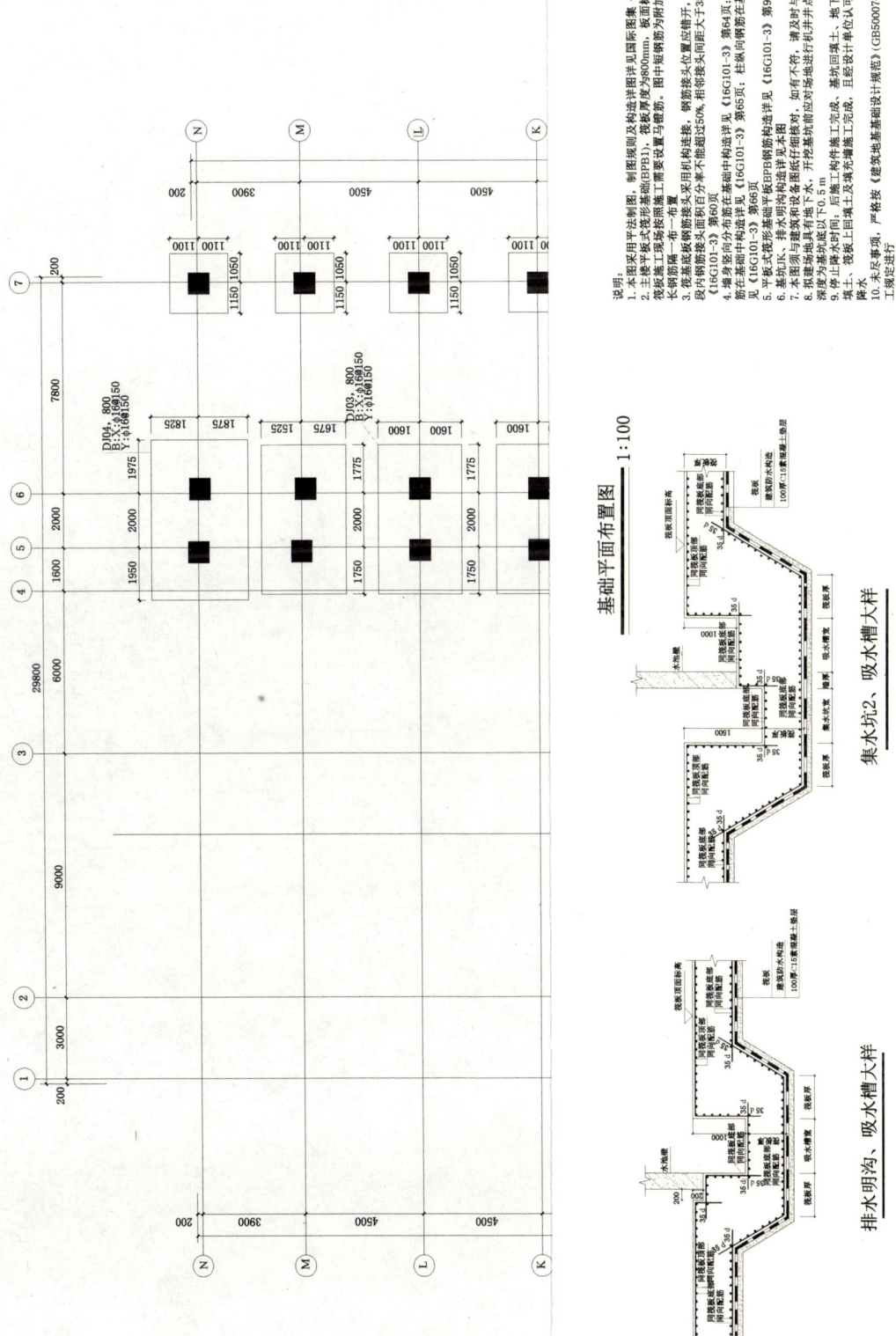

## 八、建筑装饰装修工程

| | |
|---|---|
| 一类工程 | 1. 单位工程建筑面积在 400 m² 以上的建筑整体装饰装修<br>2. 单项建筑装饰装修工程造价 1000 万元以上<br>3. 建筑装饰装修工程平方米造价 2000 元以上的宾馆饭店（含招待所）、餐饮娱乐场所，平方米造价 1500 元以上的商场、综合写字楼（含营业大厅）<br>4. 幕墙高度＞36 m 的工程 |
| 二类工程 | 1. 单位工程建筑面积在 2000 m² 以上的建筑整体装饰装修<br>2. 单项建筑装饰装修工程造价 500 万元以上，1000 万元以下<br>3. 建筑装饰装修工程平方米造价 1000 元以上 2000 元以下的宾馆饭店（含招待所）、餐饮娱乐场所，平方米造价 1000 元以上 1500 元以下的商场、综合写字楼（含营业大厅）<br>4. 幕墙高度＞24 m 的工程 |
| 三类工程 | 1. 单位工程建筑面积在 500 m² 以上的建筑整体装饰装修<br>2. 单项建筑装饰装修工程造价 100 万元以上，500 万元以下<br>3. 建筑装饰装修工程平方米造价 500 元以上 1000 元以下的宾馆饭店（含招待所）、餐饮娱乐场所、商场、综合写字楼（含营业大厅）<br>4. 幕墙高度＞15 m 的工程 |
| 四类工程 | 一、二、三类工程以外的工程 |

注：1. 工程划分标准中"×××以上"不包括"×××"本身，"×××以内"包括"×××"本身。
　　2. 同一类别有几个指标，以符合其中一个指标为准。

# 项目三　施工图预算编制实例

## 任务一　工程实例图纸

【任务目标】
熟识施工图纸。
【任务知识】
详图见附录电子图纸。

## 任务二　工程量计算及定额套用

【任务目标】
准确计算各类工程量并进行定额套项。
【任务知识】

▶ 建筑工程定额与预算

## 工程计价表

工程名称：建筑与装饰工程 　　　　　　　　　　　　　　　　第 1 页 　共 13 页

| 定额编号 | 分项工程名称 | 单位 | 数量 | 单价 | 合价 | 其中 人工费 单价 | 人工费 合价 | 材料费 单价 | 材料费 合价 | 主材费 单价 | 主材费 合价 | 机械费 单价 | 机械费 合价 |
|---|---|---|---|---|---|---|---|---|---|---|---|---|---|
| 1-114 | 反铲挖土自卸汽车运土 运距1000 m 以内 一二类土 | m³ | 5231 | 13.58 | 71032.77 | 2.41 | 12606 | 0.06 | 313.8 | | | 11.11 | 58113 |
| 1-117×9 | 自卸汽车运土每增加1000 m 单价×9 | m³ | 439.3 | 19.08 | 8382.65 | | | 0.36 | 158.2 | | | 18.72 | 8224.48 |
| 1-79 | 夯填土 | m³ | 3993 | 15.4 | 61488.97 | 13.4 | 53503 | 0.04 | 159.7 | | | 1.96 | 7825.87 |
| 补子目1 | 橡胶支座 LRB400 | 个 | 25 | 7810 | 195250 | | | | | 7810 | 195250 | | |
| 补子目1 | 橡胶支座 LRB500 | 个 | 5 | 8140 | 40700 | | | | | 8140 | 40700 | | |
| 补子目1 | 橡胶支座 LNR500 | 个 | 11 | 7920 | 87120 | | | | | 7920 | 87120 | | |
| 补子目1 | 橡胶支座 LNR700 | 个 | 8 | 15000 | 120000 | | | | | 15000 | 120000 | | |
| 4-5 | 垫层 商品混凝土 | m³ | 19.25 | 28.87 | 555.75 | 26.37 | 507.6 | 2.5 | 48.13 | 416.3 | 8014 | | |
| 4-37 | 泵送 泵送高度20 m 以内 | m³ | 19.44 | 15.94 | 309.91 | 6.18 | 120.2 | 5.32 | 103.4 | | | 4.44 | 86.32 |
| 4-3 | 满堂基础 商品混凝土 | m³ | 503.3 | 28.95 | 14570.25 | 24.96 | 12562 | 3.99 | 2008 | 485.7 | 244433 | | |
| 4-37 | 泵送 泵送高度20 m 以内 | m³ | 508.3 | 15.94 | 8102.67 | 6.18 | 3141 | 5.32 | 2704 | | | 4.44 | 2256.95 |
| 4-4 | 其他基础 商品混凝土 | m³ | 90.94 | 22.41 | 2037.97 | 19.53 | 1776 | 2.88 | 261.9 | 455.9 | 41462 | | |
| 4-37 | 泵送 泵送高度20 m 以内 | m³ | 91.85 | 15.94 | 1464.08 | 6.18 | 567.6 | 5.32 | 488.6 | | | 4.44 | 407.81 |
| 4-4 | 其他基础 商品混凝土 | m³ | 55.86 | 22.41 | 1251.82 | 19.53 | 1091 | 2.88 | 160.9 | 485.7 | 27130 | | |
| 4-37 | 泵送 泵送高度20 m 以内 | m³ | 56.42 | 15.94 | 899.31 | 6.18 | 348.7 | 5.32 | 300.2 | | | 4.44 | 250.5 |
| 4-2 | 承台桩基础 商品混凝土 | m³ | 53.88 | 23.34 | 1257.56 | 20.73 | 1117 | 2.61 | 140.6 | 455.9 | 24566 | | |
| 4-37 | 泵送 泵送高度20 m 以内 | m³ | 54.42 | 15.94 | 867.44 | 6.18 | 336.3 | 5.32 | 289.5 | | | 4.44 | 241.62 |
| 4-12 | 墙 墙厚300 mm 以内商品混凝土 | m³ | 23.87 | 61.82 | 1475.64 | 50.98 | 1217 | 10.84 | 258.8 | 443.9 | 10595 | | |

(续)

工程名称：建筑与装饰工程　　　　　　　　　　　　　　　　　　　第2页　共13页

| 定额编号 | 分项工程名称 | 单位 | 数量 | 单价 | 合价 | 其中 ||||||||
|---|---|---|---|---|---|---|---|---|---|---|---|---|---|
| | | | | | | 人工费 || 材料费 || 主材费 || 机械费 ||
| | | | | | | 单价 | 合价 | 单价 | 合价 | 单价 | 合价 | 单价 | 合价 |
| 4-37 | 泵送 泵送高度20 m以内 | m³ | 24.11 | 15.94 | 384.29 | 6.18 | 149 | 5.32 | 128.3 | | | 4.44 | 107.04 |
| 4-12 | 墙 墙厚300 mm以内商品混凝土 | m³ | 84.78 | 61.82 | 5241.1 | 50.98 | 4322 | 10.84 | 919 | 472.8 | 40085 | | |
| 4-37 | 泵送 泵送高度20 m以内 | m³ | 85.63 | 15.94 | 1364.91 | 6.18 | 529.2 | 5.32 | 455.5 | | | 4.44 | 380.19 |
| 4-12 | 墙 墙厚300 mm以内商品混凝土 | m³ | 92.49 | 61.82 | 5717.73 | 50.98 | 4715 | 10.84 | 1003 | 472.8 | 43730 | | |
| 4-37 | 泵送 泵送高度20 m以内 | m³ | 93.41 | 15.94 | 1489.03 | 6.18 | 577.3 | 5.32 | 497 | | | 4.44 | 414.76 |
| 4-6 | 柱 商品混凝土 | m³ | 200.4 | 72.05 | 14438.1 | 62.02 | 12428 | 10.03 | 2010 | 443 | 88767 | | |
| 4-37 | 泵送 泵送高度20 m以内 | m³ | 202.4 | 15.94 | 3226.16 | 6.18 | 1251 | 5.32 | 1077 | | | 4.44 | 898.63 |
| 4-6 | 柱 商品混凝土 | m³ | 151.9 | 72.05 | 10942.95 | 62.02 | 9420 | 10.03 | 1523 | 423.7 | 64353 | | |
| 4-37 | 泵送 泵送高度20 m以内 | m³ | 153.4 | 15.94 | 2445.18 | 6.18 | 948 | 5.32 | 816.1 | | | 4.44 | 681.09 |
| 4-17 | 梁 商品混凝土 | m³ | 87.96 | 31.01 | 2727.64 | 21.68 | 1907 | 9.33 | 820.7 | 455.9 | 40104 | | |
| 4-37 | 泵送 泵送高度20 m以内 | m³ | 88.84 | 15.94 | 1416.1 | 6.18 | 549 | 5.32 | 472.6 | | | 4.44 | 394.45 |
| 4-17 | 梁 商品混凝土 | m³ | 293.6 | 31.01 | 9104.54 | 21.68 | 6365 | 9.33 | 2739 | 436.1 | 128042 | | |
| 4-37 | 泵送 泵送高度20 m以内 | m³ | 296.5 | 15.94 | 4726.78 | 6.18 | 1833 | 5.32 | 1578 | | | 4.44 | 1316.62 |
| 4-17 | 板 商品混凝土 | m³ | 300.6 | 31.01 | 9322.23 | 21.68 | 6517 | 9.33 | 2805 | 455.9 | 137062 | | |
| 4-37 | 泵送 泵送高度20 m以内 | m³ | 303.6 | 15.94 | 4839.8 | 6.18 | 1876 | 5.32 | 1615 | | | 4.44 | 1348.1 |
| 4-17 | 板 商品混凝土 | m³ | 307.9 | 31.01 | 9548.6 | 21.68 | 6676 | 9.33 | 2873 | 436.1 | 134287 | | |
| 4-37 | 泵送 泵送高度20 m以内 | m³ | 311 | 15.94 | 4957.33 | 6.18 | 1922 | 5.32 | 1655 | | | 4.44 | 1380.84 |
| 4-11 | 墙 墙厚150 mm以内商品混凝土 | m³ | 21.55 | 67.97 | 1464.75 | 57.13 | 1231 | 10.84 | 233.6 | 424.6 | 9149 | | |

► 建筑工程定额与预算

(续)

工程名称：建筑与装饰工程　　　　　　　　　　　　　　　　　第3页　共13页

| 定额编号 | 分项工程名称 | 单位 | 数量 | 单价 | 合价 | 其中 ||||||| 
|---|---|---|---|---|---|---|---|---|---|---|---|---|
| | | | | | | 人工费 || 材料费 || 主材费 || 机械费 ||
| | | | | | | 单价 | 合价 | 单价 | 合价 | 单价 | 合价 | 单价 | 合价 |
| 4-37 | 泵送 泵送高度20 m以内 | $m^3$ | 21.77 | 15.94 | 346.94 | 6.18 | 134.5 | 5.32 | 115.8 | | | 4.44 | 96.64 |
| 4-22 | 楼梯、台阶 商品混凝土 | $m^2$ | 281.5 | 16.89 | 4754.87 | 15.14 | 4262 | 1.75 | 492.7 | 111.7 | 31451 | | |
| 4-37 | 泵送 泵送高度20 m以内 | $m^3$ | 74.3 | 15.94 | 1184.29 | 6.18 | 459.2 | 5.32 | 395.3 | | | 4.44 | 329.88 |
| 4-9 | 过梁 商品混凝土 | $m^3$ | 13.04 | 77.27 | 1007.6 | 69.91 | 911.6 | 7.36 | 95.97 | 436.1 | 5687 | | |
| 4-176 | 预制混凝土构件运输 Ⅱ类构件 运输距离1 km以内 | $m^3$ | 13.04 | 62.39 | 813.57 | 7.87 | 102.6 | 3.39 | 44.21 | | | 51.13 | 666.74 |
| 4-364 | 地沟盖板、过梁 人工 | $m^3$ | 13.04 | 50.25 | 655.26 | 49.79 | 649.3 | 0.46 | 6 | | | | |
| 4-388 | 过梁 | $m^3$构件 | 13.04 | 34.15 | 445.32 | 15.39 | 200.7 | 17.75 | 231.5 | | | 1.01 | 13.17 |
| 20-62 | 预制构件混凝土模板 过梁钢模板 | $10 m^3$ | 1.304 | 2094 | 2730.04 | 1260.8 | 1644 | 749.1 | 976.9 | | | 83.7 | 109.14 |
| 4-7 | 构造柱 商品混凝土 | $m^3$ | 11.46 | 86.3 | 989 | 76.26 | 873.9 | 10.04 | 115.1 | 423.7 | 4856 | | |
| 4-9 | 圈梁、过梁商品混凝土 | $m^3$ | 0.24 | 77.27 | 18.54 | 69.91 | 16.78 | 7.36 | 1.77 | 416.2 | 99.88 | | |
| 4-37 | 泵送 泵送高度20 m以内 | $m^3$ | 0.242 | 15.94 | 3.86 | 6.18 | 1.5 | 5.32 | 1.29 | | | 4.44 | 1.08 |
| 5-2 | 现浇构件非预应力钢筋 圆钢$\phi 5$ mm以上 | t | 2.917 | 5151 | 15026.37 | 716.26 | 2089 | 4318 | 12597 | | | 116.6 | 340.15 |
| 5-5 | 现浇构件非预应力钢筋 螺纹钢Ⅲ级 | t | 83.01 | 5333 | 442647.6 | 709.31 | 58878 | 4507 | 4E+05 | | | 116.6 | 9679.56 |
| 5-5 | 现浇构件非预应力钢筋 螺纹钢Ⅲ级 | t | 82.82 | 5333 | 441666.4 | 709.31 | 58748 | 4507 | 4E+05 | | | 116.6 | 9658.11 |

(续)

工程名称：建筑与装饰工程　　　　　　　　　　　　　　　　第4页　共13页

| 定额编号 | 分项工程名称 | 单位 | 数量 | 单价 | 合价 | 其中 |||||||
|---|---|---|---|---|---|---|---|---|---|---|---|---|
| | | | | | | 人工费 || 材料费 || 主材费 || 机械费 ||
| | | | | | | 单价 | 合价 | 单价 | 合价 | 单价 | 合价 | 单价 | 合价 |
| 5-5 | 现浇构件非预应力钢筋　螺纹钢Ⅲ级 | t | 188.3 | 5333 | 1003860 | 709.31 | 1E+05 | 4507 | 8E+05 | | | 116.6 | 21951.8 |
| 5-5 | 现浇构件非预应力钢筋　螺纹钢Ⅲ级 | t | 5.183 | 5333 | 27638.81 | 709.31 | 3676 | 4507 | 23358 | | | 116.6 | 604.39 |
| 5-12 | 预制构件非预应力钢筋　螺纹钢Ⅲ级 | t | 0.75 | 5118 | 3838.66 | 576.4 | 432.3 | 4400 | 3300 | | | 141.4 | 106.04 |
| 5-44 | 直螺纹套筒连接钢筋直径20 mm以内 | 个接头 | 2670 | 12.64 | 33748.8 | 2.11 | 5634 | 9.48 | 25312 | | | 1.05 | 2803.5 |
| 5-45 | 直螺纹套筒连接钢筋直径25 mm以内 | 个接头 | 2189 | 17.56 | 38438.84 | 2.28 | 4991 | 14.16 | 30996 | | | 1.12 | 2451.68 |
| 3-19-3 | 多孔砖砖墙190×90×90（KP）水泥砂浆M7.5 | m³ | 34.6 | 410.3 | 14197.42 | 75.84 | 2624 | 331.2 | 11460 | | | 3.29 | 113.83 |
| 3-43-6 | 加气混凝土砌块墙　水泥石灰膏砂浆M5.0 | m³ | 458.8 | 282.6 | 129647 | 74.63 | 34242 | 207.2 | 95079 | | | 0.71 | 325.77 |
| 3-43-6 | 加气混凝土砌块墙　水泥石灰膏砂浆M5.0 | m³ | 409.6 | 282.6 | 115733.8 | 74.63 | 30568 | 207.2 | 84875 | | | 0.71 | 290.81 |
| 5-2 | 现浇构件非预应力钢筋　圆钢φ5 mm以上 | t | 3.612 | 5151 | 18606.53 | 716.26 | 2587 | 4318 | 15598 | | | 116.6 | 421.2 |
| 13-140 | 安装乙级木质防火门 | m²洞口面积 | 57.06 | 480.5 | 27414.48 | 21.66 | 1236 | 458.8 | 26179 | | | | |
| 13-140 | 安装丙级木质防火门 | m²洞口面积 | 6.3 | 480.5 | 3026.84 | 21.66 | 136.5 | 458.8 | 2890 | | | | |

▶ 建筑工程定额与预算

(续)

工程名称：建筑与装饰工程　　　　　　　　　　　　　　　第5页　共13页

| 定额编号 | 分项工程名称 | 单位 | 数量 | 单价 | 合价 | 其中 | | | | | | | |
|---|---|---|---|---|---|---|---|---|---|---|---|---|---|
| | | | | | | 人工费 | | 材料费 | | 主材费 | | 机械费 | |
| | | | | | | 单价 | 合价 | 单价 | 合价 | 单价 | 合价 | 单价 | 合价 |
| 13-141 | 安装钢质防火门 | m²洞口面积 | 14.7 | 604 | 8879.09 | 20.66 | 303.7 | 583.4 | 8575 | | | | |
| 13-71 | 安装隔热断桥铝合金 平开门 | m²洞口面积 | 1.89 | 557.3 | 1053.2 | 43.29 | 81.82 | 514 | 971.4 | | | | |
| 13-67 | 安装隔热断桥铝合金窗 推拉窗 | m²洞口面积 | 1.8 | 464.2 | 835.52 | 44.29 | 79.72 | 419.9 | 755.8 | | | | |
| 13-21 | 安装装饰门平开门 带门套 | m²洞口面积 | 30.66 | 441 | 13521.37 | 43.55 | 1335 | 397.5 | 12186 | | | | |
| 13-32-1 | 普通钢门 安装普通全钢门 | m² | 107 | 235 | 25134.95 | 13.08 | 1399 | 219.7 | 23499 | | | 2.21 | 236.43 |
| 13-11 | 安装夹板门带亮子 | m²洞口面积 | 3.15 | 111.9 | 352.45 | 20.87 | 65.74 | 91.02 | 286.7 | | | | |
| 13-71 | 安装隔热断桥铝合金 平开门 | m²洞口面积 | 58.5 | 557.3 | 32599.13 | 43.29 | 2532 | 514 | 30067 | | | | |
| 13-69 | 安装隔热断桥铝合金窗 平开窗 | m²洞口面积 | 714.1 | 569 | 406305.7 | 44.46 | 31750 | 524.5 | 4E+05 | | | | |
| 13-70 | 安装隔热断桥铝合金窗 隐形纱窗 | m²洞口面积 | 178.5 | 81.63 | 14573.4 | 8.89 | 1587 | 72.74 | 12986 | | | | |
| 13-69 | 安装隔热断桥铝合金窗 平开窗 | m²洞口面积 | 122 | 569 | 69435.88 | 44.46 | 5426 | 524.5 | 64010 | | | | |
| 13-70 | 安装隔热断桥铝合金窗 隐形纱窗 | m²洞口面积 | 30.51 | 81.63 | 2490.53 | 8.89 | 271.2 | 72.74 | 2219 | | | | |

（续）

工程名称：建筑与装饰工程　　　　　　　　　　　　　　　　　　　　第6页　共13页

| 定额编号 | 分项工程名称 | 单位 | 数量 | 单价 | 合价 | 其中 | | | | | | | |
|---|---|---|---|---|---|---|---|---|---|---|---|---|---|
| | | | | | | 人工费 | | 材料费 | | 主材费 | | 机械费 | |
| | | | | | | 单价 | 合价 | 单价 | 合价 | 单价 | 合价 | 单价 | 合价 |
| 13-68 | 安装隔热断桥铝合金窗　固定窗 | m²洞口面积 | 17.28 | 524.9 | 9070.1 | 24.63 | 425.6 | 500.3 | 8644 | | | | |
| 13-70 | 安装隔热断桥铝合金窗　隐形纱窗 | m²洞口面积 | 4.32 | 81.63 | 352.64 | 8.89 | 38.4 | 72.74 | 314.2 | | | | |
| 13-107 | 安装铝合金百页 | m² | 1.44 | 227.8 | 328.09 | 22.67 | 32.64 | 205.2 | 295.4 | | | | |
| 11-32-2 | 楼地面　水泥砂浆1:2.5 | m² | 236.3 | 17.74 | 4191.61 | 6.45 | 1524 | 10.95 | 2587 | | | 0.34 | 80.34 |
| 11-27-3 | 水泥砂浆1:3 在混凝土或硬基层上　厚度20 mm | m² | 257.2 | 10.45 | 2687.53 | 4.77 | 1227 | 5.34 | 1373 | | | 0.34 | 87.44 |
| 8-206 | 水乳型丙烯酸酯涂膜抹防水　平面厚度1.5 mm | m² | 257.2 | 22.01 | 5660.53 | 2 | 514.4 | 20.01 | 5146 | | | | |
| 14-28 | 陶瓷地砖　楼地面（每块周长mm）1200以内　干铺 | m² | 257.2 | 84.43 | 21713.71 | 18.89 | 4858 | 64.98 | 16712 | | | 0.56 | 144.02 |
| 14-30 | 陶瓷地砖　楼地面（每块周长mm）2400以内　干铺 | m² | 2144 | 96.63 | 207177.6 | 16.53 | 35441 | 79.54 | 2E+05 | | | 0.56 | 1200.66 |
| 11-27-2 | 水泥砂浆1:2.5 在混凝土或硬基层上　厚度20 mm | m² | 94.2 | 11.07 | 1042.79 | 4.77 | 449.3 | 5.96 | 561.4 | | | 0.34 | 32.03 |
| 14-43 | 橡胶板　楼地面 | m² | 94.2 | 41.93 | 3949.81 | 9.94 | 936.4 | 31.99 | 3013 | | | | |
| 11-27-3 | 水泥砂浆1:3 在混凝土或硬基层上　厚度20 mm | m² | 66.88 | 10.45 | 698.9 | 4.77 | 319 | 5.34 | 357.1 | | | 0.34 | 22.74 |
| 8-206 | 水乳型丙烯酸酯涂膜抹防水　平面厚度1.5 mm | m² | 66.88 | 22.01 | 1472.03 | 2 | 133.8 | 20.01 | 1338 | | | | |

▶ 建筑工程定额与预算

(续)

工程名称：建筑与装饰工程　　　　　　　　　　　　　　　　　第7页　共13页

| 定额编号 | 分项工程名称 | 单位 | 数量 | 单价 | 合价 | 其中 ||||||||
|---|---|---|---|---|---|---|---|---|---|---|---|---|---|
| | | | | | | 人工费 || 材料费 || 主材费 || 机械费 ||
| | | | | | | 单价 | 合价 | 单价 | 合价 | 单价 | 合价 | 单价 | 合价 |
| 8-208 | 水乳型丙烯酸酯涂膜抹防水 立面 厚度1.5 mm | m² | 19.62 | 22.47 | 440.86 | 2.46 | 48.27 | 20.01 | 392.6 | | | | |
| 4-5 | 垫层 商品混凝土 | m³ | 2.34 | 28.87 | 67.56 | 26.37 | 61.71 | 2.5 | 5.85 | 406 | 950 | | |
| 11-32-2 | 楼地面 水泥砂浆1∶2.5 | m² | 66.88 | 17.74 | 1186.45 | 6.45 | 431.4 | 10.95 | 732.3 | | | 0.34 | 22.74 |
| 14-34 | 陶瓷地砖 楼梯 | m² | 281.5 | 149.2 | 41997.15 | 35.05 | 9867 | 113.5 | 31961 | | | 0.6 | 168.91 |
| 14-33 | 陶瓷地砖 踢脚板 | m² | 213.2 | 103.3 | 22026.73 | 28.66 | 6111 | 74.47 | 15878 | | | 0.18 | 38.38 |
| 11-35-2 | 踢脚板 水泥砂浆1∶2.5 | m | 274.8 | 4.01 | 1101.91 | 3.14 | 862.8 | 0.82 | 225.3 | | | 0.05 | 13.74 |
| 8-213 | 防水砂浆立面 | m² | 2 | 14.48 | 28.96 | 7.84 | 15.68 | 6.3 | 12.6 | | | 0.34 | 0.68 |
| 8-212 | 防水砂浆平面 | m² | 10 | 12.02 | 120.2 | 5.39 | 53.9 | 6.29 | 62.9 | | | 0.34 | 3.4 |
| 11-27-3 | 水泥砂浆1∶3 在混凝土或硬基层上 厚度20 mm | m² | 77.99 | 10.45 | 815 | 4.77 | 372 | 5.34 | 416.5 | | | 0.34 | 26.52 |
| 8-170 | 冷底子油 第一遍 | m² | 77.99 | 4.38 | 341.6 | 0.92 | 71.75 | 3.41 | 266 | | | 0.05 | 3.9 |
| 8-146 | 1.5厚CPS反应粘防水卷材二道 | m² | 77.99 | 56.68 | 4420.47 | 9.05 | 705.8 | 47.63 | 3715 | | | | |
| 11-27-3 | 水泥砂浆1∶3 在混凝土或硬基层上 厚度20 mm | m² | 77.99 | 10.45 | 815 | 4.77 | 372 | 5.34 | 416.5 | | | 0.34 | 26.52 |
| 12-2 | 内墙、柱面抹灰 混凝土墙面、墙裙 水泥砂浆 | m² | 166.1 | 19.27 | 3200.94 | 12.86 | 2136 | 6.05 | 1005 | | | 0.36 | 59.8 |
| 8-170 | 冷底子油 第一遍 | m² | 166.1 | 4.38 | 727.56 | 0.92 | 152.8 | 3.41 | 566.4 | | | 0.05 | 8.31 |
| 8-165×2 | 1.5厚CPS反应粘防水卷材 冷贴满铺立面 单价×2 | m² | 166.1 | 111.9 | 18591.03 | 32.42 | 5385 | 79.5 | 13206 | | | | |

(续)

工程名称：建筑与装饰工程　　　　　　　　　　　　　　　　　　　第8页　共13页

| 定额编号 | 分项工程名称 | 单位 | 数量 | 单价 | 合价 | 其 中 ||||||||
|---|---|---|---|---|---|---|---|---|---|---|---|---|---|
| | | | | | | 人工费 || 材料费 || 主材费 || 机械费 ||
| | | | | | | 单价 | 合价 | 单价 | 合价 | 单价 | 合价 | 单价 | 合价 |
| 12-2 | 内墙、柱面抹灰 混凝土墙面、墙裙 水泥砂浆 | m² | 166.1 | 19.27 | 3200.94 | 12.86 | 2136 | 6.05 | 1005 | | | 0.36 | 59.8 |
| 4-5 | 垫层 商品混凝土 | m³ | 56.67 | 28.87 | 1636.06 | 26.37 | 1494 | 2.5 | 141.7 | 406.4 | 23029 | | |
| 11-27-3 | 水泥砂浆1:3 在混凝土或硬基层上 厚度20 mm | m² | 516.8 | 10.45 | 5400.66 | 4.77 | 2465 | 5.34 | 2760 | | | 0.34 | 175.72 |
| 8-170 | 冷底子油 第一遍 | m² | 516.8 | 4.38 | 2263.63 | 0.92 | 475.5 | 3.41 | 1762 | | | 0.05 | 25.84 |
| 8-146 | 1.5厚CPS反应粘防水卷材二道 | m² | 516.8 | 56.68 | 29292.79 | 9.05 | 4677 | 47.63 | 24616 | | | | |
| 4-5 | 垫层 商品混凝土 | m³ | 25.84 | 28.87 | 746 | 26.37 | 681.4 | 2.5 | 64.6 | 425.8 | 11003 | | |
| 12-2 | 内墙、柱面抹灰 混凝土墙面、墙裙 水泥砂浆 | m² | 423.4 | 19.27 | 8158.15 | 12.86 | 5444 | 6.05 | 2561 | | | 0.36 | 152.41 |
| 8-170 | 冷底子油 第一遍 | m² | 423.4 | 4.38 | 1854.32 | 0.92 | 389.5 | 3.41 | 1444 | | | 0.05 | 21.17 |
| 8-165×2 | 1.5厚CPS反应粘防水卷材 冷贴 满铺立面 单价×2 | m² | 423.4 | 111.9 | 47382.45 | 32.42 | 13725 | 79.5 | 33657 | | | | |
| 12-2 | 内墙、柱面抹灰 混凝土墙面、墙裙 水泥砂浆 | m² | 423.4 | 19.27 | 8158.15 | 12.86 | 5444 | 6.05 | 2561 | | | 0.36 | 152.41 |
| 12-4 | 内墙、柱面抹灰 轻质墙面、墙裙 水泥砂浆 | m² | 5992 | 17.36 | 104027.9 | 11.99 | 71849 | 5 | 29962 | | | 0.37 | 2217.18 |
| 19-72 | 内墙涂料 乳胶漆抹灰面二遍 | 100 m² | 59.92 | 1434 | 85960.24 | 768.77 | 46068 | 665.7 | 39893 | | | | |
| 12-1 | 内墙、柱面抹灰 砖墙面、墙裙 水泥砂浆 | m² | 1154 | 17.58 | 20286.97 | 11.91 | 13744 | 5.31 | 6128 | | | 0.36 | 415.43 |

▶ 建筑工程定额与预算

(续)

工程名称：建筑与装饰工程　　　　　　　　　　　　　　　　　第9页　共13页

| 定额编号 | 分项工程名称 | 单位 | 数量 | 单价 | 合价 | 其中 ||||||| 
|---|---|---|---|---|---|---|---|---|---|---|---|---|
| | | | | | | 人工费 || 材料费 || 主材费 || 机械费 ||
| | | | | | | 单价 | 合价 | 单价 | 合价 | 单价 | 合价 | 单价 | 合价 |
| 8-208 | 水乳型丙烯酸酯涂膜抹防水 立面 厚度1.5 mm | m² | 1154 | 22.47 | 25929.93 | 2.46 | 2839 | 20.01 | 23091 | | | | |
| 15-69 | 陶瓷块料 水泥砂浆结合层 墙面（块料周长 mm）2400以内密缝 | m² | 1154 | 123.7 | 142770.4 | 23.1 | 26657 | 100.3 | 115778.81 | | | 0.29 | 334.65 |
| 15-69 | 陶瓷块料 水泥砂浆结合层 墙面（块料周长 mm）2400以内密缝 | m² | 1037 | 123.7 | 128300.1 | 23.1 | 23955 | 100.3 | 104044.22 | | | 0.29 | 300.74 |
| 12-66 | 砖墙面、墙裙 水泥砂浆 | m² | 2156 | 18.77 | 40459.11 | 13.1 | 28237 | 5.31 | 11446 | | | 0.36 | 775.99 |
| 9-49 | 墙 保温装饰一体板 | m² | 2156 | 284.1 | 612447.9 | 42.71 | 92062 | 241.1 | 519631.21 | | | 0.35 | 754.43 |
| 16-29 | 平面天棚龙骨 铝合金龙骨 装配式T型 不上人型 面层规格 mm 600×600 平面 | m² | 259.2 | 81.31 | 21072.3 | 8.93 | 2314 | 72.38 | 18758 | | | | |
| 16-77 | 天棚面层 铝合金方板 浮搁式平板 | m² | 259.2 | 225.1 | 58326.55 | 8.73 | 2262 | 216.3 | 56064 | | | | |
| 19-72R×1.2 | 内墙涂料 乳胶漆抹灰面二遍 如为梁、柱及天棚涂料人工×1.2 | 100 m² | 0.859 | 1588 | 1363.66 | 922.52 | 792.1 | 665.7 | 571.6 | | | | |
| 16-177 | 矿棉吸音板 | m² | 2238 | 79.36 | 177625.9 | 17.19 | 38475 | 62.17 | 1E+05 | | | | |
| 19-72R×1.2 | 内墙涂料 乳胶漆抹灰面二遍 如为梁、柱及天棚涂料人工×1.2 | 100 m² | 6.931 | 1588 | 11007.46 | 922.52 | 6394 | 665.7 | 4614 | | | | |

(续)

工程名称：建筑与装饰工程　　　　　　　　　　　　　　　　　　　　　第10页　共13页

| 定额编号 | 分项工程名称 | 单位 | 数量 | 单价 | 合价 | 其中 | | | | | | | |
|---|---|---|---|---|---|---|---|---|---|---|---|---|---|
| | | | | | | 人工费 | | 材料费 | | 主材费 | | 机械费 | |
| | | | | | | 单价 | 合价 | 单价 | 合价 | 单价 | 合价 | 单价 | 合价 |
| 4-53-4 | 现浇轻骨料混凝土垫层炉渣混凝土C5.0 | m³ | 15.74 | 234.7 | 3694.85 | 44.86 | 706.1 | 172.1 | 2709 | | | 17.79 | 280.02 |
| 11-27-3 | 水泥砂浆1:3 在混凝土或硬基层上厚度20 mm | m² | 286.2 | 10.45 | 2990.69 | 4.77 | 1365 | 5.34 | 1528 | | | 0.34 | 97.3 |
| 8-75 | 三元乙丙橡胶卷材冷贴满粘 | m² | 286.2 | 50.82 | 14544.18 | 5.98 | 1711 | 44.84 | 12833 | | | | |
| 11-27-3换 | 水泥砂浆1:3 在混凝土或硬基层上厚度20 mm 实际厚度（mm）：10 | m² | 224.9 | 5.56 | 1250.22 | 3.03 | 681.3 | 2.37 | 532.9 | | | 0.16 | 35.98 |
| 11-33 | 楼地面 分格走线 | m² | 224.9 | 2.24 | 503.69 | 1.17 | 263.1 | 1.07 | 240.6 | | | | |
| BC0355021@2 | 镀锌钢丝网 | m² | 224.9 | 6.37 | 1432.36 | | | 6.37 | 1432 | | | | |
| 11-32-2换 | 楼地面水泥砂浆1:2.5 换为（水泥砂浆体积比1:3） | m² | 224.9 | 17.12 | 3849.6 | 6.45 | 1450 | 10.33 | 2323 | | | 0.34 | 76.45 |
| 8-120 | 塑料落水管（PVC）直径100 mm | m | 122.2 | 29.17 | 3563.12 | 12.69 | 1550 | 16.48 | 2013 | | | | |
| 8-124 | 塑料水斗（PVC）直径100 mm | 个 | 9 | 33.4 | 300.6 | 15.68 | 141.1 | 17.72 | 159.5 | | | | |
| 8-114 | 铸铁雨水口直径100 mm | 个 | 9 | 62.35 | 561.15 | 18.9 | 170.1 | 43.45 | 391.1 | | | | |
| 补子目1 | 水簸箕 | 个 | 6 | 50 | 300 | | | 50 | 300 | | | | |
| 8-212 | 防水砂浆平面 | m² | 73.49 | 12.02 | 883.35 | 5.39 | 396.1 | 6.29 | 462.3 | | | 0.34 | 24.99 |
| 9-13 | 干铺岩棉板厚度50 mm | m² | 981.1 | 15.35 | 15059.89 | 1.64 | 1609 | 13.71 | 13451 | | | | |
| 9-16 | 干铺岩棉板厚度100 mm | m² | 224.9 | 30.54 | 6867.22 | 3.12 | 701.6 | 27.42 | 6166 | | | | |

▶ 建筑工程定额与预算

(续)

工程名称：建筑与装饰工程　　　　　　　　　　　　　　第 11 页　共 13 页

| 定额编号 | 分项工程名称 | 单位 | 数量 | 单价 | 合价 | 其中 人工费 单价 | 合价 | 材料费 单价 | 合价 | 主材费 单价 | 合价 | 机械费 单价 | 合价 |
|---|---|---|---|---|---|---|---|---|---|---|---|---|---|
| 9-15 换 | 干铺岩棉板厚度 90 mm | m² | 73.49 | 27.05 | 1987.9 | 2.37 | 174.2 | 24.68 | 1814 | | | | |
| 11-1-3 | 灰土 3:7 打夯机夯实 | m³ | 19.43 | 107.2 | 2082.55 | 40.64 | 789.4 | 65.49 | 1272 | | | 1.08 | 20.98 |
| 4-22 | 楼梯、台阶商品混凝土 | m² | 64.75 | 16.89 | 1093.63 | 15.14 | 980.3 | 1.75 | 113.3 | 104.1 | 6740 | | |
| 14-20 | 花岗岩台阶 | m² | 64.75 | 540.6 | 35005.15 | 31.32 | 2028 | 508.7 | 32936 | | | 0.64 | 41.44 |
| 11-1-3 | 灰土 3:7 打夯机夯实 | m³ | 6.12 | 107.2 | 656.13 | 40.64 | 248.7 | 65.49 | 400.8 | | | 1.08 | 6.61 |
| 4-5 | 垫层　商品混凝土 | m³ | 2.04 | 28.87 | 58.89 | 26.37 | 53.79 | 2.5 | 5.1 | 406.4 | 829 | | |
| 11-34-1 | 加浆抹光随捣随抹水泥砂浆 1:2 | m² | 20.4 | 12.11 | 247.04 | 4.74 | 96.7 | 6.46 | 131.8 | | | 0.91 | 18.56 |
| 11-1-3 | 灰土 3:7 打夯机夯实 | m³ | 34.37 | 107.2 | 3685.08 | 40.64 | 1397 | 65.49 | 2251 | | | 1.08 | 37.12 |
| 11-41-1 | 整体面层　细石混凝土 C20　厚度 40 mm | m² | 229.2 | 17.34 | 3973.46 | 6.24 | 1430 | 10.57 | 2422 | | | 0.53 | 121.45 |
| 11-34-1 换 | 加浆抹光随捣随抹水泥砂浆 1:2 换为（水泥砂浆体积比 1:1） | m² | 229.2 | 12.4 | 2841.46 | 4.74 | 1086 | 6.75 | 1547 | | | 0.91 | 208.53 |
| 8-220 | 油膏 | m³ | 1.833 | 10941 | 20057.72 | 5180.8 | 9497 | 5761 | 10560 | | | | |
| 17-68 | 不锈钢栏杆直型 | m | 16.3 | 140.9 | 2297.32 | 21.29 | 347 | 114.8 | 1871 | | | 4.87 | 79.38 |
| 17-107 | 靠墙扶手　不锈钢管 | m | 15 | 136.8 | 2052.45 | 31.69 | 475.4 | 101.2 | 1518 | | | 3.91 | 58.65 |
| 17-68 | 不锈钢栏杆直型 | m | 110.9 | 140.9 | 15630.25 | 21.29 | 2361 | 114.8 | 12729 | | | 4.87 | 540.08 |
| 17-86 | 不锈钢管扶手直形直径 60 mm | m | 110.9 | 78.26 | 8679.03 | 6.26 | 694.2 | 68.48 | 7594 | | | 3.52 | 390.37 |
| 17-71 | 不锈钢栏杆矮栏杆 | m | 7.2 | 66.27 | 477.14 | 17.47 | 125.8 | 46.03 | 331.4 | | | 2.77 | 19.94 |

(续)

工程名称：建筑与装饰工程　　　　　　　　　　　　　　　第12页　共13页

| 定额编号 | 分项工程名称 | 单位 | 数量 | 单价 | 合价 | 其中 | | | | | | | |
|---|---|---|---|---|---|---|---|---|---|---|---|---|---|
| | | | | | | 人工费 | | 材料费 | | 主材费 | | 机械费 | |
| | | | | | | 单价 | 合价 | 单价 | 合价 | 单价 | 合价 | 单价 | 合价 |
| 15-189 | 浴厕隔断（含龙骨、基层）成品隔断 | m² | 262.8 | 157.3 | 41333.18 | 15.35 | 4034 | 141.9 | 37299 | | | | |
| 补子目2 | 维护费 | 项 | 16 | 5400 | 86400 | | | 5400 | 86400 | | | | |
| 补子目2 | 电子板牌 | 套 | 12 | 9000 | 108000 | | | 9000 | 1E+05 | | | | |
| 补子目2 | 智能黑板 | 套 | 12 | 35000 | 420000 | | | 35000 | 4E+05 | | | | |
| 补子目2 | 普通白板 | 套 | 12 | 400 | 4800 | | | 400 | 4800 | | | | |
| 9-44 | 干铺岩棉板厚度50 mm | m² | 423.4 | 60.7 | 25697.95 | 18.07 | 7650 | 42.63 | 18048 | | | | |
| 1307151 | 玻璃纤维网格布 | m² | 1701 | 2.91 | 4948.92 | | | 2.91 | 4949 | | | | |
| BC0355021@1 | 0.9厚镀锌钢丝网 | m² | 3982 | 6.37 | 25363.37 | | | 6.37 | 25363 | | | | |
| 0129611@2 | 排水明沟 | m | 6.4 | 4.36 | 27.9 | | | 4.36 | 27.9 | | | | |
| 0129611@1 | 钢板5 mm厚 | kg | 515 | 4.36 | 2245.23 | | | 4.36 | 2245 | | | | |
| 10-148换 | 防火泥厚度8 mm换为"防火泥"实际厚度（mm）：20 | m² | 29.6 | 87.77 | 2597.99 | 48.51 | 1436 | 33.98 | 1006 | | | 5.28 | 156.29 |
| 17-86 | 不锈钢管扶手直形直径60 mm | m | 2.88 | 78.26 | 225.39 | 6.26 | 18.03 | 68.48 | 197.2 | | | 3.52 | 10.14 |
| 0355251@2 | 软布防寒隔断 | m² | 47 | 8.64 | 406.08 | | | 8.64 | 406.1 | | | | |
| 0355251@3 | 隔震检查孔1000 mm×1000 mm | 个 | 2 | 8.64 | 17.28 | | | 8.64 | 17.28 | | | | |
| 0355251@4 | 屋面上人孔 | 个 | 1 | 8.64 | 8.64 | | | 8.64 | 8.64 | | | | |
| 6-5 | 扶梯制作 爬式 | t | 0.076 | 9028 | 686.09 | 1982.9 | 150.7 | 5092 | 387 | | | 1953 | 148.41 |
| 4-392 | 菱镁混凝土通风道（长×宽）mm 双孔150×300 | m | 16.5 | 72.2 | 1191.3 | 22.84 | 376.9 | 49.29 | 813.3 | | | 0.07 | 1.16 |
| 8-236 | 20厚岩棉板 | m³ | 0.089 | 1185 | 105.86 | 597.87 | 53.39 | 587.6 | 52.47 | | | | |

▶ 建筑工程定额与预算

（续）

工程名称：建筑与装饰工程　　　　　　　　　　　　　　　　　第13页　共13页

| 定额编号 | 分项工程名称 | 单位 | 数量 | 单价 | 合价 | 其中 | | | | | | | |
|---|---|---|---|---|---|---|---|---|---|---|---|---|---|
| | | | | | | 人工费 | | 材料费 | | 主材费 | | 机械费 | |
| | | | | | | 单价 | 合价 | 单价 | 合价 | 单价 | 合价 | 单价 | 合价 |
| 6-8 | 铁件制作 钢板为主 | t | 0.316 | 9139 | 2890.8 | 1669.4 | 528 | 5625 | 1779 | | | 1845 | 583.48 |
| 19-52+19-54 | 金属面油漆红丹防锈漆一遍 其他金属面 实际遍数（遍）：2 | 100 m² | 0.078 | 977.4 | 76.36 | 375.43 | 29.33 | 602 | 47.03 | | | | |
| 8-236 | 20厚岩棉板 | m³ | 0.089 | 1185 | 105.86 | 597.87 | 53.39 | 587.6 | 52.47 | | | | |
| 0805110@1 | 铝合金板 | m² | 4.464 | 100 | 446.49 | | | 100 | 446.5 | | | | |
| 8-236 | 20厚岩棉板 | m³ | 0.05 | 1185 | 59.75 | 597.87 | 30.13 | 587.6 | 29.62 | | | | |
| 8-230 | 铁皮盖面平面 | m² | 2.52 | 81.4 | 205.13 | 19.84 | 50 | 61.56 | 155.1 | | | | |
| 8-236 | 20厚岩棉板 | m³ | 0.271 | 1185 | 321.5 | 597.87 | 162.1 | 587.6 | 159.4 | | | | |
| 0805110@1 | 铝合金板 | m² | 13.56 | 100 | 1356.27 | | | 100 | 1356 | | | | |
| 8-236 | 20厚岩棉板 | m³ | 0.066 | 1185 | 78.24 | 597.87 | 39.46 | 587.6 | 38.78 | | | | |
| 8-231 | 铁皮盖面立面 | m² | 3.3 | 83.87 | 276.77 | 22.31 | 73.62 | 61.56 | 203.2 | | | | |
| 3-39-5 | 砖台阶 水泥石灰膏砂浆 M7.5 | m² | 1.08 | 78.13 | 84.38 | 26.72 | 28.86 | 50.5 | 54.54 | | | 0.91 | 0.98 |
| 11-37-1 | 台阶 水泥砂浆 1:2 | m² | 1.08 | 34.95 | 37.75 | 17.64 | 19.05 | 16.8 | 18.14 | | | 0.51 | 0.55 |
| | 合计： | | | | 6392265.16 | | 1057960.35 | | 5189491.99 | | 1 | | 144812.95 |

## 模块四 施工图预算的编制

### 定额措施费汇总表

工程名称：建筑与装饰工程　　　　　　　　　　　　　　　　第1页 共3页

| 序号 | 编号 | 名称 | 单位 | 数量 | 单价 | 合价 | 人工 单价 | 人工 合价 | 材料 单价 | 材料 合价 | 机械 单价 | 机械 合价 |
|---|---|---|---|---|---|---|---|---|---|---|---|---|
| 1 | | 垫层模板 | | | | 4984.99 | | 1125.17 | | 3790.2 | | 69.61 |
| | 20-10 | 现浇构件混凝土模板 混凝土垫层 | 100 m² | 1.3583 | 3670.02 | 4984.99 | 828.37 | 1125.17 | 2790.4 | 3790.2 | 51.25 | 69.61 |
| 2 | | 基础模板 | | | | 7549.43 | | 3788.24 | | 3536.02 | | 225.16 |
| | 20-7 | 现浇构件混凝土模板 满堂基础 | 100 m² | 2.2566 | 3345.49 | 7549.43 | 1678.74 | 3788.24 | 1566.97 | 3536.02 | 99.78 | 225.16 |
| 3 | | 基础模板 | | | | 2985.51 | | 1027.98 | | 1835.24 | | 122.29 |
| | 20-3 | 现浇构件混凝土模板 独立基础矩形 | 100 m² | 0.7881 | 3788.24 | 2985.51 | 1304.38 | 1027.98 | 2328.69 | 1835.24 | 155.17 | 122.29 |
| 4 | | 基础模板 | | | | 5988.14 | | 2645.98 | | 3112.73 | | 229.43 |
| | 20-16 | 现浇构件混凝土模板 基础梁 | 100 m² | 1.5776 | 3795.73 | 5988.14 | 1677.22 | 2645.98 | 1973.08 | 3112.73 | 145.43 | 229.43 |
| 5 | | 墩（台）身模板 | | | | 6343.91 | | 3353.06 | | 2757.6 | | 233.25 |
| | 20-6 | 现浇构件混凝土模板 设备基础 | 100 m² | 1.8184 | 3488.73 | 6343.91 | 1843.96 | 3353.06 | 1516.5 | 2757.6 | 128.27 | 233.25 |
| 6 | | 矩形柱 | | | | 92028.06 | | 44630 | | 42941.41 | | 4456.63 |
| | 20-11 | 现浇构件混凝土模板 矩形柱 | 100 m² | 22.6812 | 4057.46 | 92028.06 | 1967.71 | 44630 | 1893.26 | 42941.41 | 196.49 | 4456.63 |
| 7 | | 矩形梁模板 | | | | 143325 | | 65552.3 | | 68881.78 | | 8890.95 |
| | 20-30 | 现浇构件混凝土模板 有(无)梁板 | 100 m² | 31.6404 | 4529.81 | 143325 | 2071.79 | 65552.3 | 2177.02 | 68881.78 | 281 | 8890.95 |
| 8 | | 有梁板模板 | | | | 180715.86 | | 82653.7 | | 86851.78 | | 11210.44 |
| | 20-30 | 现浇构件混凝土模板 有(无)梁板 | 100 m² | 39.8948 | 4529.81 | 180715.86 | 2071.79 | 82653.6 | 2177.02 | 86851.78 | 281 | 11210.44 |
| 9 | | 栏板模板 | | | | 29499.98 | | 6586.47 | | 22474.38 | | 439.14 |

► 建筑工程定额与预算

（续）

工程名称：建筑与装饰工程　　　　　　　　　　　　　　　第 2 页　共 3 页

| 序号 | 编号 | 名称 | 单位 | 数量 | 单价 | 合价 | 人工 单价 | 人工 合价 | 材料 单价 | 材料 合价 | 机械 单价 | 机械 合价 |
|---|---|---|---|---|---|---|---|---|---|---|---|---|
| | 20-47 | 现浇构件混凝土模板 栏板 | 100 m² | 4.0122 | 7352.57 | 29499.98 | 1641.61 | 6586.47 | 5601.51 | 22474.38 | 109.45 | 439.14 |
| 10 | | 楼梯 | | | | 34851.3 | | 16124.5 | | 17786.55 | | 940.3 |
| | 20-37 | 现浇构件混凝土模板 楼梯直形 | 100 m² | 2.8152 | 12379.69 | 34851.3 | 5727.64 | 16124.5 | 6318.04 | 17786.55 | 334.01 | 940.3 |
| 11 | | 直形墙 | | | | 46349.92 | | 19825.8 | | 24317.61 | | 2206.54 |
| | 20-27 | 现浇构件混凝土模板 墙直形墙 | 100 m² | 13.3253 | 3478.34 | 46349.92 | 1487.83 | 19825.8 | 1824.92 | 24317.61 | 165.59 | 2206.54 |
| 12 | | 圈梁 | | | | 179.23 | | 64.09 | | 111.25 | | 3.89 |
| | 20-49 | 现浇构件混凝土模板 小型构件 | 100 m² | 0.024 | 7468.07 | 179.23 | 2670.33 | 64.09 | 4635.54 | 111.25 | 162.2 | 3.89 |
| 13 | | 构造柱模板 | | | | 3370.69 | | 2328.36 | | 1007.06 | | 35.27 |
| | 20-14 | 现浇构件混凝土模板 构造柱 | 100 m² | 2.406 | 1400.95 | 3370.69 | 967.73 | 2328.36 | 418.56 | 1007.06 | 14.66 | 35.27 |
| 14 | | 综合脚手架 | | | | 110965.43 | | 26609.6 | | 77925.28 | | 6430.61 |
| | 20-130 | 综合脚手架 高度30 m以内 | 10 m² | 416.49 | 266.43 | 110965.43 | 63.89 | 26609.6 | 187.1 | 77925.28 | 15.44 | 6430.61 |
| 15 | | 垂直运输 | | | | 92960.57 | | | | | | 92960.57 |
| | 20-212 | 檐高20 m以下卷扬机施工 教学及办公用房 框架结构 如柱梁板全部现浇时单价×1.04 | m² | 4164.9 | 22.32 | 92960.57 | | | | | 22.32 | 92960.57 |
| 16 | | 大型机械设备进出场及安拆 塔式起重机 | | | | 33075.96 | | 8315.41 | | 5443.77 | | 19316.78 |
| | 9946521 | 塔式起重机 固定基础 带配重 | 台次 | 1 | 6022.71 | 6022.71 | 1592.31 | 1592.31 | 4290.14 | 4290.14 | 140.26 | 140.26 |

## 模块四 施工图预算的编制

(续)

工程名称：建筑与装饰工程　　　　　　　　　　　　　第 3 页　共 3 页

| 序号 | 编号 | 名称 | 单位 | 数量 | 单价 | 合价 | 人工 单价 | 人工 合价 | 材料 单价 | 材料 合价 | 机械 单价 | 机械 合价 |
|---|---|---|---|---|---|---|---|---|---|---|---|---|
|  | 9946361 | 塔式起重机每次场外运费 起重力矩(kN·m)内 80 | 台次 | 1 | 13615.13 | 13615.13 | 1415.39 | 1415.39 | 559.35 | 559.35 | 11640.39 | 11640.39 |
|  | 9946231 | 塔式起重机每次安拆费 起重力矩(kN·m) 80 | 台次 | 1 | 13438.12 | 13438.12 | 5307.71 | 5307.71 | 594.28 | 594.28 | 7536.13 | 7536.13 |
| 17 |  | 大型机械设备进出场 挖掘机 |  |  |  | 4560.34 |  | 707.69 |  | 622.18 |  | 3230.47 |
|  | 9946461 | 履带式挖掘机每次场外运费 1000 m 内 | 台次 | 1 | 4560.34 | 4560.34 | 707.69 | 707.69 | 622.18 | 622.18 | 3230.47 | 3230.47 |
| 18 |  | 排水、降水 |  |  |  | 71983.68 |  | 19245.2 |  | 21013.52 |  | 31724.96 |
|  | 20-500 | 管井降水 机械成孔管井深度 7.5 m 以内 | 每口井 | 8 | 3592.64 | 28741.12 | 901.55 | 7212.4 | 1646.67 | 13173.36 | 1044.42 | 8355.36 |
|  | 20-501 | 管井降水 机械成孔每增减 2.5 m 单价×2 | 每口井 | 8 | 1574.32 | 12594.56 | 334.1 | 2672.8 | 751.72 | 6013.76 | 488.5 | 3908 |
|  | 20-502 | 管井降水 抽水使用每昼夜 | 每口井 | 240 | 127.7 | 30648 | 39 | 9360 | 7.61 | 1826.4 | 81.09 | 19461.6 |
|  |  | 合计 |  |  |  | 871718 |  | 304583 |  | 384408.36 |  | 182726.29 |

法定代表人：　　　　　　　　编制单位(盖章)：　　　　　　　　编制日期：

### 费率措施费汇总表

工程名称：建筑与装饰工程　　　　　　　　　　　　　第 1 页　共 2 页

| 序号 | 名称 | 单位 | 计算基数 | 费率/% | 合价 | 备注 |
|---|---|---|---|---|---|---|
| 1 | 环境保护费 | 项 | 1690082.95 | 0.76 | 12844.63 | 人工费+机械费 |
| 2 | 文明施工费 | 项 | 1690082.95 | 1.22 | 20619.01 | 人工费+机械费 |
| 3 | 安全施工费 | 项 | 1690082.95 | 8.72 | 147375.23 | 人工费+机械费 |
| 4 | 临时设施费 | 项 | 1690082.95 | 4.09 | 69124.39 | 人工费+机械费 |

▶ 建筑工程定额与预算

(续)

工程名称：建筑与装饰工程　　　　　　　　　　　　　　　　第2页　共2页

| 序号 | 名称 | 单位 | 计算基数 | 费率/% | 合价 | 备注 |
|---|---|---|---|---|---|---|
| 1 | 夜间施工增加费 | 项 | 1690082.95 | 1.83 | 30928.52 | 人工费+机械费 |
| 2 | 二次搬运费 | 项 | 1690082.95 | 0 | | 人工费+机械费 |
| 3 | 已完工程及设备保护费 | 项 | 1690082.95 | 0.1 | 1690.08 | 人工费+机械费 |
| 4 | 冬雨季施工增加费 | 项 | 1690082.95 | 2.4 | 40561.99 | 人工费+机械费 |
| 5 | 工程定位复测费 | 项 | 1690082.95 | 0.49 | 8281.41 | 人工费+机械费 |
| 6 | 施工因素增加费 | 项 | 1690082.95 | 0 | | 人工费+机械费 |
| 7 | 特殊地区增加费 | 项 | 1690082.95 | 0 | | 人工费+机械费 |
| | 措施项目合计 | | | | 331425.26 | |

法定代表人：　　　　　　　　编制单位（盖章）：　　　　　　　　编制日期：

# 任务三　人材机调差

**【任务目标】**

针对案例进行人材机调差。

**【任务知识】**

人材机价差表

工程名称：建筑与装饰工程　　　　　　　　　　　　　　　　第1页　共4页

| 序号 | 材料编号 | 材料名称及规格 | 单位 | 数量 | 不含税预算价/元 | 不含税市场/元 | 价差/元 | 价差合计/元 | 备注 |
|---|---|---|---|---|---|---|---|---|---|
| 一 | | 人工 | | | | | | | |
| 1 | 0003002 | 一类工 | 工日 | 5075.214855 | 70 | 130 | 60 | 304512.89 | |
| 2 | 0003002@1 | 一类工 | 工日 | 998.770202 | 70 | 130 | 60 | 59926.21 | |
| 3 | 0003002@4 | 一类工 | 工日 | 28.896393 | 70 | 130 | 60 | 1733.78 | |
| 4 | 0003003 | 二类工 | 工日 | 11695.585361 | 65 | 121 | 56 | 654952.78 | |
| 5 | 0003003@1 | 二类工 | 工日 | 334.776685 | 65 | 121 | 56 | 18747.49 | |
| 6 | 0003003@3 | 二类工 | 工日 | 81.485539 | 65 | 121 | 56 | 4563.19 | |
| 7 | 0003003@4 | 二类工 | 工日 | 23.382426 | 65 | 121 | 56 | 1309.42 | |
| 8 | 0003004 | 三类工 | 工日 | 2608.46689 | 52 | 100 | 48 | 125206.41 | |
| 9 | 0003004@1 | 三类工 | 工日 | 33.769227 | 52 | 100 | 48 | 1620.92 | |

(续)

工程名称：建筑与装饰工程　　　　　　　　　　　　　　　　　　　　第 2 页　共 4 页

| 序号 | 材料编号 | 材料名称及规格 | 单位 | 数量 | 不含税预算价/元 | 不含税市场/元 | 价差/元 | 价差合计/元 | 备注 |
|---|---|---|---|---|---|---|---|---|---|
| 10 | 0003004@4 | 三类工 | 工日 | 1.411898 | 52 | 100 | 48 | 67.77 | |
| 二 | | 材料 | | | | | | | |
| 1 | 0100012 | 型钢 | t | 0.087572 | 4146.19 | 3555.77 | -590.42 | -51.7 | |
| 2 | 0101023 | 螺纹钢 | t | 0.765 | 4273.49 | 3374.33 | -899.16 | -687.86 | |
| 3 | 0101023@1 | 螺纹钢 8-10 | t | 85.91328 | 4273.49 | 3546.15 | -727.34 | -62488.17 | |
| 4 | 0101023@4 | 螺纹钢 12-14 | t | 85.72284 | 4273.49 | 3546.15 | -727.34 | -62349.65 | |
| 5 | 0101023@5 | 螺纹钢 16-25 | t | 194.83875 | 4273.49 | 3374.33 | -899.16 | -175191.21 | |
| 6 | 0101023@6 | 螺纹钢 28-32 | t | 5.364405 | 4273.49 | 3510.01 | -763.48 | -4095.62 | |
| 7 | 0101079 | 普通钢筋 | t | 0.1744 | 3955.24 | 3418.12 | -537.12 | -93.67 | |
| 8 | 0101081 | 钢筋 | kg | 146.513 | 4.09 | 3.418 | -0.67 | -98.46 | |
| 9 | 0101081-J | 钢筋 | kg | 396 | 4.18 | 3.418 | -0.76 | -301.75 | |
| 10 | 0109057 | 圆钢 | t | 0.022496 | 4182.56 | 3448.04 | -734.52 | -16.52 | |
| 11 | 0109057@1 | 圆钢 | t | 0.066423 | 4182.56 | 3448.04 | -734.52 | -48.79 | |
| 12 | 0109079 | 圆钢 | t | 6.767415 | 4091.64 | 3448.04 | -643.6 | -4355.51 | |
| 13 | 0129581 | 钢板 | t | 0.043092 | 4364.41 | 3503.51 | -860.9 | -37.1 | |
| 14 | 0129581@1 | 钢板 | t | 0.268855 | 4364.41 | 3503.51 | -860.9 | -231.46 | |
| 15 | 0129611@1 | 钢板 5 mm 厚 | kg | 514.96 | 4.36 | 3.504 | -0.86 | -440.81 | |
| 16 | 0129611@2 | 排水明沟 | m | 6.4 | 4.36 | 180 | 175.64 | 1124.1 | |
| 17 | 0201041@1 | 防静电橡胶板 | m² | 96.084 | 23.64 | 195.157 | 171.52 | 16480.04 | |
| 18 | 0219327 | 聚苯乙烯塑料保温装饰一体化板 | m² | 2263.296 | 195.16 | 177.56 | -17.6 | -39834.01 | |
| 19 | 0355251@2 | 软布防寒隔断 | m² | 47 | 8.64 | 159.674 | 151.03 | 7098.6 | |
| 20 | 0355251@3 | 隔震检查孔 1000 mm×1000 mm | 个 | 2 | 8.64 | 1064.49 | 1055.85 | 2111.7 | |
| 21 | 0355251@4 | 屋面上人孔 | 个 | 1 | 8.64 | 754.014 | 745.37 | 745.37 | |
| 22 | 0401008 | 普通硅酸盐水泥 | kg | 209377.84299 | 0.38 | 0.388 | 0.01 | 1675.02 | |
| 23 | 0401008@1 | 普通硅酸盐水泥 | kg | 5979.454804 | 0.38 | 0.388 | 0.01 | 47.84 | |

## ▶ 建筑工程定额与预算

(续)

工程名称：建筑与装饰工程　　　　　　　　　　　　　　　　　第3页　共4页

| 序号 | 材料编号 | 材料名称及规格 | 单位 | 数量 | 不含税预算价/元 | 不含税市场/元 | 价差/元 | 价差合计/元 | 备注 |
|---|---|---|---|---|---|---|---|---|---|
| 24 | 0401008@3 | 普通硅酸盐水泥 | kg | 454.36576 | 0.38 | 0.388 | 0.01 | 3.63 | |
| 25 | 0401008-J | 普通硅酸盐水泥 | kg | 3268 | 0.39 | 0.388 | 0 | -6.54 | |
| 26 | 0403003 | 砂 | m³ | 602.476908 | 66.74 | 128.85 | 62.11 | 37419.84 | |
| 27 | 0403003@1 | 砂 | m³ | 12.092234 | 66.74 | 128.85 | 62.11 | 751.05 | |
| 28 | 0403003@3 | 砂 | m³ | 0.889328 | 66.74 | 128.85 | 62.11 | 55.24 | |
| 29 | 0403051 | 粗砂 | m³ | 5.816 | 66.03 | 128.85 | 62.82 | 365.36 | |
| 30 | 0405071 | 碎石 | m³ | 9.2 | 63.24 | 118.94 | 55.7 | 512.44 | |
| 31 | 0405216 | 卵石 | m³ | 7.730444 | 61.75 | 103.88 | 42.13 | 325.68 | |
| 32 | 0409021 | 生石灰 | kg | 5297.1975 | 0.18 | 0.306 | 0.13 | 667.45 | |
| 33 | 0409021@1 | 生石灰 | kg | 11042.30475 | 0.18 | 0.306 | 0.13 | 1391.33 | |
| 34 | 0413001 | 标准砖 | 千块 | 0.128736 | 337.09 | 505.633 | 168.54 | 21.7 | |
| 35 | 0413025 | 多孔砖 | 千块 | 17.646 | 583.03 | 777.378 | 194.35 | 3429.46 | |
| 36 | 0415015 | 加气混凝土块 | m³ | 838.0253 | 204.06 | 300.72 | 96.66 | 81003.53 | |
| 37 | 0501059 | 圆木 | m³ | 0.166596 | 1669.39 | 1291.03 | -378.36 | -63.03 | |
| 38 | 0503031 | 板方材 | m³ | 27.973671 | 1805.77 | 1504.73 | -301.04 | -8421.19 | |
| 39 | 0503031@1 | 板方材 | m³ | 25.928254 | 1805.77 | 1504.73 | -301.04 | -7805.44 | |
| 40 | 0503031@4 | 板方材 | m³ | 0.05868 | 1805.77 | 1504.73 | -301.04 | -17.67 | |
| 41 | 0503031@5 | 板方材 | m³ | 0.053544 | 1805.77 | 1504.73 | -301.04 | -16.12 | |
| 42 | 0662011@1 | 乳白色地砖 | m² | 262.3236 | 50.01 | 46.128 | -3.88 | -1018.34 | |
| 43 | 0662031@1 | 乳白色防滑地砖 | m² | 2208.3509 | 63.65 | 53.225 | -10.43 | -23022.06 | |
| 44 | 0663014 | 墙面砖 | m² | 2278.64 | 85.47 | 65 | -20.47 | -46643.76 | |
| 45 | 0665001 | 陶瓷地砖 | m² | 624.805488 | 63.65 | 47.902 | -15.75 | -9839.44 | |
| 46 | 0701093 | 花岗岩板 | m² | 101.5798 | 309.14 | 106.449 | -202.69 | -20589.31 | |
| 47 | 0805007 | 铝合金平方板 | m² | 264.3432 | 209.99 | 70.966 | -139.02 | -36750.05 | |
| 48 | 0845025 | 三聚氰胺板成品隔断（含五金配件） | m² | 262.8 | 141.93 | 141.932 | 0 | 0.53 | |
| 49 | 0901006@1 | 乙级木质防火门 | m² | 57.06 | 435.29 | 381.442 | -53.85 | -3072.57 | |

(续)

工程名称：建筑与装饰工程　　　　　　　　　　　　　　　　第4页　共4页

| 序号 | 材料编号 | 材料名称及规格 | 单位 | 数量 | 不含税预算价/元 | 不含税市场/元 | 价差/元 | 价差合计/元 | 备注 |
|---|---|---|---|---|---|---|---|---|---|
| 50 | 0901006@2 | 丙级木质防火门 | m² | 6.3 | 435.29 | 363.701 | -71.59 | -451.01 | |
| 51 | 0901064 | 夹板门带亮子 | m² | 3.07629 | 59.11 | 443.538 | 384.43 | 1182.61 | |
| 52 | 0901073@1 | 成品装饰木门 | m² | 29.942556 | 384.62 | 487.891 | 103.27 | 3092.2 | |
| 53 | 0903076@1 | 成品钢制套装门 | m² | 102.91476 | 227.31 | 514.504 | 287.19 | 29556.5 | |
| 54 | 0909038 | 铝合金百页窗 | m² | 1.334016 | 202.77 | 106.449 | -96.32 | -128.49 | |
| 55 | 0909049@1 | 隔热断桥铝合金推拉窗 带纱扇 | m² | 1.70352 | 418.26 | 673.34 | 255.08 | 434.53 | |
| 56 | 0909050@2 | 隔热断桥铝合金固定窗 带纱扇 | m² | 16.008192 | 500.08 | 673.335 | 173.26 | 2773.5 | |
| 57 | 0909051@1 | 隔热断桥铝合金平开窗 带纱扇 | m² | 794.686464 | 500.08 | 673.335 | 173.26 | 137683.4 | |
| 58 | 0909053 | 隔热断桥铝合金平开门 | m² | 55.866789 | 518.28 | 621.929 | 103.65 | 5790.54 | |
| 59 | 0923008 | 钢质防火门 | m² | 14.7 | 545.55 | 425.796 | -119.75 | -1760.38 | |
| 60 | 1303015@1 | 岩棉 | m³ | 0.0693 | 254.59 | 322.79 | 68.2 | 4.73 | |
| 61 | 1303015@2 | 20厚岩棉板 | m³ | 0.52521 | 254.59 | 322.789 | 68.2 | 35.82 | |
| 62 | 1303018 | 岩棉板 | m³ | 96.41736 | 263.68 | 322.789 | 59.11 | 5699.13 | |
| 63 | 1303024@1 | 岩棉板 容重150 kg/m³ | m³ | 6.878664 | 263.68 | 322.789 | 59.11 | 406.59 | |
| 64 | 1401020 | 焊接钢管 | t | 5.955807 | 3773.39 | 3831.39 | 58 | 345.44 | |
| 价差合计（元）： | | | | | | | | 1004948.07 | |

法定代表人：　　　　　　　　　　编制单位（盖章）：　　　　　　　　编制日期：

▶ 建筑工程定额与预算

## 任务四　取费计算工程总造价

【任务目标】

针对案例计算工程总造价。

【任务知识】

费 用 计 算 表

工程名称：建筑与装饰工程　　　　　　　　　　　　　　　　　　　第1页共1页

| 序号 | 费 用 名 称 | 费用代号 | 费率/% | 计 算 式 | 费用金额/元 |
|---|---|---|---|---|---|
| 一 | 分部分项工程费及定额措施项目费 | A | | 工程量×基价 | 8390406.23 |
| | 其中：人工费 | A1 | | 人工消耗量×人工单价 | 1362543.71 |
| | 其中：材料费 | A2 | | 材料消耗量×材料单价 | 6700323.28 |
| | 其中：机械费 | A3 | | 机械消耗量×机械台班单价 | 327539.24 |
| 二 | 措施项目费用（费率措施费） | B | | （人工费+机械费）×费率 | 331425.26 |
| 三 | 企业管理费 | C | 24.33 | （人工费+机械费）×费率 | 411197.18 |
| 四 | 利润 | D | 11.2 | （人工费+机械费）×费率 | 189289.29 |
| 五 | 价差调整 | E | | | 1004948.07 |
| | 人工费调整 | E1 | | 人工消耗量×价差 | 1172640.86 |
| | 材料价差 | E2 | | | -167692.79 |
| | 其中：实物法材料价差 | E21 | | 按照实物法调差规定计算 | -167692.79 |
| | 其中：系数法材料价差 | E22 | 0 | 定额材料费×调整系数 | |
| | 机械费调整 | E3 | 0 | 机械费×调整系数 | |
| 六 | 规费 | F | | | 343497.27 |
| | 其中：社会保险费 | F1 | 18 | 人工费×费率 | 245257.87 |
| | 其中：住房公积金 | F2 | 7 | 人工费×费率 | 95378.06 |
| | 其中：环境保护税 | F3 | 0.21 | 人工费×费率 | 2861.34 |
| 七 | 税金 | G | 9 | （一+二+三+四+五+六）×费率 | 960368.7 |
| 八 | 工程造价 | H | | 一+二+三+四+五+六+七 | 11631132 |

法定代表人：　　　　　　　　编制单位（盖章）：　　　　　　　　编制日期：

## 任务五　编制说明、封皮，装订形成完整预算书

【任务目标】

编制预算说明。

## 模块四  施工图预算的编制

【任务知识】

## 预算编制说明

### 一、工程概况

（1）工程名称：××教学楼建设项目。
（2）建筑面积：4164.90 m²。
（3）建设地点：甘肃省××市××区×路×号。
（4）建筑层数和高度：主体地下 1 层，地上 4 层；建筑高度 16.95 m（室外地坪至主面屋面）。
（5）结构形式：框架结构。

### 二、编制依据

（1）××建筑设计有限公司设计的××教学楼建设项目施工图纸。
（2）《甘肃建筑与装饰工程预算定额》(DBJD25-44—2013)。
（3）《甘肃省建筑安装工程费用定额》。
（4）《甘肃省建设工程施工机械台班费用定额（除税）》(DBJD25-60—2018)。
（5）《甘肃省建设工程造价管理总站关于对建筑材料价格风险管控指导意见的通知》（甘建价字〔2021〕15 号）。
（6）《甘肃省建筑与装饰工程预算定额地区基价》(DBJD25-67—2019)、《甘肃省安装工程预算定额地区基价》(DBJD25-68—2019)。
（7）材料价格参照《兰州建筑工程信息价》（2021 年第×期），信息价中没有的材料参照市场价。
（8）人工信息价：一类人工工日单价 130 元（不含税市场价），二类人工工日单价 121 元（不含税市场价），三类人工工日单价 100 元（不含税市场价）。

### 三、编制范围

××教学楼建设项目施工图纸的建筑与装饰部分工程。

### 四、其他说明

建筑工程：管理费及利润按三类工程计取（管理费 24.33%、利润 11.2%），安全文明施工费按 14.79% 计取，已完工程及设备保护费按 0.1% 计取，工程定位复测费按 0.49% 计取，社保费、公积金、排污费按人工费的 25.21% 计取。

## 工程预算书

工程名称：××教学楼建设项目（建筑与装饰工程）

▶ 建筑工程定额与预算

建筑面积：4164.90 m²
建设单位：××建设有限责任公司
工程造价：小写：11631132 元； 大写：壹仟壹佰陆拾叁万壹仟壹佰叁拾贰元
工程类别：Ⅲ类工程
单方造价：2792.66 元
施工单位：中国××冶集团
编制单位：××造价咨询公司
编制时间：2022 年××月××日

# 项目四　施工图预算的审查

## 任务一　施工图预算审查的内容与重点

【任务目标】
准确阐述施工图预算审查内容。

【任务知识】
施工图预算的审查是工程建设投资管理的重要环节，它能合理确定工程造价，有利于提高工程管理水平，并为签订工程合同、办理工程结算、编制基本建设计划，统计及研究技术经济指标提供基础数据。施工图预算的审查能更加准确地反映基本建设的投资额，合理确定工程造价，它对有效进行工程估价，节约建设投资，具有十分重要的意义。为了提高建筑产品造价的准确性，必须加强对施工图预算内容进行审查。

### 一、施工图预算审查的内容

（1）审查编制依据是否合法。
（2）审查编制依据的时效性。
（3）审查编制依据的适用范围。

### 二、施工图预算审查的重点

1. 工程量

工程量的计算正确与否，直接影响工程造价的高低。因此，应根据预算编制单位提供的资料，按施工图说明和定额中规定进行编制。若在图纸会审纪要中涉及设计内容的增减，应相应调整施工图预算，防止多算或漏算。预算中的按实计算部分，应结合设计变更资料、现场签证和工程实际情况进行核实，合理计算。分项工程之间的划分应与定额计算规则一致。按定额规定，计算中应扣除或增加的部分是否已扣除或增加，按定额说明中要求乘系数调整的工程量是否进行了调整。定额中已明确综合考虑的项目，不得重复计算。

如卷材屋面的附加层、接缝、收头、找平层的嵌缝、冷底子油已包括在定额内，不另补充是否正确，直接关系到造价的准确性。

2. 定额套项

（1）应根据工程性质，确定套用与其相适应的定额。避免立项不准，套高不套低的现象出现。

（2）对于预算中需换算的基价，首先应审查所换算的分项子目是否正确。

（3）对定额中的缺项，应由承发包双方按规定编制临时性补充定额。

3. 取费

（1）审查取费计算基础。取费计算基础必须同工程性质一致。

（2）预算计取的各项费率，应符合工程实际情况，按定额规定的综合调整系数执行。对一些价值大的特殊材料，应进行市场调查，能够全面和细致地审查工程预算，审查质量高，效果好；缺点是工作量大，时间较长，存在重复劳动。

## 任务二　施工图预算审查的方法

【任务目标】

准确阐述施工图预算审查方法。

【任务知识】

### 一、逐项审查法

逐项审查法又称全面审查法，即按定额顺序或施工顺序，对各项工程细目逐项全面详细审查的一种方法。其优点是全面、细致，审查质量高、效果好。缺点是工作量大，时间较长。这种方法适合于一些工程量较小、工艺比较简单的工程。

### 二、标准预算审查法

标准预算审查法就是对利用标准图纸或通用图纸施工的工程，先集中力量编制标准预算，以此为准来审查工程预算的一种方法。按标准设计图纸施工的工程，一般上部结构和做法相同，只是根据现场施工条件或地质情况不同，仅对基础部分做局部改变。凡这样的工程，以标准预算为准，对局部修改部分单独审查即可，不需逐一详细审查。该方法的优点是时间短、效果好、易定案。其缺点是适用范围小，仅适用于采用标准图纸的工程。

### 三、分组计算审查法

分组计算审查法就是把预算中有关项目按类别划分若干组，利用同组中的一组数据审查分项工程量的一种方法。这种方法首先将若干分部分项工程按相邻且有一定内在联系的项目进行编组，利用同组分项工程间具有相同或相近计算基数的关系，审查一个分项工程数，由此判断同组中其他几个分项工程的准确程度。该方法特点是审查速度快、工作量小。

## 四、对比审查法

对比审查法是当工程条件相同时，用已完工程的预算或未完但已经过审查修正的工程预算对比审查拟建工程的同类工程预算的一种方法。采用该方法一般须符合下列条件：

（1）拟建工程与已完或在建工程预算采用同一施工图，但基础部分和现场施工条件不同，则相同部分可采用对比审查法。

（2）工程设计相同，但建筑面积不同，两个工程的建筑面积之比与两个工程各分部分项工程量之比大体一致。

（3）两个工程面积相同，但设计图纸不完全相同，则相同的部分，如厂房中的柱子、层架、层面、砖墙等，可进行工程量的对照审查。对不能对比的分部分项工程可按图纸计算。

## 五、"筛选"审查法

"筛选"是能较快发现问题的一种方法。建筑工程虽面积和高度不同，但其各分部分项工程的单位建筑面积指标变化却不大。将这样的分部分项工程加以汇集、优选，找出其单位建筑面积工程量、单价、用工的基本数值，归纳为工程量、价格、用工3个单方基本指标，并注明基本指标的适用范围。这些基本指标用来筛选各分部分项工程，对不符合条件的应进行详细审查，若审查对象的预算标准与基本指标的标准不符，就应对其进行调整。

"筛选法"的优点是简单易懂，便于掌握，审查速度快，便于发现问题。但问题出现的原因尚需继续审查。该方法适用于审查住宅工程或不具备全面审查条件的工程。

## 六、重点审查法

重点审查法就是抓住施工图预算中的重点进行审核的方法。审查的重点一般是工程量大或者造价较高的各种工程、补充定额、计取的各种费用（计费基础、取费标准）等。重点审查法的优点是突出重点，审查时间短，效果好。

**【模块习题】**

上机实操：根据附录中电子图纸编制施工图预算。

# 模块五　工程造价软件的应用

## 项目一　定额计价软件

### 任务一　操作流程

【任务目标】

熟练建立项目、编制清单及投标报价。

【任务知识】

第一步：分析图纸。

建筑施工图和结构施工图。先看结构施工图，后看建筑施工图。依据目录查看图纸是否完整。

具体看图纸及绘图步骤：先看结构设计总说明——新建工程——柱——（剪力墙）——梁——板——节点——楼梯——基础。（统称为主体结构）

然后做：砌体墙——门窗——构造柱——过梁——圈梁——砌体加筋——卫生间上翻梁——女儿墙层。（称为二次构造）

第二步：新建工程（图5-1）→确定计算规则。

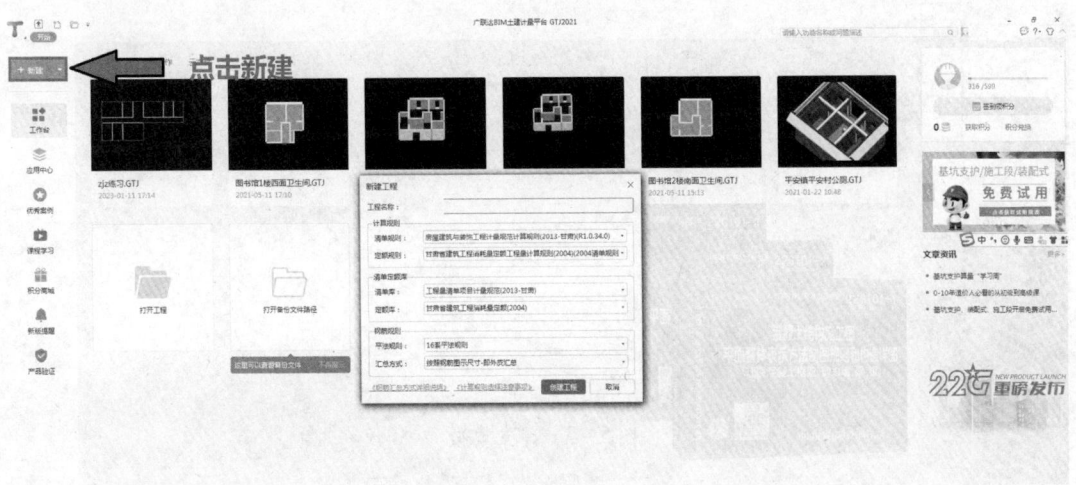

图5-1　新建工程

► 建筑工程定额与预算

第三步：工程设置（图 5-2）→①基本设置；②土建设置、钢筋设置。

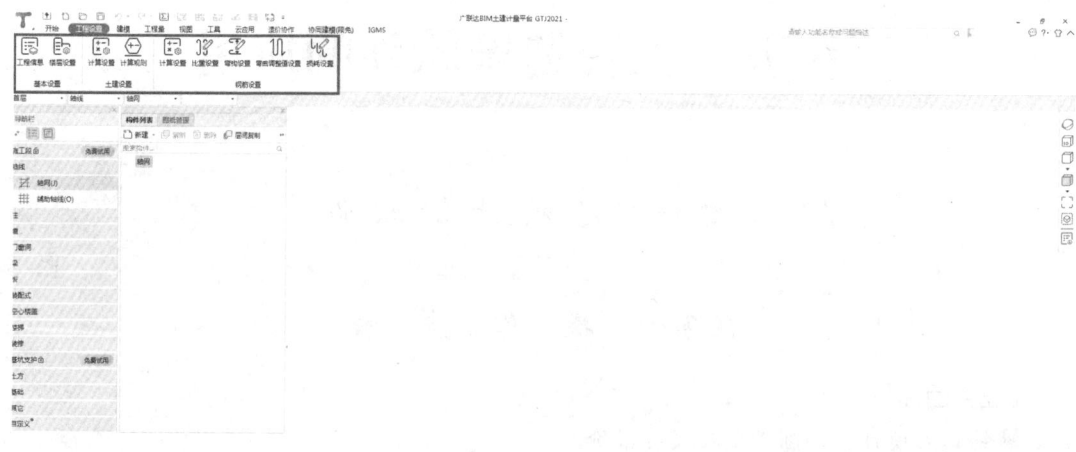

图 5-2　工程设置

第四步：建立模型（图 5-3）→①CAD 识别；②手工绘制→定义属性、套用做法、绘制图元。

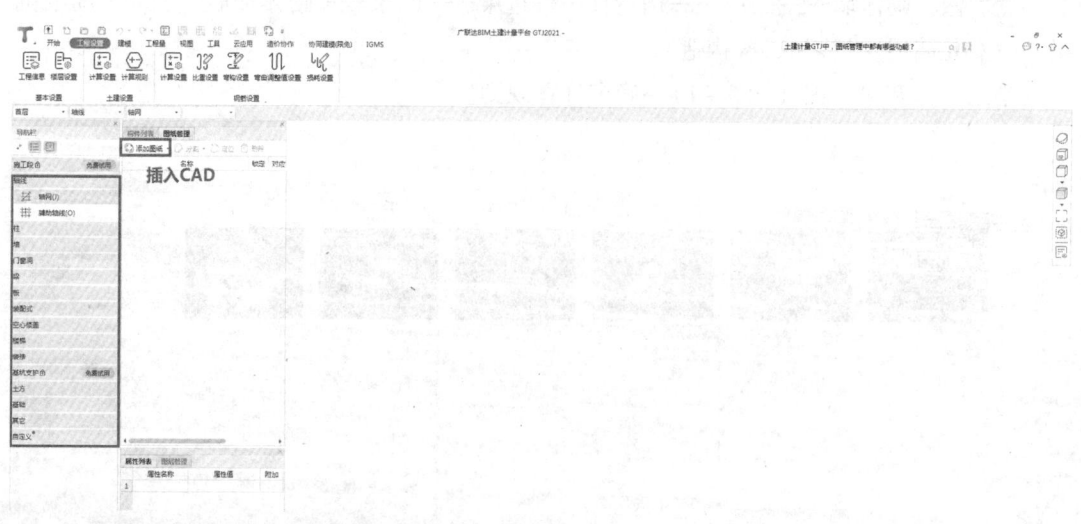

图 5-3　建立模型

第五步：云检查（图 5-4）。

模块五　工程造价软件的应用

图 5-4　云检查

第六步：汇总计算（图 5-5）→钢筋工程量、土建工程量。

图 5-5　汇总计算

第七步：查看工程量（图 5-6）→钢筋工程量、土建工程量。

图 5-6　查看工程量

第八步：查看报表（图 5-7）→钢筋报表、土建报表。

图 5-7　查看报表

## 任务二　软件启动

【任务目标】

正确启动广联达 BIM 土建计量平台 GTJ2021 软件。

【任务知识】

可以通过以下方法来启动广联达 BIM 土建计量平台 GTJ2021 软件。

（1）在桌面上双击广联达新驱动，识别加密锁。加密锁有云锁和实体锁两种，实体锁分为单机锁和网络锁。

▶ 建筑工程定额与预算

（2）在桌面上双击"广联达 BIM 土建计量平台 GTJ2021"快捷图标（图 5-8），在弹出的界面中选择相应的方式进入。或者双击"广联达 G+工作台"快捷图标（图 5-8），进入首页，点击软件管家，在已安装中找到所需相应软件，打开软件。

图 5-8　软件图标

## 任务三　新建预算文件

【任务目标】

熟练新建工程文件。

【任务知识】

（1）首先在电脑桌面上打开广联达 BIM 土建计量平台 GTJ2021 软件。

（2）在左侧工作台页面上方选择新建工程（图 5-9）。

（3）在弹出来的新建工程页面（图 5-10）选择相对应的省份计算规则，输入工程文件名称就可以了。

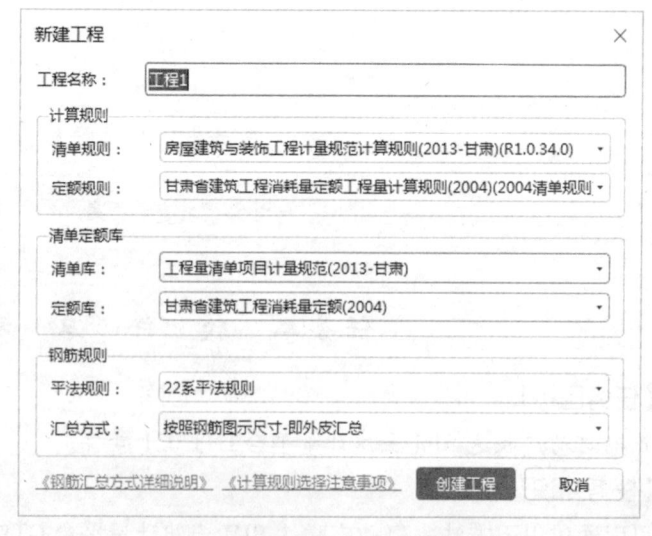

图 5-9　新建工程图标　　　　　图 5-10　新建工程页面

— 214 —

模块五 工程造价软件的应用

## 任务四 工 程 概 况

【任务目标】

能够在工程概况中填入相关信息。

【任务知识】

新建工程的设置完成后,可以点击创建工程进入下一步的工程设置,首先进行的是工程信息设置(图5–11)。

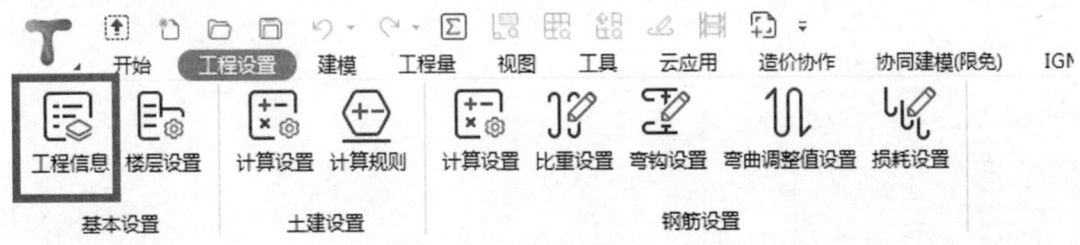

图5–11 工程设置图标

单击"工程信息"按钮,可以看到弹出以下窗口,将"工程信息"设置分为"工程信息""计算规则""编制信息""自定义"四个大选项卡(图5–12)。

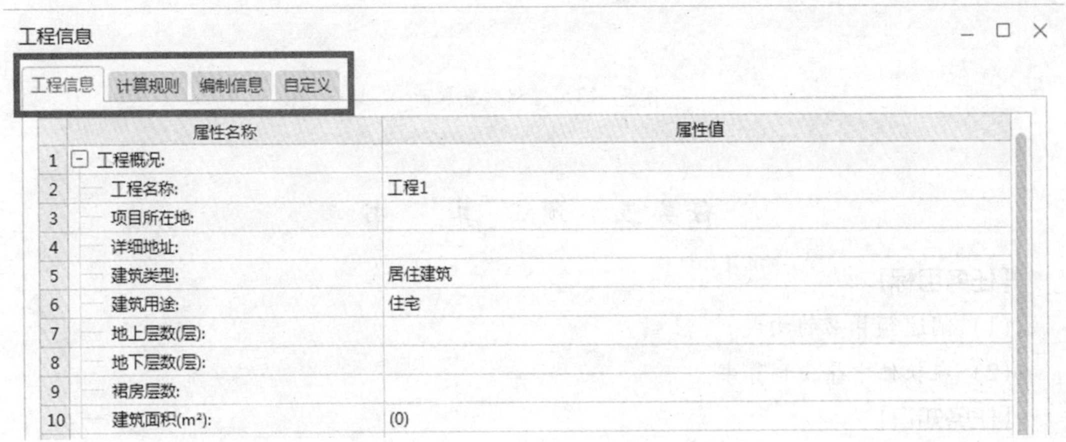

图5–12 工程信息界面

工程信息分为"工程概况""建筑结构等级参数""地震参数""施工信息"四大类别及下属若干选项,其中工程概况就包括其中,如图5–13所示。

注:①软件中所有黄色背景的属性值均不允许修改,白色、绿色、部分灰色背景的属

— 215 —

▶ 建筑工程定额与预算

性值才能进行修改；②黑色字体的属性值可以选填（不影响工程量计算），蓝色字体的属性值一定要按图或实际情况修改（影响工程量计算）。

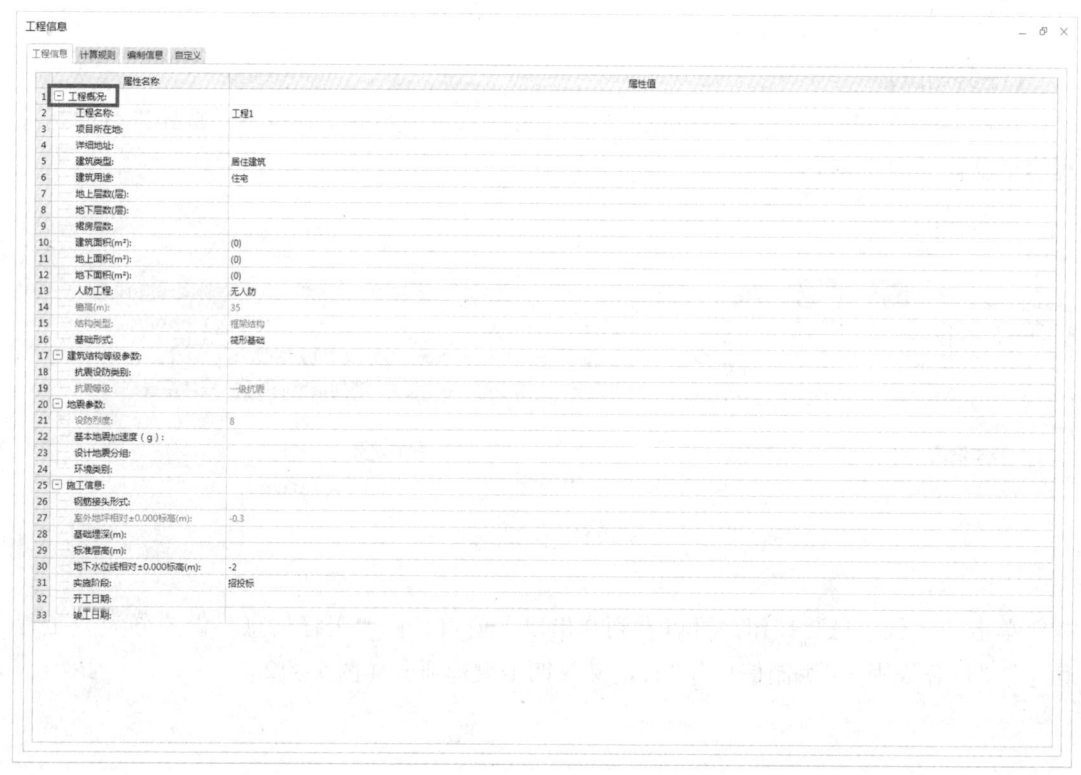

图 5-13  工程概况界面

# 任务五  预算书

【任务目标】

（1）阐述预算书的构成。

（2）在软件中导出预算书。

【任务知识】

预算书即预算价格表，是根据工程量清单或者施工设计图纸来计算的，这两个都没有是无法作出准确预算的。

工程预算书一般由预算书封面、预算编制说明、工程造价计算表、工料汇总表、各分部工程预算表、设计修改变更通知几部分组成。

（1）预算书封面：预算书的封面形式一般是由编制单位自行设计。它以简单明了的形式显示出整个预算的精华内容。具体形式没有统一规定，但显示内容应包括工程名称和建筑面积、工程造价和单位造价、建设单位和施工单位、审核者和编制者、审核时间和编制时间几点。

(2) 预算编制说明：编制说明是预算文件的一个补充说明书。它给审核者和竣工结(决)算提供补充依据。说明内容有以下几方面：

① 编制依据：a) 本预算的设计图纸全称、设计单位；b) 本预算所依据的定额名称和时期（包括预算定额和费用定额）；c) 在计算中所依据的其他文件名称和文号；d) 计费所按的资质级别和工程类别。

② 图纸变更情况：a) 施工图中变更部位和名称；b) 因某种原因待行处理的构部名称；c) 因涉及图纸会审或施工现场所需要说明的有关问题。

③ 执行定额的有关问题：a) 按定额要求本预算已考虑和未考虑的有关问题；b) 因定额缺项，本预算所作补充或借用定额情况说明；c) 甲乙双方协商的有关问题。

(3) 工程造价计算表：它是说明工程造价来源的具体表述。

(4) 工料汇总表：工料汇总表是将各分部工程中，工料分析表内的人工和材料进行汇总列成清单，以供有关部门查用。对材料汇总，最好按以下要求进行：①为便于实用，先列钢材、木材、水泥，再列玻璃、沥青、特殊材料，然后列砖、瓦、灰、砂、石和其他材料；②同类材料应分规格汇总；③门窗五金最后列入。

(5) 导出预算书（图5-14）。

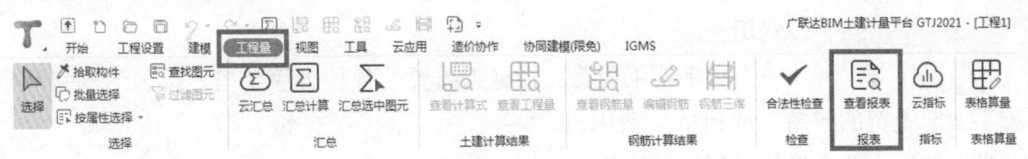

图5-14 预算书界面

# 任务六 措 施 项 目

【任务目标】

(1) 阐述措施项目内容。

(2) 熟练使用广联达云计价平台和广材助手。

【任务知识】

措施项目费：指为完成建设工程施工，发生于该工程施工前和施工过程中的技术、生活、安全、环境保护等方面的费用。

安全文明施工费：①环境保护费：指施工现场为达到环保部门要求所需要的各项费用。②文明施工费：指施工现场文明施工所需要的各项费用。③安全施工费：指施工现场安全施工所需要的各项费用。④临时设施费：指施工企业为进行建设工程施工所必须搭设的生活和生产用的临时建筑物、构筑物和其他临时设施费用。包括临时设施的搭设、维修、拆除、清理费或摊销费等。

夜间施工增加费：指因夜间施工所发生的夜班补助费、夜间施工降效、夜间施工照明设备摊销及照明用电等费用。

二次搬运费：指因施工场地条件限制而发生的材料、构配件、半成品等一次运输不能到达堆放地点，必须进行二次或多次搬运所发生的费用。

冬雨季施工增加费：指在冬季或雨季施工需增加的临时设施、防滑、排除雨雪，人工及施工机械效率降低等费用。

已完工程及设备保护费：指竣工验收前，对已完工程及设备采取的必要保护措施所发生的费用。

工程定位复测费：指工程施工过程中进行全部施工测量放线和复测的费用。

特殊地区施工增加费：指工程在沙漠或其边缘地区、高海拔、高寒、原始森林等特殊地区施工增加的费用。

大型机械设备进出场及安拆费：指机械整体或分体自停放场地运至施工现场或由一个施工地点运至另一个施工地点，所发生的机械进出场运输及转移费用及机械在施工现场进行安装、拆卸所需的人工费、材料费、机械费、试运转费和安装所需的辅助设施的费用。

脚手架工程费：指施工需要的各种脚手架搭、拆、运输费用以及脚手架购置费的摊销（或租赁）费用。

图5-15 广联达云计价平台和广材助手图标

学会使用这两个软件来制作措施项目（图5-15）。

## 任务七 人材机汇总

【任务目标】

运用人材机汇总进行材料调差。

【任务知识】

人材机汇总：定额工日人工费汇总。

软件里的人材机汇总（图5-16），其中的人工费是定额工日人工费汇总，定额中的直接费分人工费（定额工日）、材料费、机械费、管理费，四个项目分列，而材料费、机械费、管理费用也有人工费（定额工日），但这些定额工日软件和定额没把人工费和其他定额单列，如机械台班里的人工费，在材机汇总中显示不出来，但工料分析中机械台班中的定额人工工日便出来了。

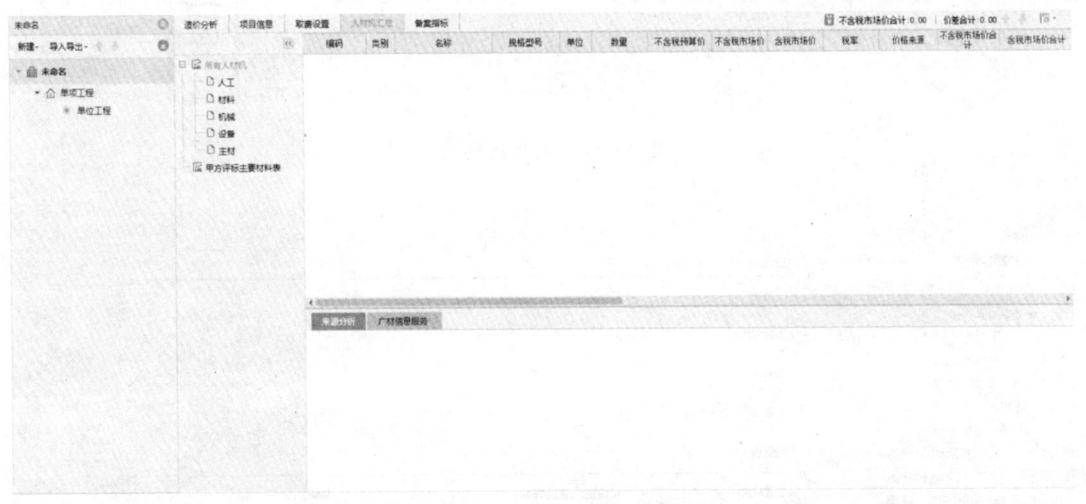

图 5-16 人材机汇总界面

## 任务八 费 用 汇 总

【任务目标】

进行费用汇总。

【任务知识】

费用汇总就是将分部分项、其他项目、措施项目、规费、税金所有要计入的费用加起来的总计。

单位工程造价汇总表中的费用汇总方法：

分部分项工程费（人＋材＋机＋管理费＋利润）。

措施项目费（人＋材＋机＋管理费＋利润）。

其他项目费（签证＋计日工＋总承包服务费）。

规费（参照取费说明）。

税金（参照合同）。

## 任务九 报　　　表

【任务目标】

打开报表，识读报表内容。

【任务知识】

报表位于软件中工程量的底下，如图 5-17 所示。

单击打开报表之后就是报表页面，如图 5-18 所示。

▶ 建筑工程定额与预算

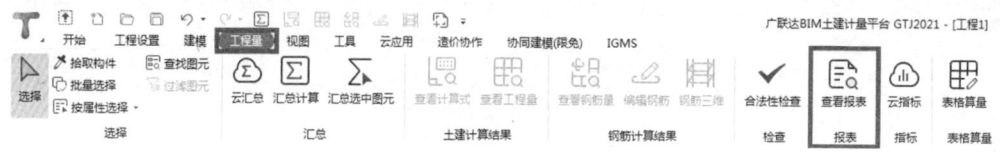

图 5-17 报表按钮位置

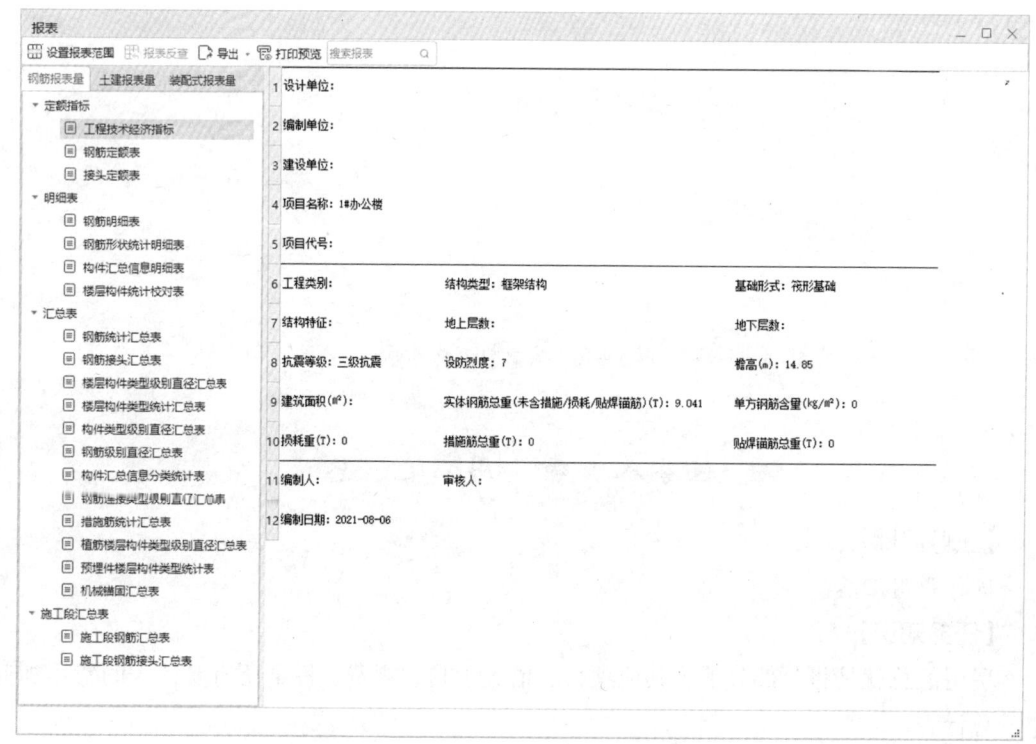

图 5-18 报表页面

# 项目二　图形计算工程量软件

## 任务一　图形计算工程量软件概述

【任务目标】

阐述图形计算工程量软件（算量软件）的功能。

【任务知识】

广联达 BIM 土建计量平台 GTJ2021 软件是钢筋和图形算量结合在一起的算量软件，能一次性完成房建项目的钢筋和图形相关工程量，减少原来的互导环节。同时，该软件是新的算量平台，计算更高效，还有一些新功能在原来算量软件中无法实现绘制，如螺旋板绘制等功能。

算量软件是建筑企业信息化管理不可缺少的工具软件,它具有速度快,准确性高,易用性强,拓展性好,协同管理工作灵活等优点。

现代建筑造型独特,结构复杂,已经无法通过手工算量的方式进行工程量计算,因此算量软件是符合时代发展需求,为企业节约成本创造利润不可或缺的工具。报表统计灵活快捷,大大提高了预算工作人员的工作效率,提升了自己的工作能力,也为很多企业带来了更大的效益。

软件算量的基本原理(图5-19)是:

(1)建筑工程量的计算是一项工作量大而繁重的工作,工程量计算的算量工具也随着信息化技术的发展,经历了算盘、计算器、计算机表格、计算机建模几个阶段,现在我们采用的就是通过建筑模型进行工程量的计算。

(2)目前建筑设计输出的图纸绝大多数是采用二维设计,提供建筑的平、立、剖图纸,对建筑物进行表达。而建模算量则是将建筑平、立、剖面图结合,建立建筑的空间模型。模型的正确建立则可以准确地表达各类构件之间的空间位置关系,土建算量软件则按计算规则计算各类构件的工程量,构件之间的扣减关系则根据模型由程序进行处理,从而准确计算出各类构件的工程量。为方便工程量的调用,将工程量以代码方式提供,套用清单与定额时可以直接套用。

图5-19 软件算量原理

## 任务二 新 建 工 程

【任务目标】

正确新建工程。

【任务知识】

新建工程时,计算规则或者清单规则、清单库、定额规则、定额库选择错了,应该如何修改清单库、定额库。

运用软件默认的导出原则。

当前工程为清单+定额模式,则导出后的工程为当前工程为清单+定额模式,导出原则如下(图5-20):

(1)清单规则、定额规则与清单库、清单规则完全相同,则导出构件及构件图元信息,同时导出清单、定额的做法。

(2) 清单规则、清单库完全相同,定额规则或定额库不同,则导出构件及构件图元信息,同时只导出清单做法。

(3) 清单规则或清单库不同,无论定额规则或定额库是否相同,则导出构件及构件图元信息,同时不导出做法。

构件属性导出原则:计算规则不同,则只导出共有属性及属性值,对于其他属性对应的属性值为空或给一"缺省值"(属性值允许为空的则为空,不允许为空的则给出缺省值)。

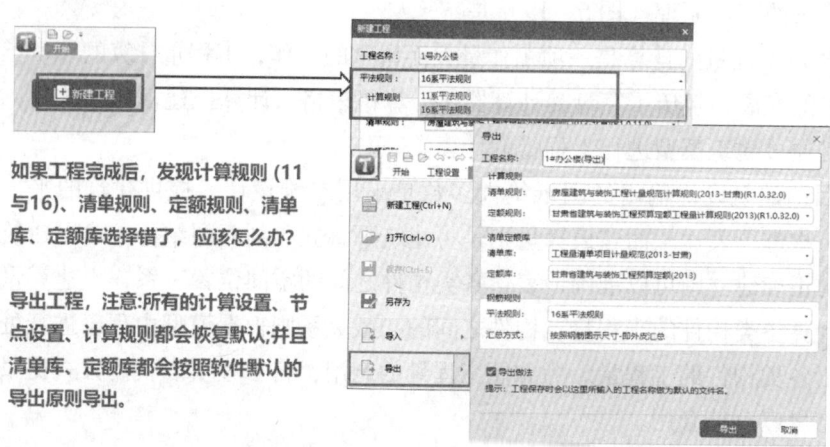

图 5-20 导出界面

影响工程量的信息有:抗震等级——钢筋的锚固搭接;室外地坪——室外装修、脚手架等,如图 5-21 所示。

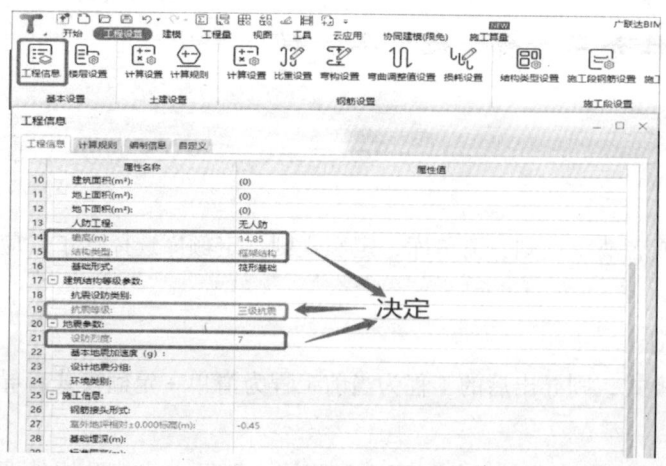

图 5-21 工程信息设置重要信息

模块五　工程造价软件的应用

## 任务三　设置楼层信息

【任务目标】

正确设置图线楼层。

【任务知识】

（1）楼层设置（图5-22）：插入、删除、首层标记（对于2013位置有变化）、层高。

（2）锚固与搭接：混凝土强度等级、保护层、砂浆。

（3）多个楼层一致：复制到其他楼层。

（4）添加单项工程：默认有一个单元，如果工程有多个单元时，可以通过添加单项工程实现多个单元的建立。

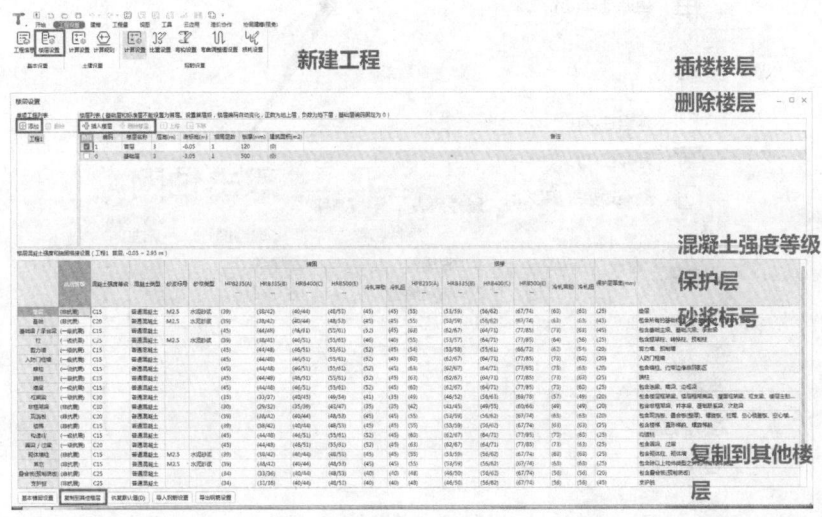

图5-22　楼层设置

## 任务四　轴网管理

【任务目标】

建立轴网。

【任务知识】

（1）打开轴网编辑，如图5-23所示。

新建轴网有三种类型：正交、斜交、圆弧轴网，如图5-24所示。

（2）输入轴距（图5-25），有些构件使用辅轴可方便绘制。

辅轴的特点如下：①主轴只能在主轴固有的图层里面编辑，而辅轴是开放的，可以在任意一个图层里面编辑。这就提高了建立辅轴轴线的效率，在工程中应尽量多使

▶ 建筑工程定额与预算

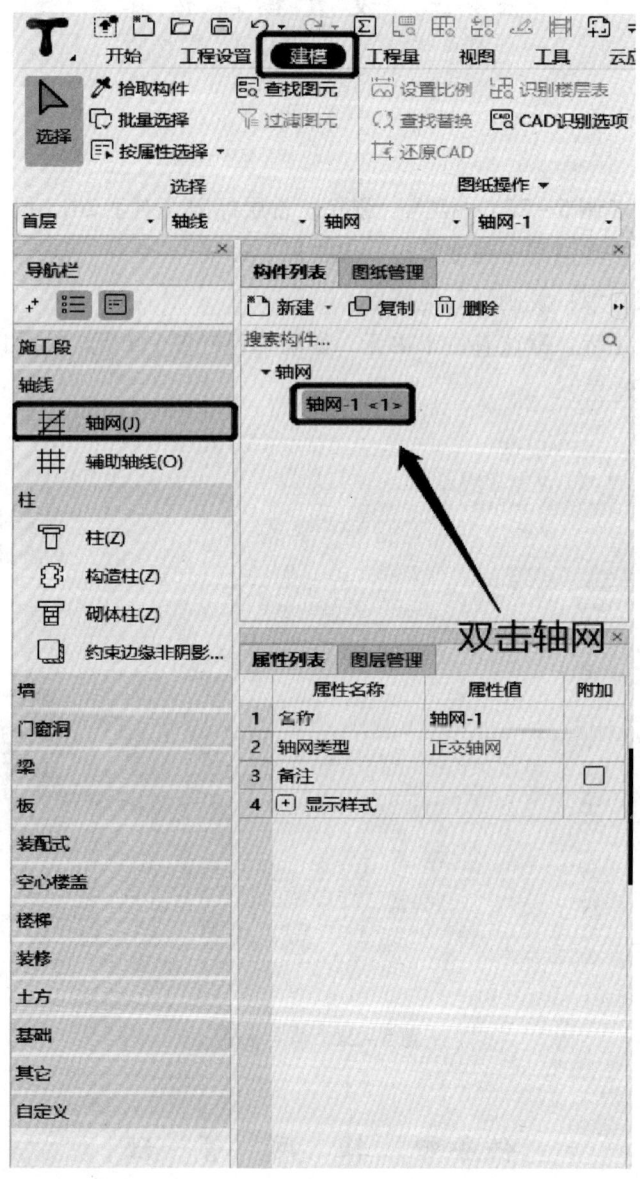

图 5-23 轴网按钮

用辅助轴线。②在广联达钢筋抽样软件中，辅轴是在每个楼层单独生成的，这就使得每个楼层的轴线都很清晰。同时，辅助轴线支持各个楼层之间的复制，这样我们可以保留常用的辅轴，复制到其他楼层，这更有利于提高速度。③辅轴在任何情况下都是可以隐藏的，只要在大写或者英文状态下点击 O 就可以切换显示状态，如图 5-26 所示。

模块五 工程造价软件的应用

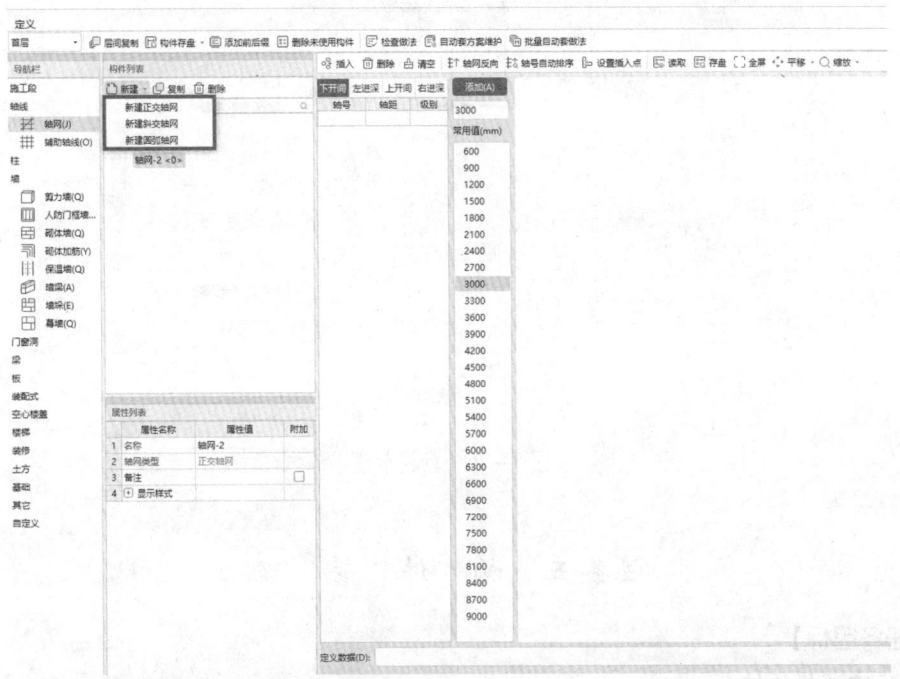

图 5-24 轴网类型

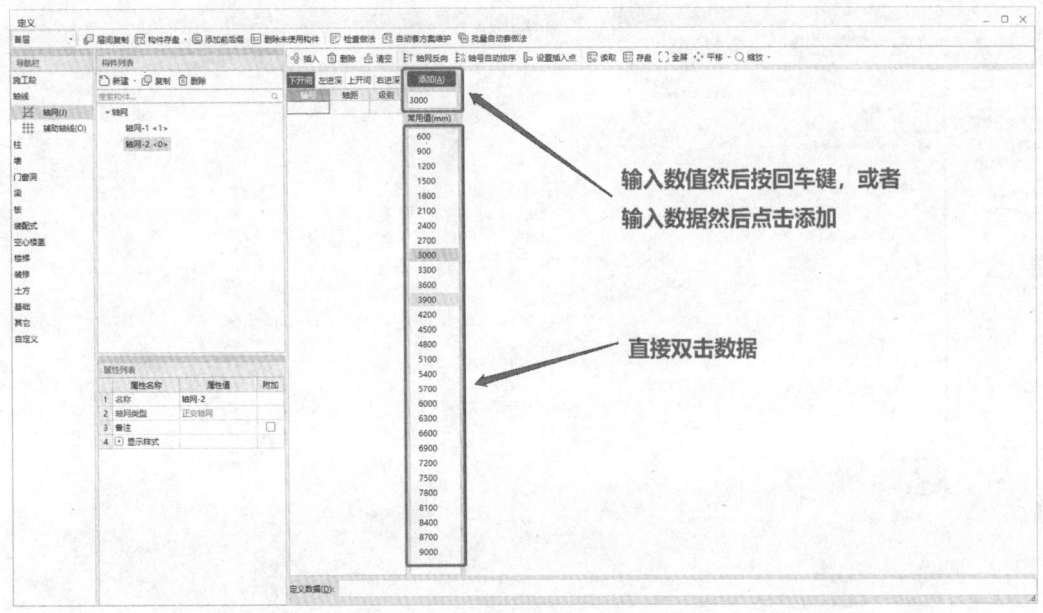

图 5-25 轴距输入

▶ 建筑工程定额与预算

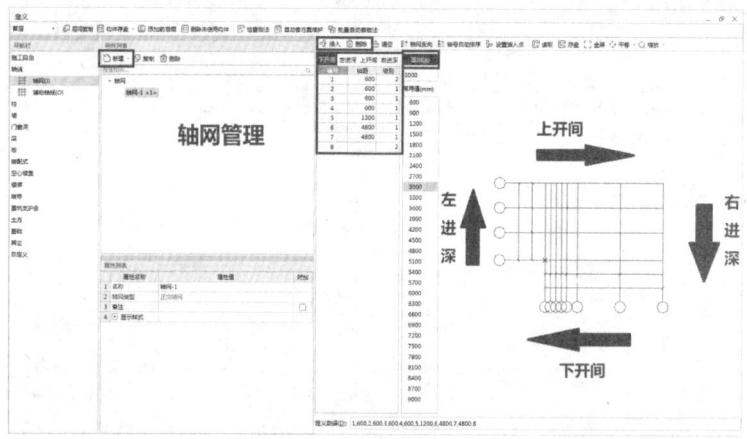

图 5-26 轴网管理

## 任务五 构件管理

【任务目标】

正确建立构件信息。

【任务知识】

构件栏里面的构件：墙、柱、梁、门窗等，如图 5-27 和图 5-28 所示。

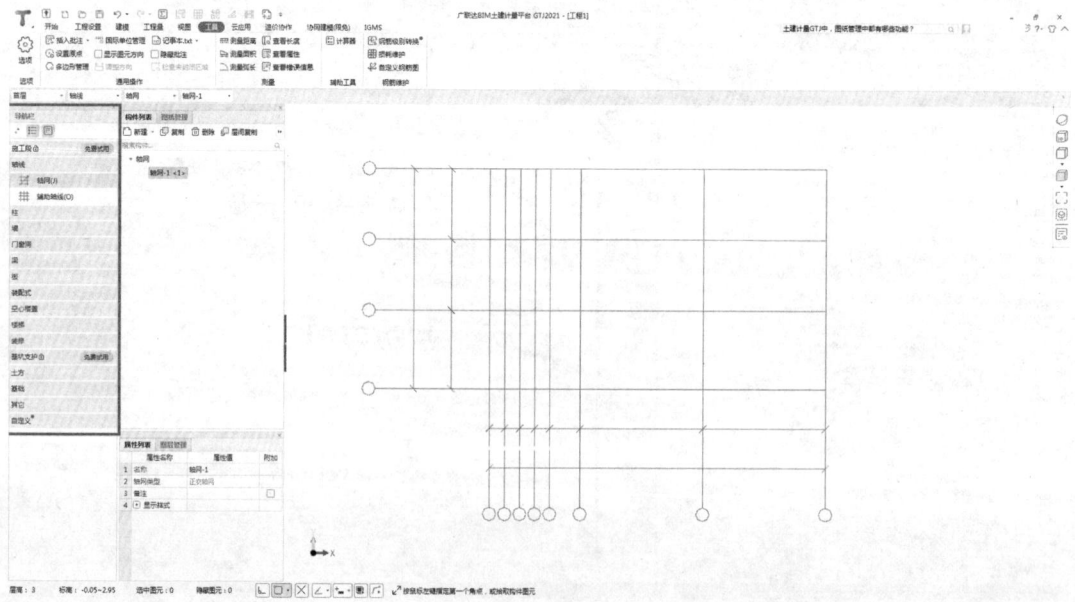

图 5-27 构件类型

模块五　工程造价软件的应用

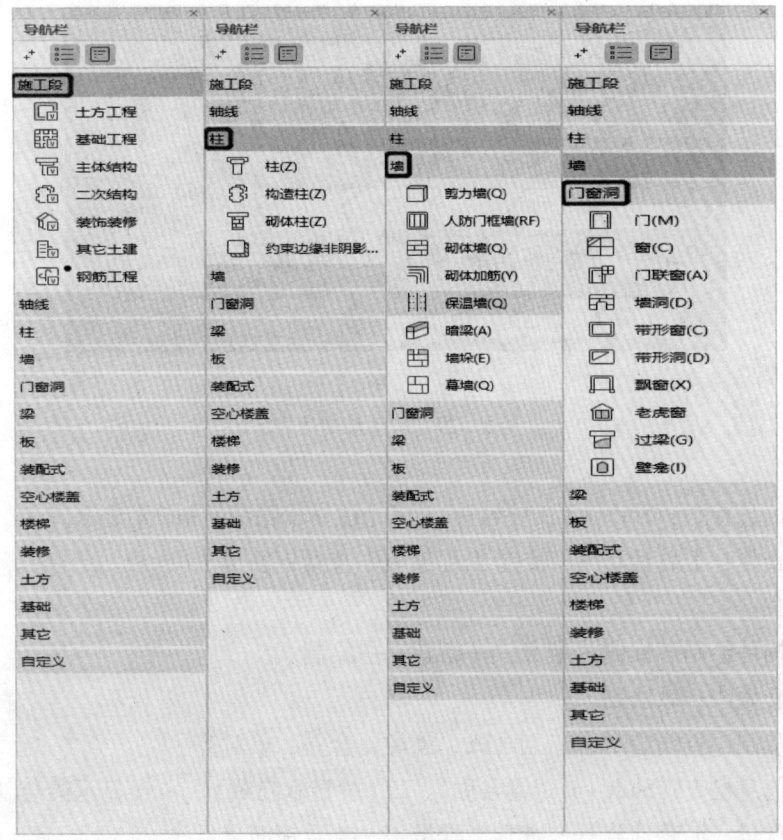

图 5-28　各构件详图

## 任务六　绘图基本操作

【任务目标】

正确进行绘图。

【任务知识】

学会不同结构形式构件绘制顺序（图 5-29）。

## 一、使用构件来完成绘图

1. 柱构件

(1) 柱构件绘制三部曲：定义——新建——绘制。

(2) 根据图纸说明套做法：做法刷。

(3) 柱绘制：智能布置、查改标注、镜像。

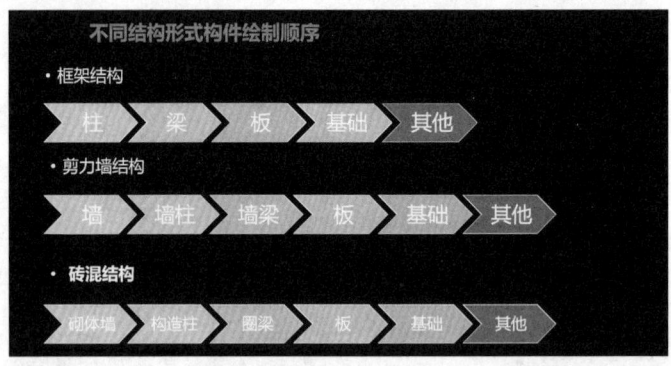

图 5-29 构件绘制顺序

(4) 柱信息检查：Shift + Z（柱名称）、Z（柱显示隐藏）、图元显示。

(5) 柱查量：汇总计算——查看工程量——查看钢筋量。

2. 梁构件

(1) 梁构件绘制三部曲：定义——新建——绘制。

(2) 梁套做法：做法刷。

(3) 梁绘制：直线绘制、三点画弧、镜像、合并、单对齐。

(4) 梁信息检查：Shift + L（梁名称）、L（梁显示隐藏）、~（显示梁绘制方向）。

(5) 梁查量：汇总计算——查看工程量——查看钢筋量。

3. 板构件

(1) 板构件绘制三部曲：定义——新建——绘制。

(2) 板套做法：做法刷。

(3) 板与板筋绘制：点、直线（Shift + 左键）、镜像、应用同名称板。

(4) 板信息检查：查看布筋情况、查看布筋范围。

(5) 板查量：汇总计算——查看工程量——查看钢筋量。

4. 墙构件

(1) 墙构件绘制三部曲：定义——新建——绘制。

(2) 墙套做法：做法刷。

(3) 墙绘制：直线（Shift + 左键）、镜像。

(4) 门窗定义绘制：离地高度、绘制方式。

(5) 过梁定义绘制：生成过梁。

(6) 墙、过梁查量：汇总计算——查看工程量——查看钢筋量。

5. 门窗构件

(1) 分析图纸：门窗尺寸、离地高度。

(2) 新建（图 5-30）。

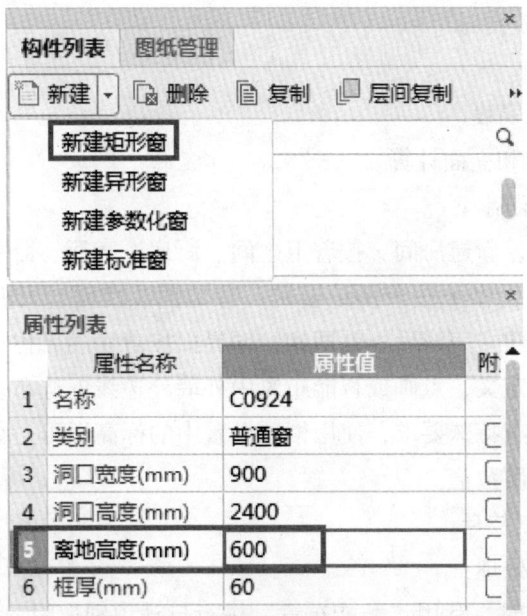

图 5-30　门窗构件界面

## 二、绘制

绘制方式以"点"画为主（图 5-31）。

图 5-31　绘图栏

1. 装修
1) 房间建立思路
根据施工说明创建房间装修内容，定义需要套用要求的做法，然后点击房间。

2）房间绘制方法

房间绘制一般点选方便（只要房间封闭，就可以点选）。

3）楼地面防水处理技巧

（1）绘制防水。

（2）设置立面防水高度。

（3）防水的水平面和立面计算。

4）外墙面定义与绘制

装饰设置：点房间，新建房间，按着卫生间、厨房、客厅、卧室等分别建立，在属性编辑框中更名，在构件类型上按着图纸要求，分地面、墙面、天棚、踢脚等建立依附构件。每个房间依附构件建立完成后，就回到绘图界面按着房间名称点绘即可。

外墙设置：按属性定义，点画或智能布置中外墙外边线框选布置即可。

标高设置：如果没有特殊要求，使用楼层设置中的标高即可，如果有要求可在属性中标高处直接更正具体高度数值。

5）特殊外墙面绘制技巧

对于外墙面的装饰处理：

（1）外墙装饰相同时，利用"智能布置"进行自动识别依附。

（2）外墙装饰不相同时，处理方法如下：

当有地下室时，需把地下室的外墙抹灰的"起点顶标高和终点顶标高"改为室外地坪标高，到首层中的外墙抹灰构件中的"起点底标高和终点底标高"改为室外地坪标高。

当没有地下室时，只需要把首层外墙面的"起点底标高和终点底标高"改为室外地坪标高。

2. 基础构件

1）独立基础识图

独立基础在平面图上显示的是一个一个独立的小个体，在这种独立的小个体之上，有可能通过梁连接，具体要看设计图纸的规定。

2）独立基础定义：建立单元

新建独立基础，这个时候除了底标高，不能输入独立基础的截面信息，得再点新建—新建独立基础单元（选择哪种看需要），这时才能输入独立基础截面信息，套上做才有体积代码。因为独立基础最少也是由独立基础与独立基础垫层两个子单元组成，两个单元的材料不相同，所以要分开定义，才能分开计算工程量。注意：做法也得套在子单元上。

3）独立基础绘制：绘制方式"点"

首先在左侧导航栏"基础"里面选择"独立基础"，在构件里面选择"新建"，再选择"新建独立基础""新建参数化独立基础单元"，出现参数化独立基础单元页面后按图纸信息选择相应的独立基础。这里图纸给出的是"独立基础三台"。按图纸给出的独立基础截面信息修改参数，修改完成后按图纸给出的定位进行绘制就可以了。

4）独立基础出量，查看基础量

计算工程量，查看独立基础的工程量。

3. 土方、回填、垫层

1）土方绘制

在基础构件的界面下，点工具栏上的"自动生成土方"。

2）回填绘制

软件中灰土回填的分层（建立灰土回填单元即分层，考虑回填时遇到土质转换而置的灰土回填单元）是按水平方向分的，而实际工程中的灰土回填和素土回填大都为：灰土回填即灰土夯实，将基础底面以下一定范围内的软弱土挖去，用按一定体积比配合的灰土在最优含水量情况下分层回填夯实（或压实）；素土回填即素土夯实即是夯实填好素土的意思，为建筑工程用语，是最常见的构建填充物。素土是天然沉积土层中没有掺杂其他杂质的密度细腻均匀，有一定黏稠度的土。这样，在软件中可以只建立一个灰土回填单元，修改好材质及回填厚度，然后手工绘制灰土回填构件即可。

3）垫层绘制

首先在打开的工程中点击绘图输入下的基础目录下的垫层选项，然后新建一个垫层，在构件列表中点击新建目录下的新建面式垫层，也可以选择新建其他类型的垫层。

4）土方、回填、垫层的绘制技巧

先定义，后绘制。

4. 零星构件、飘窗、楼梯

(1) 零星构件定义与绘制（散水，屋面智能布置）。

(2) 飘窗、楼梯定义与绘制（飘窗智能布置，楼梯出量）。

## 任务七　汇总报表输出

【任务目标】

查看流程、设置分类条件、报表反查。

【任务知识】

云检查优化：建模—云检查—选择需要云检查的范围—检查完毕，可以根据检查结果直接定位到具体位置上面，如图 5-32 所示。符合图纸设置要求的，也可以选择忽略。

(1) 云指标，如图 5-33 所示。

(2) 查看流程：工程量—查看报表—土建报表量——设置分类条件，根据需要勾选维度分类，下面的上移、下移可以调整查量维度的级别大小，设置好之后点击确定即可按照不同维度分类生成报表工程量，如图 5-34 ~ 图 5-37 所示。

(3) 报表之设置分类条件（图 5-38）。

(4) 报表反查（图 5-39 ~ 图 5-41）。

▶ 建筑工程定额与预算

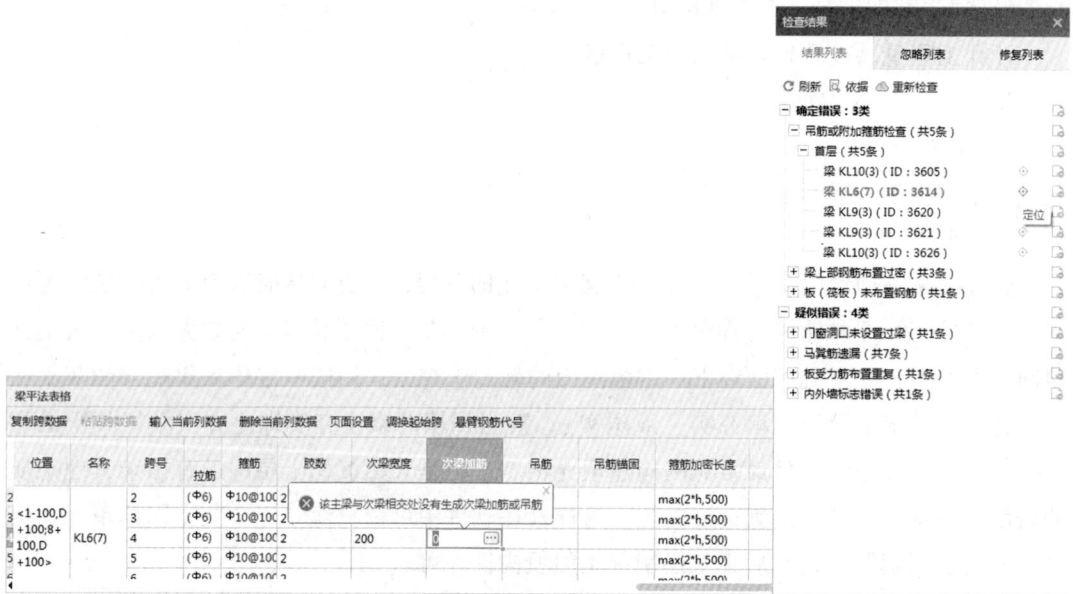

图 5-32 云检查提示

图 5-33 云指标

模块五 工程造价软件的应用

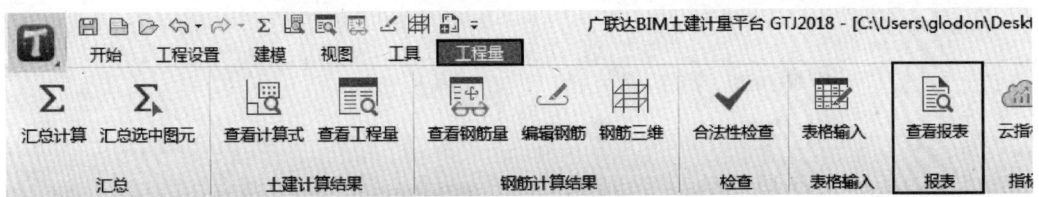

图 5-34 查看报表

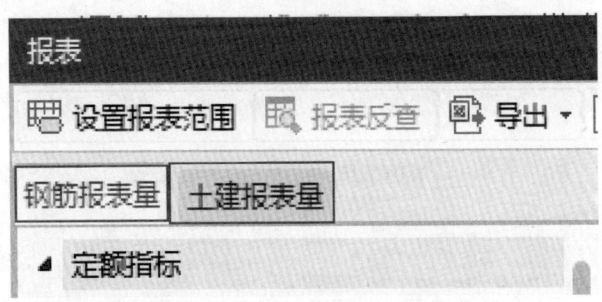

图 5-35 报表选择

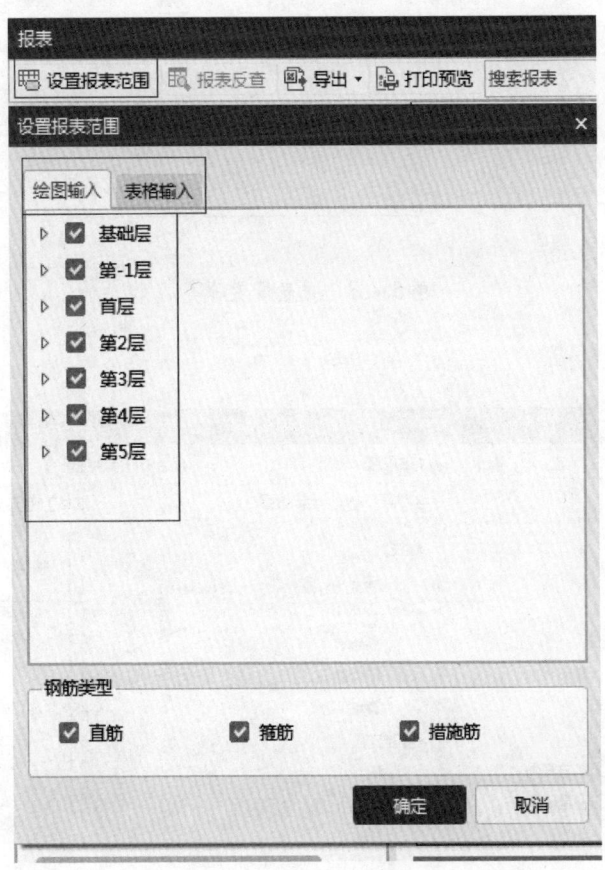

图 5-36 报表范围设置

▶ 建筑工程定额与预算

图 5-37　钢筋类型选择

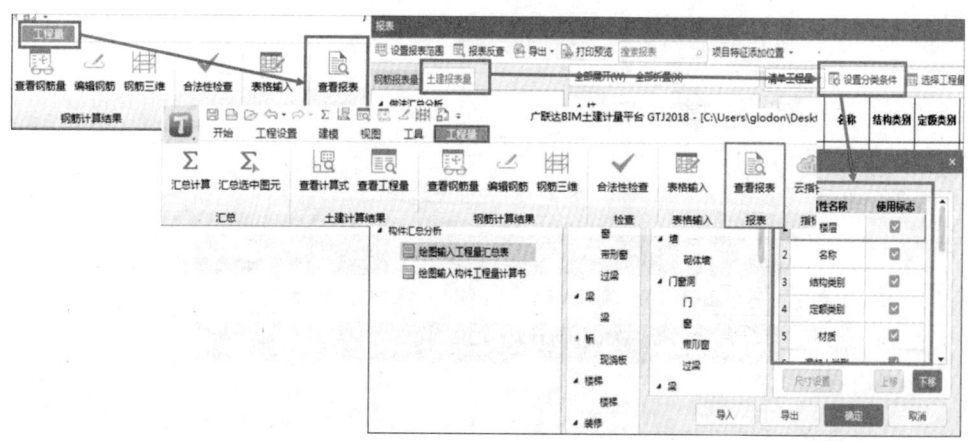

图 5-38　报表设置分类

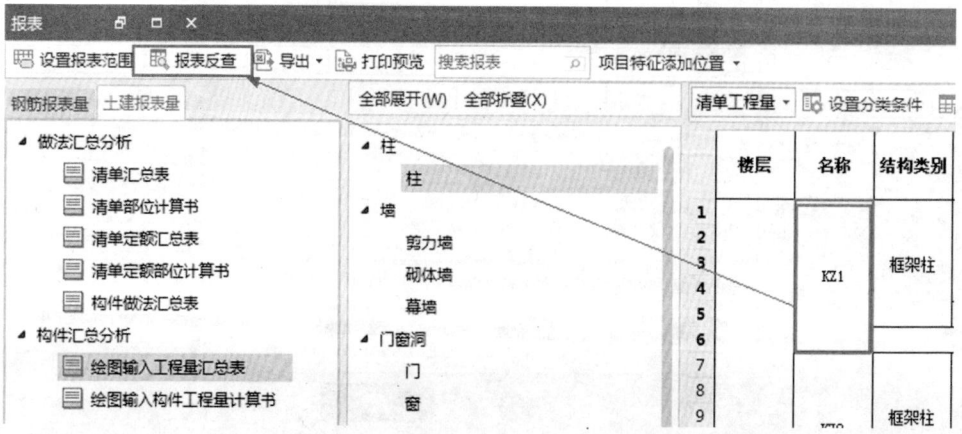

图 5-39　报表反查

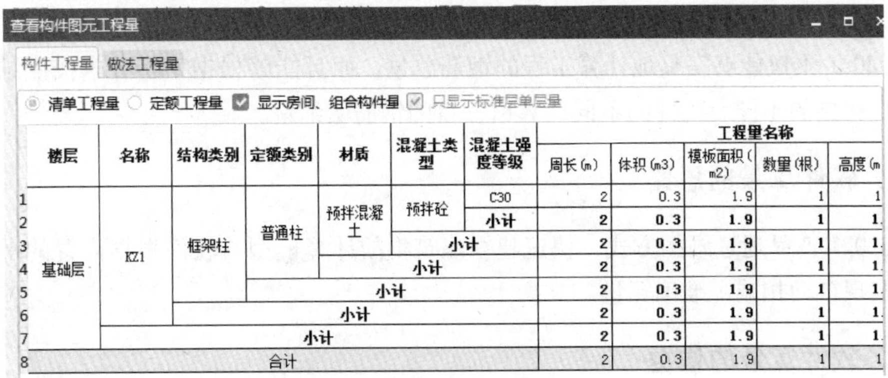

查看构件图元工程量

构件工程量　做法工程量

◉ 清单工程量 ○ 定额工程量 ☑ 显示房间、组合构件量 ☑ 只显示标准层单层量

| | 楼层 | 名称 | 结构类别 | 定额类别 | 材质 | 混凝土类型 | 混凝土强度等级 | 工程量名称 周长(m) | 体积(m3) | 模板面积(m2) | 数量(根) | 高度(m |
|---|---|---|---|---|---|---|---|---|---|---|---|---|
| 1 | 基础层 | KZ1 | 框架柱 | 普通柱 | 预拌混凝土 | 预拌砼 | C30 | 2 | 0.3 | 1.9 | 1 | 1 |
| 2 | | | | | | | 小计 | 2 | 0.3 | 1.9 | 1 | 1. |
| 3 | | | | | | 小计 | | 2 | 0.3 | 1.9 | 1 | 1. |
| 4 | | | | | 小计 | | | 2 | 0.3 | 1.9 | 1 | 1. |
| 5 | | | | 小计 | | | | 2 | 0.3 | 1.9 | 1 | 1. |
| 6 | | | 小计 | | | | | 2 | 0.3 | 1.9 | 1 | 1. |
| 7 | | 小计 | | | | | | 2 | 0.3 | 1.9 | 1 | 1. |
| 8 | 合计 | | | | | | | 2 | 0.3 | 1.9 | 1 | 1 |

图 5－40　查看构件图元工程量

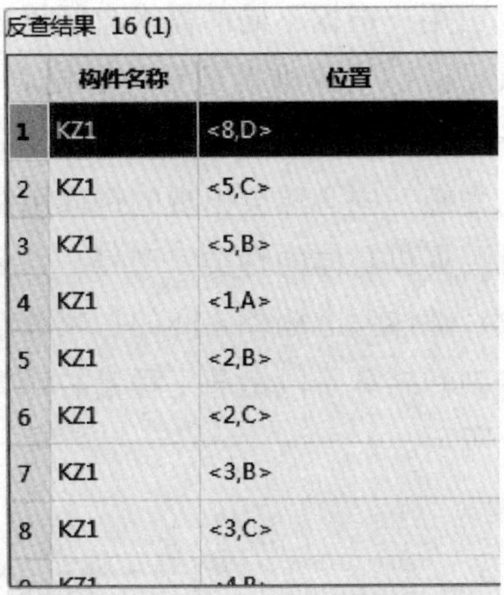

反查结果 16 (1)

| | 构件名称 | 位置 |
|---|---|---|
| 1 | KZ1 | <8,D> |
| 2 | KZ1 | <5,C> |
| 3 | KZ1 | <5,B> |
| 4 | KZ1 | <1,A> |
| 5 | KZ1 | <2,B> |
| 6 | KZ1 | <2,C> |
| 7 | KZ1 | <3,B> |
| 8 | KZ1 | <3,C> |

图 5－41　反查结果

# 项目三　图形计算工程量软件

## 任务一　钢筋工程量计算软件概述

【任务目标】

阐述什么是钢筋工程量计算软件。

【任务知识】

### 一、软件能算什么量

GTJ2021 综合考虑了平法系列图集、结构设计规范、施工验收规范以及常见的钢筋施

▶ 建筑工程定额与预算

工工艺,能够满足不同的钢筋计算要求。

GTJ2021 不仅能够完整地计算工程的钢筋总量,而且能够根据工程要求按照结构类型的不同、楼层的不同、构件的不同计算出各自的钢筋明细量。

## 二、软件算量的思路

GTJ2021 产品通过画图方式,快速建立建筑物的计算模型,软件根据内置的平法图集和规范实现自动扣减,准确算量。

## 三、软件算量的依据

软件内置了平法系列图集、结构设计规范,综合了施工验收规范以及常见的钢筋施工工艺。

内置的平法和规范还可以由用户根据不同的需求自行设置和修改,满足多样的需求。

在计算过程中工程造价人员能够快速准确地计算和校对,达到钢筋算量方法实用化,算量过程可视化,算量结果准确化。

钢筋算量软件主要针对工程施工中必然会出现的钢筋用量计算过程,方便用户快速整理汇总各类型钢筋的用料问题,提供具体的种类、型号、数量,并整理成工程量报表,只需要复制粘贴并修改各个参数,整体考虑构件之间的扣减关系,就能解决造价工程师在招投标、施工过程钢筋工程量控制和结算阶段钢筋工程量的计算问题,简化大型工程的计算过程,如图 5-42 和图 5-43 所示。

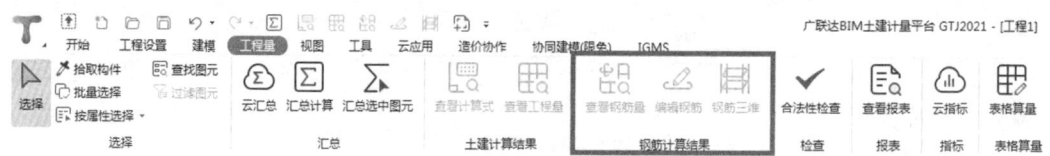

图 5-42 钢筋按钮

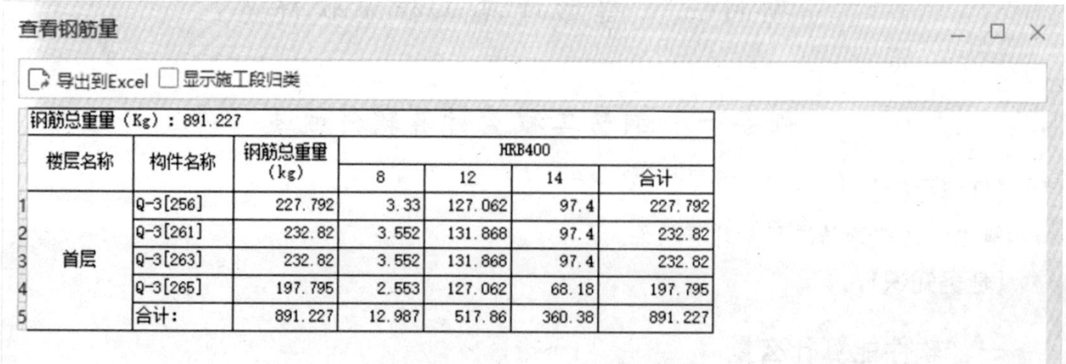

| 楼层名称 | 构件名称 | 钢筋总重量(kg) | HRB400 | | | |
|---|---|---|---|---|---|---|
| | | | 8 | 12 | 14 | 合计 |
| 1 | Q-3[256] | 227.792 | 3.33 | 127.062 | 97.4 | 227.792 |
| 2 | Q-3[261] | 232.82 | 3.552 | 131.868 | 97.4 | 232.82 |
| 3 首层 | Q-3[263] | 232.82 | 3.552 | 131.868 | 97.4 | 232.82 |
| 4 | Q-3[265] | 197.795 | 2.553 | 127.062 | 68.18 | 197.795 |
| 5 | 合计: | 891.227 | 12.987 | 517.86 | 360.38 | 891.227 |

钢筋总重量(Kg):891.227

图 5-43 查看钢筋量

## 任务二 工 程 设 置

【任务目标】

将结构图的钢筋信息填入软件中。

【任务知识】

新建工程点击确定后,则可以进入软件的工程设置界面,在工程设置界面中可以设置工程的很多基本信息(图5-44)。

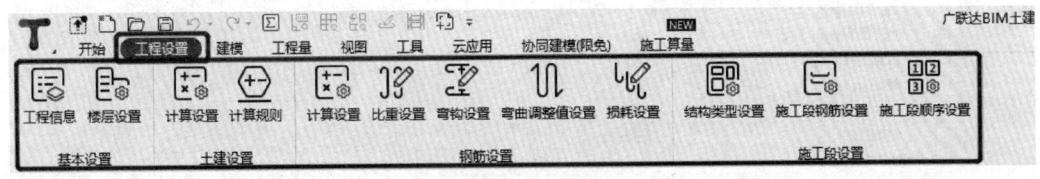

图5-44 工程设置

在工程设置界面中,可以对工程的工程信息、比重设置、弯钩设置、损耗设置、计算设置以及楼层设置进行相应调整(图5-45)。

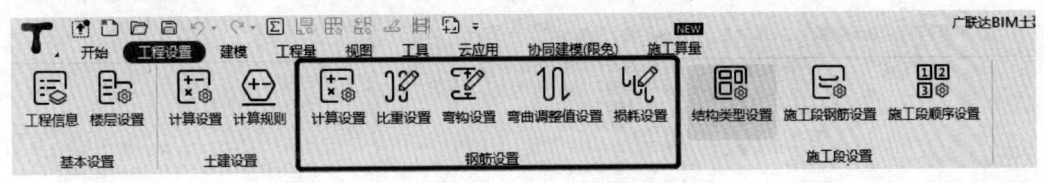

图5-45 钢筋信息设置

首先来看工程设置中的工程信息界面(图5-46),在工程信息界面中可以修改除"计算规则"外的所有工程信息,也就是说在新建工程中如果出现错误也不必重新新建工程。

其次看工程设置中的比重设置、弯钩设置及损耗设置界面,在这三个界面中可以依据图纸、签订的相关合同进行修改,如图5-47~图5-49所示。

然后看工程设置中最重要的计算设置界面(图5-50),在计算设置界面中,可以对工程的计算、节点、箍筋、钢筋搭接、钢筋定尺长度等进行相应修改。

▶ 建筑工程定额与预算

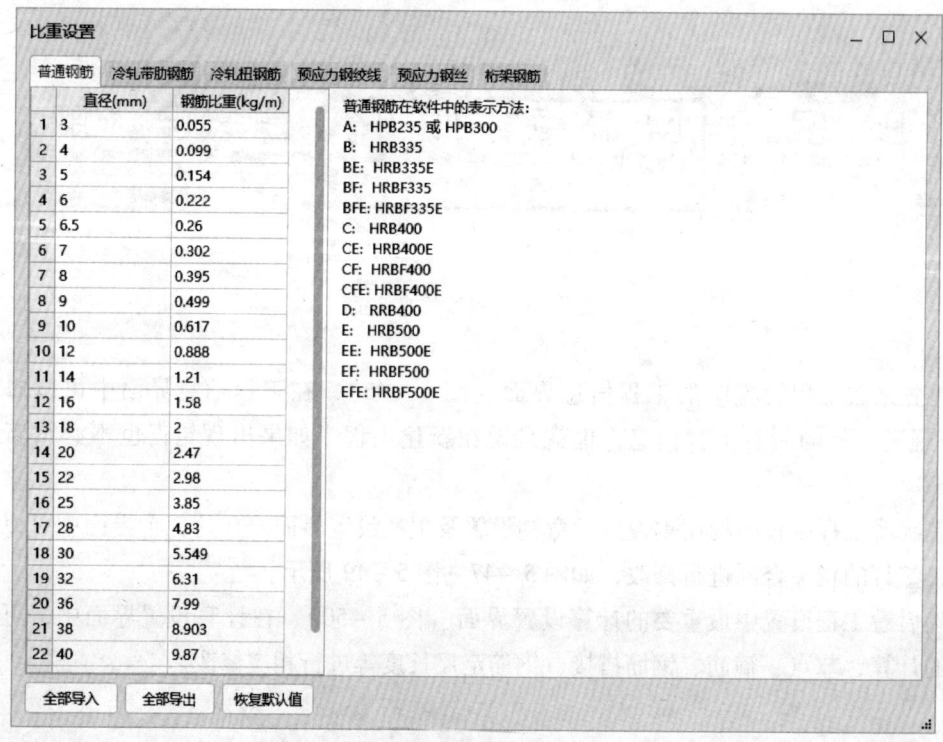

图 5-46 工程信息

图 5-47 钢筋比重设置

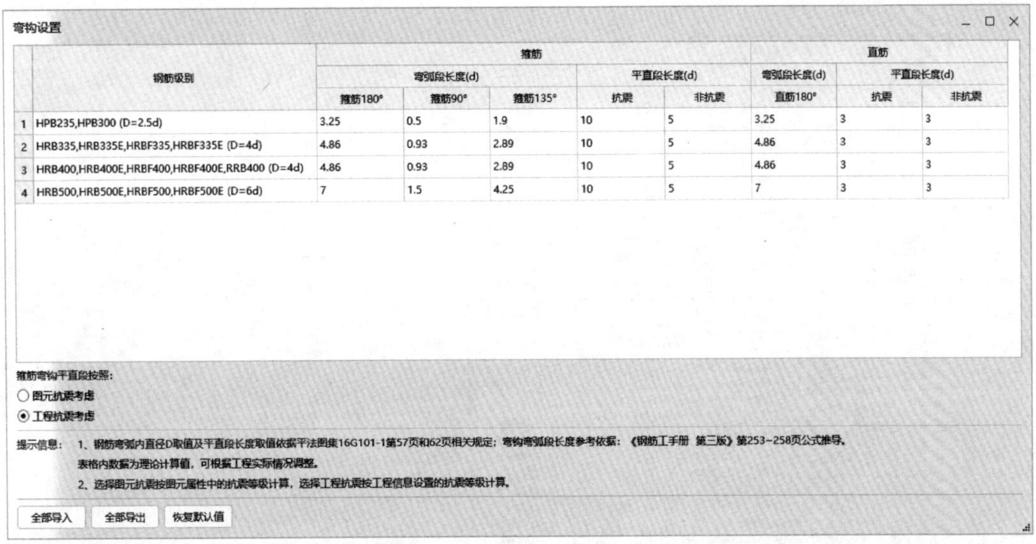

## 模块五 工程造价软件的应用

弯钩设置

| | 钢筋级别 | 箍筋 | | | | | 直筋 | | |
|---|---|---|---|---|---|---|---|---|---|
| | | 弯弧段长度(d) | | | 平直段长度(d) | | 弯弧段长度(d) | 平直段长度(d) | |
| | | 箍筋180° | 箍筋90° | 箍筋135° | 抗震 | 非抗震 | 直筋180° | 抗震 | 非抗震 |
| 1 | HPB235,HPB300 (D=2.5d) | 3.25 | 0.5 | 1.9 | 10 | 5 | 3.25 | 3 | 3 |
| 2 | HRB335,HRB335E,HRBF335,HRBF335E (D=4d) | 4.86 | 0.93 | 2.89 | 10 | 5 | 4.86 | 3 | 3 |
| 3 | HRB400,HRB400E,HRBF400,HRBF400E,RRB400 (D=4d) | 4.86 | 0.93 | 2.89 | 10 | 5 | 4.86 | 3 | 3 |
| 4 | HRB500,HRB500E,HRBF500,HRBF500E (D=6d) | 7 | 1.5 | 4.25 | 10 | 5 | 7 | 3 | 3 |

箍筋弯钩平直段按照:
○ 图元抗震考虑
● 工程抗震考虑

提示信息: 
1. 钢筋弯弧内直径D取值及平直段长度取值依据平法图集16G101-1第57页和62页相关规定;弯钩弯弧段长度参考依据:《钢筋工手册 第三版》第253~258页公式推导。表格内数据为理论计算值,可根据工程实际情况调整。
2. 选择图元抗震按图元属性中的抗震等级计算,选择工程抗震按工程信息设置的抗震等级计算。

全部导入  全部导出  恢复默认值

图 5-48 钢筋弯钩设置

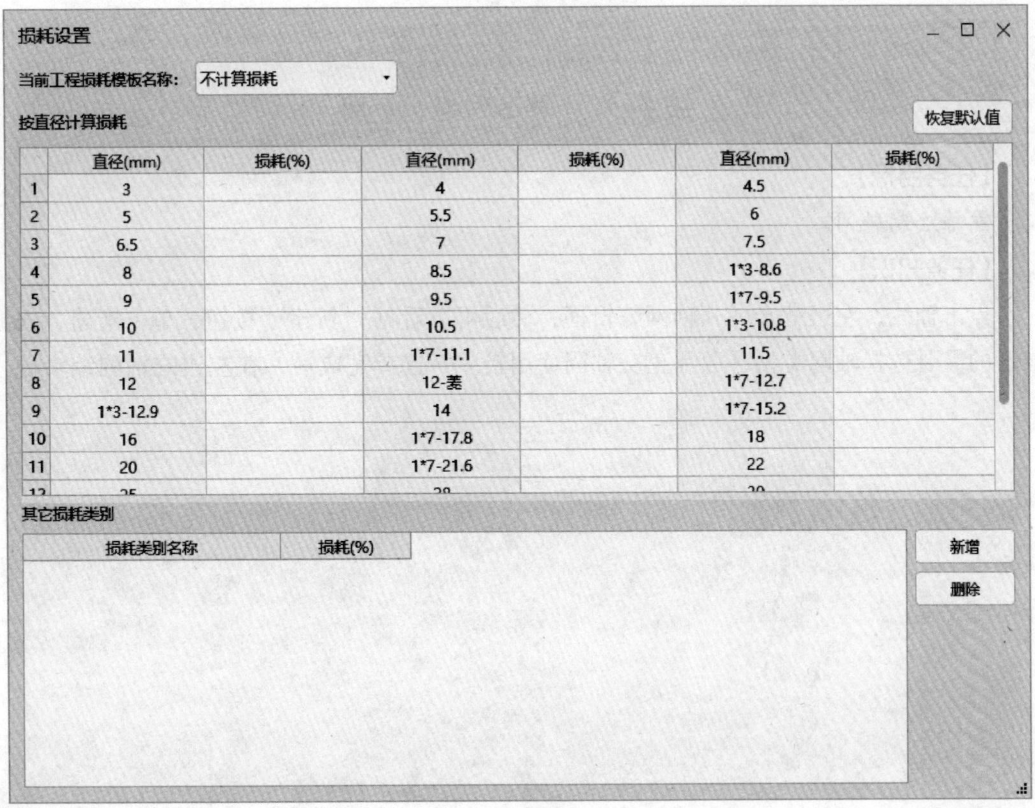

损耗设置

当前工程损耗模板名称: 不计算损耗

按直径计算损耗                                          恢复默认值

| | 直径(mm) | 损耗(%) | 直径(mm) | 损耗(%) | 直径(mm) | 损耗(%) |
|---|---|---|---|---|---|---|
| 1 | 3 | | 4 | | 4.5 | |
| 2 | 5 | | 5.5 | | 6 | |
| 3 | 6.5 | | 7 | | 7.5 | |
| 4 | 8 | | 8.5 | | 1*3-8.6 | |
| 5 | 9 | | 9.5 | | 1*7-9.5 | |
| 6 | 10 | | 10.5 | | 1*3-10.8 | |
| 7 | 11 | | 1*7-11.1 | | 11.5 | |
| 8 | 12 | | 12-菱 | | 1*7-12.7 | |
| 9 | 1*3-12.9 | | 14 | | 1*7-15.2 | |
| 10 | 16 | | 1*7-17.8 | | 18 | |
| 11 | 20 | | 1*7-21.6 | | 22 | |

其它损耗类别

| 损耗类别名称 | 损耗(%) |
|---|---|

新增  删除

图 5-49 钢筋损耗设置

▶ 建筑工程定额与预算

图 5-50  钢筋计算设置

# 任务三  建 轴 网

【任务目标】

熟练绘制轴网。

【任务知识】

点击轴线，左边就会展开轴网编辑框，然后可以看见"新建"按钮，单击新建，根据自己的需要选择轴网类型，通常正交轴网使用较多。选择完成后，在左边的轴网编辑框才

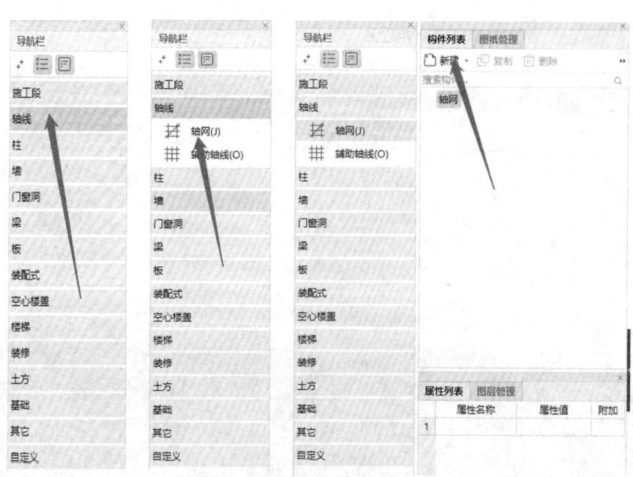

图 5-51  轴网图

能开始输入数值。编辑框上方是一些轴网的删除修改工具,可根据实际需要应用,在输入"下开间,左进深,上开间,右进深(轴网序号一般是从下到上,从左到右)"数据后轴网就会显示在绘图板上,轴网绘制就完成了。轴网建错可以直接修改,不用重新建立(图5-51)。

## 任务四 构件定义与绘图要求

【任务目标】
根据图纸要求定义结构构件。

【任务知识】
构件定义:一般图纸中都会提供柱表(图5-52),有柱表的点击"构件"菜单下的"柱表"按钮,在弹出的"柱表定义"框下点"新建柱"(图5-53),输入信息生成构件。若无柱表,则需对照柱平面图一一定义。剪力墙的定义较为简单,只要输入墙体的厚度、水平分布钢筋、垂直分布钢筋及拉筋等信息即可。

| 柱号 | 标高 | b×h | 角筋 | b每侧中部筋 | h每侧中部筋 | 箍筋类型号 | 箍筋 |
|---|---|---|---|---|---|---|---|
| KZ1 | 基础顶~3.850 | 500×500 | 4Φ22 | 3Φ18 | 3Φ18 | 1(4×4) | Φ8@100 |
|  | 3.850~14.400 | 500×500 | 4Φ22 | 3Φ16 | 3Φ16 | 1(4×4) | Φ8@100 |
| KZ2 | 基础顶~3.850 | 500×500 | 4Φ22 | 3Φ18 | 3Φ18 | 1(4×4) | Φ8@100/200 |
|  | 3.850~14.400 | 500×500 | 4Φ22 | 3Φ16 | 3Φ16 | 1(4×4) | Φ8@100/200 |
| KZ3 | 基础顶~3.850 | 500×500 | 4Φ25 | 3Φ18 | 3Φ18 | 1(4×4) | Φ8@100/200 |
|  | 3.850~14.400 | 500×500 | 4Φ22 | 3Φ18 | 3Φ18 | 1(4×4) | Φ8@100/200 |

图5-52 框架柱信息

定义梁构件一定要分清框架梁、非框架梁、框支梁等表示符号,根据平法图输入截面和钢筋信息。板由现浇板和受力筋、负筋组成,要分别定义。门窗洞口定义时,窗的离地高度软件默认为900 mm,应根据实际情况修改,以避免柱或剪力墙被凿洞。对于异形构件的定义,先在"多边形编辑器"中绘制图元形状,也可从CAD中导入,再进行定义。

构件绘制(图5-54):切换到绘图界面,"点"绘制是最常用的绘制方法,用"Shift+左键"绘制不在轴线交点处的柱。梁直接用"直线"绘制,点击"点加长度"按钮绘制短支梁,点击"三点画弧"按钮绘制弧形梁。绘制完成后,还需对梁进行识别。

为了更加准确地计算剪力墙钢筋工程量,门窗洞口绘制时可选用"精确布置"功能

▶ 建筑工程定额与预算

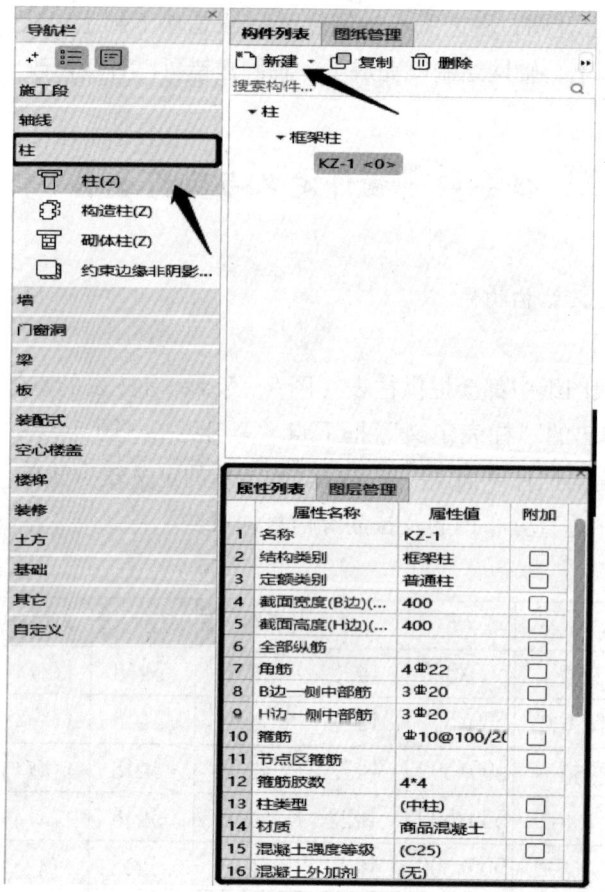

图5-53 框架柱定义

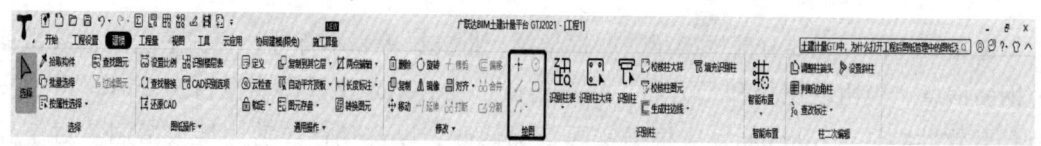

图5-54 绘制类型

(图5-55)，按鼠标左键选择需要布置门窗的墙，再按鼠标左键选择插入点，然后输入偏移值点击"确定"按钮。板属于面状构件，常采用"点"或"矩形"绘制板，也可点击"自动生成板"按钮完成板的绘制。其他一些构件，如构造柱、暗柱、过梁、圈梁等，应在主要构件绘制完成后，根据实际情况在相应位置绘制。

模块五　工程造价软件的应用

图 5-55　智能布置

## 任务五　报　　表

【任务目标】

正确查看钢筋工程量。

【任务知识】

画完构件图元后，如要查看钢筋工程量，必须先进行汇总计算。点击键盘上的 F9（图 5-56），在"汇总计算"条件窗口选择需要汇总的楼层，点击"计算"按钮软件自动汇总计算。汇总计算完成后，软件按照定额指标、明细表和汇总表三类提供丰富多样的报表以满足不同需求的钢筋数据。在工具导航栏中切换到"报表"界面预览报表，根据算量需求选择相应的报表进行打印。

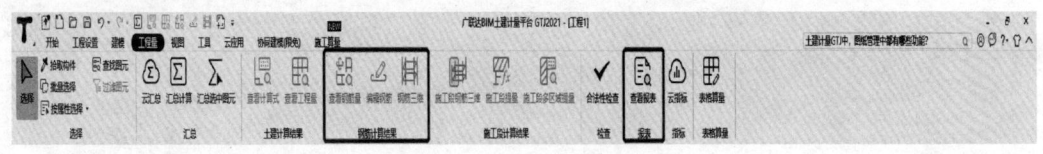

图 5-56　钢筋工程查看结果

【模块习题】

上机实操：根据附录中电子图纸，运用广联达 BIM 土建计量平台 GTJ 软件与广联达云计价平台 GCCP6.0 软件，计算项目工程量、套项计价，并导出施工图预算。

# 附　　录

首层建筑平面图、首层柱结构定位图、首层梁结构图，见后面附图。其他图纸请扫下方二维码获取。

## 电子图纸二维码

# 参 考 文 献

[1] 全国造价工程师执业资格考试培训教材编审委员会. 建设工程计价 [M]. 北京：中国计划出版社，2021.

[2] 全国造价工程师执业资格考试培训教材编审委员会. 建设工程造价管理 [M]. 北京：中国计划出版社，2021.

[3] 中华人民共和国住房和城乡建设部. 建设工程造价鉴定规范：GB/T 51262—2017 [S]. 北京：中国建筑工业出版社，2017.

[4] 中华人民共和国住房和城乡建设部. 建设工程造价咨询规范：GB/T 51095—2015 [S]. 北京：中国建筑工业出版社，2015.

[5] 中华人民共和国住房和城乡建设部. 建设工程造价指标指数分类与测算标准：GB/T 51290—2018 [S]. 北京：中国建筑工业出版社，2018.

[6] 中华人民共和国住房和城乡建设部. 工程造价术语标准：GB/T 50875—2013 [S]. 北京：中国计划出版社，2013.

[7] 中华人民共和国住房和城乡建设部. 建设工程工程量清单计价规范：GB 50500—2013 [S]. 北京：中国计划出版社，2013.

[8] 中国建设工程造价管理协会. 建设项目投资估算编审规程：CECA/GC1—2015 [S]. 北京：中国计划出版社，2015.

[9] 中国建设工程造价管理协会. 建设项目设计概算编审规程：CECA/GC2—2015 [S]. 北京：中国计划出版社，2015.

[10] 中国建设工程造价管理协会. 建设项目工程竣工决算编制规程：CECA/GC9—2013 [S]. 北京：中国计划出版社，2013.

[11] 中国建设工程造价管理协会. 建设工程招标控制价编审规程：CECA/GC6—2011 [S]. 北京：中国计划出版社，2011.

[12] 中国建设工程造价管理协会. 建设项目工程结算编审规程：CECA/GC3—2010 [S]. 北京：中国计划出版社，2010.

[13] 中国建设工程造价管理协会. 建设项目施工图预算编审规程：CECA/GC5—2010 [S]. 北京：中国计划出版社，2010.

[14] 建设部标准定额司. 中国工程建设标准定额大事记（1949—2006）[M]. 北京：中国建筑工业出版社，2007.

[15] 甘肃省住房与城乡建设厅. 甘肃建筑与装饰工程预算定额 DBJD 25-44—2013 [M]. 北京：中国建材工业出版社，2013.

[16] 中华人民共和国住房和城乡建设部. 建筑工程建筑面积计算规范 GB/T 50353—2013 [M]. 北京：中国计划出版社，2013.

[17] 甘肃省住房与城乡建设厅. 甘肃省建筑安装工程费用定额. 北京：中国计划出版社，2009.